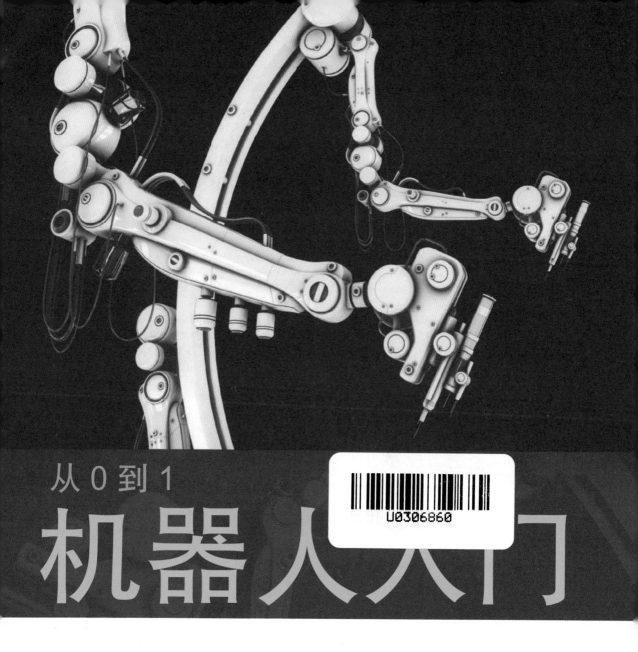

从0到1
机器人入门

[美] 基思·丁维迪（Keith Dinwiddie） 著

蒋亚宝 译

机械工业出版社
CHINA MACHINE PRESS

曾经机器人只出现在科幻小说中,如今,它们已是现代工业的重要组成部分,并且正逐步进入并影响我们的日常生活。对于有兴趣在机器人领域获得发展和得到潜在工作机会的人,该从何开始学习机器人技术呢?强烈建议你从本书开始,可以帮助你从0到1快速轻松入门。

本书包含了作者在机器人领域多年的工作经验,以及针对不同种类机器人系统的使用和教学经验,帮助你理解关键的知识点,一窥机器人的世界。

图书在版编目(CIP)数据

从0到1机器人入门 /(美)基思·丁维迪(Keith Dinwiddie)著;蒋亚宝译. — 北京:机械工业出版社,2018.5

书名原文:Basic Robotics

ISBN 978-7-111-59769-8

Ⅰ.①从… Ⅱ.①基…②蒋… Ⅲ.①机器人 – 基本知识 Ⅳ.① TP242

中国版本图书馆 CIP 数据核字(2018)第 082874 号

机械工业出版社(北京市百万庄大街 22 号 邮政编码 100037)
策划编辑:林 桢 责任编辑:朱 林
责任校对:陈 越 封面设计:鞠 杨
责任印制:常天培
北京市雅迪彩色印刷有限公司印刷
2018 年 7 月第 1 版第 1 次印刷
184mm×260mm · 16 印张 · 403 千字
标准书号:ISBN 978-7-111-59769-8
定价:99.00 元

机器人技术是现代世界中令人兴奋、不断增长的领域。曾经机器人只出现在科幻小说中，如今，它们已是现代工业的重要组成部分。随着该领域的不断发展、壮大和成熟，机器人已进入我们的日常生活中。但是，对于那些有兴趣在机器人领域获得发展和得到潜在工作机会的人，该从何开始学习机器人技术？本书就是要回答这个问题。有很多优秀的书可以帮助人们深入到机器人技术的特定区域，甚至是特定类型的机器人，但很难找到一本优秀的、不过时的、不针对具体机器人品牌的入门书。本书就是为了填补这一空白，并给那些有兴趣学习的人们提供必要的工具，帮助他们了解关于现代机器人的机械奇迹。

本书可以让读者了解作者在机器人领域多年的工作经验，以及针对不同种类机器人系统的使用和教学经验。本书会提供案例、技巧、注意事项和最佳范例，给予读者大量的信息和知识，而无须读者花费数年时间来学习。本书用大量的图片帮助读者理解关键的知识点，让读者能够一窥机器人的世界，否则，全凭读者自己是非常困难，甚至是不可能的。读者在学习本书的过程中会体会到这一点。

本书开始会讲述一系列令人印象深刻的有关现代机器人诞生的重要事件，以及机器人史上的里程碑事件。第1章的时间轴是机器人领域所能够发现的最完整的时间轴之一，而不是之前那些时间轴的翻版，因为其中一些时间轴叙述的事实不太准确。关于时间轴的讨论，能够帮助读者意识到，在数字计算机技术出现之前，高度复杂的机器已经存在，并且蓬勃发展。紧接着，本书将讨论机器人是什么、机器人的不同定义，以及很多的事物都被归入机器人范畴的原因。

在第2章中，将讨论如何安全地使用机器人，以及能够保证人们安全工作的系统。鉴于很多课程都包含实验室活动，让读者了解可能会涉及的危险是非常重要的。本章的重点是彻底了解安全的重要性，以及如果无视规则会产生的可怕后果。对机器人安全的讨论如果不涉及电的危险性是不完整的，因此本章用了整整一节来强调这一点。最后，我们认为每个人都会在应对突发事件的讨论中受益。

第3章了解机器人及其主要构成。本章涵盖了大量机器人初学者易混淆的内容，并探索机器人的主要组成部件。在动力供应小节，稍微向电学方面深入了一些，以便可以轻松理解交流电（AC）和直流电（DC）之间的差异、电如何流动、安培小时以及单相和三相电源之间的差别。在这一章中的液压和气动部分，回顾了动力源的历史，它们是如何工作的，以及两者之间的差异。本章继续以这种深入的、审视的风格看待控制器、示教器、机械手和各种基本组成部分。

第4章介绍驱动机器人的不同方式，以及如何将它们进行相应的分类。通过本章来看看不同的机器人运动类型，以及由此而形成的工作行程的类型。在机器人的驱动系统部分，将介绍直接驱动系统、减速驱动系统和传动带驱动系统，并进一步了解传动带、链条和齿轮等驱动元件。鉴于许多阅读本书的读者最终可能会进入机器人生产领域，我们还会了解一些与驱动系统相关联的重要数学概念。结束这一章时，将会看到，作为一个世界各地公认的标准组织——ISO如何对机器人进行分类，包括工业和非工业机器人。

第5章带你进入机器人工具的多样化世界。机器人通过工具与周围的世界互动，并执行大量想要完成的任务。在对工具的探讨中，会了解机器人工具最常见的类型，其操作的基本知识，处理校准问题的方法，以及现场的多工具需求。之后还将探讨工具如何影响机器人的有效载荷，以及运动的力的大小对工件运动的影响。

如果没有传感器，机器人就无法获得周围世界的信息，所以在第 6 章中，会着重了解这些重要的信息收集工具。从基础知识开始，如限位开关和接近开关，一直到今天正在使用的复杂视觉系统。在本章的每一节，会着眼于不同传感器是如何运转的，在工业中用它们来干什么。是不是很好奇编码器的工作原理？有没有想过用声音来帮助机器人"看"东西？视觉系统如何发现工件？这都会在第 6 章中找到这些问题的答案。

人们常常视机器人为全能战士，但说实话，机器人通常是团队的一员，并依赖其他机器来完成工作。在第 7 章，来认识一下这些与机器人共同工作的、不可或缺的设备。虽然会讨论工作单元，以及机器人是如何应用其中，但本章的主要焦点内容是帮助机器人并与机器人共同工作的外围设备，包括外部定位器、安全系统以及机器人工具方面的协助设备。最后总结了通信系统，如果没有办法根据需要来控制它，并从这些设备获取相关信息，那么这些额外的设备基本上是无用的。

第 8 章分享了多年的机器人操作与教学的经验，以及学习操控机器人时所必需的基本信息。即使系统不同，也有超越品牌和型号的通用基础知识，这些都是第 8 章的主要组成部分。从起动机器人开始，到准备运行那一天，对于这期间该做什么，该注意什么，本章讲述了很多相关技巧。本章还指导读者如何应对出现的故障和机器人碰撞等情况，这种情况时有发生。然而，其他图书很少会谈论如何应对这种紧急情况。本章将碰撞的情况分解成简单的、容易记住的步骤，并提供了渡过机器人碰撞难关所需要的工具。

第 9 章讲述如何通过编写程序来控制机器人的动作。首先了解不同等级水平的编程语言，以及使用每种语言时的注意事项，然后是从规划阶段到正常运行阶段的程序准备过程。本章不包括为特定机器人编写程序的细节，但它确实包含所有的基本步骤，以及来自各种系统的程序案例。这基于我使用不同系统进行编程的经历，从而提炼出无论什么型号都适用的通用步骤。当然，如果不讨论程序中使用的逻辑过滤器，以及程序测试和验证，编程部分是不完整的。为了完成这一章，接下来看看如何正确地维护文件，以确保今天的工作程序不会因为第二天的电力中断而全部丢失。

第 10 章的内容是关于当出现故障时如何修复机器人的。发现并修理故障是使用机器人时不可分割的一部分，但很多图书几乎都忽略了这个事实。本章将学习什么是故障排除，探讨收集有关故障信息的各种方式，然后探讨如何过滤这些信息来制定行动解决方案。在这一章中有机会深入使用多年积累的知识，以帮助读者进一步发展成为故障解决能手。本章最后一节是关于如何应对故障排除工作不奏效或故障依然存在的情况，这种情况不时发生。

紧接第 10 章和第 11 章提供了一些技巧以及修理、维护机器人方面有价值的信息。首先是预防性维护，以努力避免故障，然后是用于修复系统的有用技巧。另外还有部件更换和机器人修复之间的重要区别。谁真正掌握设备的修复技巧，就可以在这一领域获得高薪工作。在试图修复机器人之前执行哪些预防措施，以及修复完成后应该做什么，这是修复过程中容易被忽视的两个关键部分，并会对整个过程造成重要影响。

如何证明是用正确的方式使用机器人？第 12 章以此来作为本书的结尾。使用机器人的原因是多方面的，为了让读者更好地了解机器人如何使用才能与成本匹配，本章还重点介绍了投资回报（Return On Investment, ROI）和所涉及的数学问题。对于那些最终在机器人行业工作的人，是选择正确的机器人来完成手头的工作，还是选择报价最便宜的机器人？这一章可以帮助认清两者的差别。本章还论述了机器人代替人工的问题，这已经成为一个热门话题。

在本书中你还会发现什么？以上只是一个简单介绍。我鼓励你花费一些时间，深入挖掘，看看是否能发现其他宝藏。本书是作者多年工作经验外加对其他机器人入门图书归纳补充的结果。作者曾经评审并且使用过几本教材，但从来没有发现一本真正喜欢的。这是今天呈现在你面前的这本书背后的驱动力。希望你会发现本书有你需要的答案，事实上它也是作者要的答案。

补充

教师伙伴网站（Instructor Companion Website）包含以下内容，以帮助教师缩短准备时间：

PPT——本书每一个章节都列出了带有图片的章节大纲。

电子试题库——可更改的试题，可用于考试、小测验、课堂作业、家庭作业，都位于在线平台上。

图片库——书中的图片可以方便地用于制作 PPT 大纲。

答案——章节末尾复习题的答案。

MindTap 机器人基础

MindTap 机器人基础资料包括一个完整的交互式的机器人手臂仿真，可以由一个非常逼真的示教器进行控制。采用工厂设置，仿真具有多种有趣的实际应用，能够让读者在安全、可控的状态下获得真实体验。计算机仿真将工业机器人的其他方面带到生活中，包括谐波驱动齿轮、圆柱体机器人等，还有更多。丰富多彩的学习活动与贯穿始终的独特的学习路径相结合，让读者的技艺更加精通并不断取得进步。

MindTap 是一个定制化的教学经验分享以及作业分享平台，能够指导学生分析、应用、改进思考，能够使教师非常方便地检验教学技巧和效果。

1）个性化的教学：使用"学习路径"功能生成"你的课程"，以达到关键教学目标。能够控制学生能看到什么，什么时候可以看到，可以通过隐藏、重排或增加你自己的内容精确匹配你的教学计划。

2）指导学生：超越了传统的教学方法，通过相关阅读、多媒体、活动等让学生从学习基础知识，到加深理解，增强比较分析和应用能力，从而创造出独特的学习路径。

3）检验技术和成果：分析和报告能够提供取得的进步、学习时间、出勤和完成率等情况信息。

关于作者

从我记事起，我就是一个科幻小说和机器人的粉丝。小时候，我有两个巨大的波比机器人，直到今天还几乎完整无缺，还有一个电池驱动的 Rotate-O-Matic（20 世纪 60 年代的超级宇航员机器人），它的日子可"过得"没有那么好（虽然我仍然还有一些它的零件）。从那时起，我就被机器人的潜力迷住了，我兴奋地看到，机器人领域在不断发展，已经从我青少年时期的科幻小说变成了如今的科学事实。尽管我一直热爱机器人，但直到后来，我才真正开始了在这一领域的探索。

在成长的过程中，我喜欢把东西拆开，想搞清楚它们到底是怎么工作的。所以，毫无意外，后来的军事能力测试把我分到维修领域工作，我在休伊直升机上结束了第一份工作。这是我第一次接受机械维修领域的正规培训，这让我受益匪浅，几年后我决定在工业维护领域一展身手。在短暂尝试一段时间的工业工程后，我发现我的激情在于维修工业设备，而不是致力于产品生产。

做出决定之后，我学习了相关课程，获得了工业维护的学位。随后，我进入家乡一家制造商的维修队，在这里我第一次接触到工业机器人，尽管是老旧的直角坐标机器人单元，只有 3 个轴，还经常弹出德语的错误消息。直到该公司购买了新的 FANUC 机器人，我才有了与现代化的工业机器人一起工作的机会。但是，我在那一阶段的经验主要是在修理方面，因为我很少有机会参与新机器人的编程工作。

在我做维修工作的那段时间里（总共超过 7 年），在我拿到工业维修文凭的那家社区大学，我有机会教一些辅助类的课程。我发现我对教学热情高涨，转向全职教学的机会也随之而来。正是在这个时期，我有机会深入到机器人编程方面，并达到了我期望的水平。开始写本书的时候，是我作为一名全职教师的第 7 年。我现在是一名具有教育机器人培训认证资格的教师，主要面向 FANUC 编程和视觉领域。我曾经使用多种机器人系统进行编程和编程教学，包括三菱、FANUC、松下、NAO 以及乐高 NXT 机器人系统。我还教授工业维护类课程，例如电力、流体动力、PLC 编程与操作、机械动力传动和安全设备。

我独特的个人经历，再加上找不到喜欢的入门机器人的教科书，这些事实促使我撰写了本书。我将教学中曾采用的课堂对话风格引入到本书中，与那些似乎忘了谁是真正读者的教科书相比，希望本书能够给大家带来更好的阅读体验。我很高兴能与未来下一代机器人专家分享我的知识，并帮助他们踏上机器人世界的探索之旅！

目 录

第1章

机器人的历史

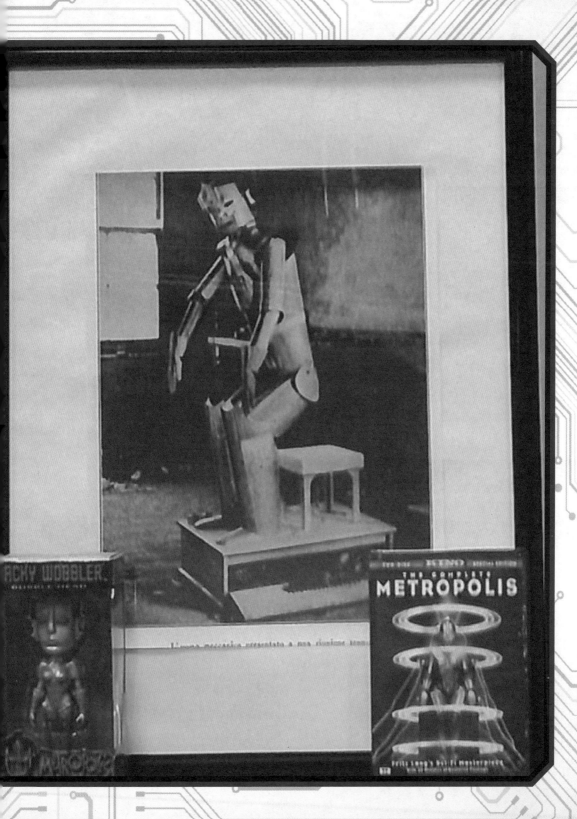

知识要点

- 导致现代机器人产生的关键事件。
- 现代机器人的演变。
- 工业机器人和其他机器人的区别。
- 机器人的 4 "D"。
- 现代世界中机器人使用在什么地方，为什么要使用？
- 机器人从上而下与自下而上发展方法的差别。
- 人工智能是什么，如何影响未来的机器人？
- 未来使用机器人的几种方式。

概　述

　　当开始学习一门学问时，学习与之相关的历史往往是有益的。讨论机器人时，很多人想象的是创新技术和先进的现代机械，但这只是故事的一半。如果几个世纪以来没有技术和思想的进步，就没有现代的机器人。在本章中，将了解通往现代机器人的发展历史，以及未来机器人的发展趋势。在探索的过程中，将介绍以下内容：

　　机器人重要事件的时间表。

　　机器人历史上的重要事件。

　　机器人是什么？

　　为什么使用机器人？

　　自上而下与自下而上的方法。

　　人工智能和机器人技术的未来。

机器人重要事件的时间表

　　下面的图表记录了现代机器人发展史上很多重要事件的时间表。

年代	人物 / 公司	事件
公元前		公元前
3000		东方发明了算盘（Ament，2006）
420	Archytas of Tarentum（塔伦通的阿契塔）	发明了一个木制的鸽子，可以以蒸汽或压缩空气为动力飞行（Timeline of Flight 2010）
285~222	Ktesibios（或 Ctesibius）of Alexandria（亚历山大的克特西比乌斯）	气动之父（Lahanas，Ctesibius of Alexandria 2010）
200		中国工匠创建了一个完整的机械乐团（Needham 和 Ronan 1994）
公元		公元
10~70	Heron of Alexandria（亚历大山的赫伦）	改进了克特西比乌斯的工作，参与第一台蒸汽机的设计，设计自动装置，比如"大力士斩龙"，由水力驱动（Lahanas n.d.）

（续）

年代	人物/公司	事件
1206	Al-Jarzai（阿尔-贾尔扎伊）	出版了一本机械和自动化装置方面的书籍，是当时收集此类信息最完整的先驱（Nadarajan 2007）
1495	Leonardo da Vinci（列奥纳多·达·芬奇）	制造了一个镀金的勇士，一套盔甲，能够坐下，手臂能够张合，头部能动，面甲能打开（Rosheim 2006）
1525	Hans Bullmann（汉斯·布尔曼）	被认为第一个建造了真正的人形机器人（Dalakov，Gianello Torriano 2012）
1540	Gianello Torriano（贾内罗·陶瑞安）	发明了"弹琵琶的女士"，一位女士在弹琵琶或曼陀林的自动化装置（Dalakov，Gianello Torriano 2012）
1543	John Dee（约翰·迪伊）	利用他的数学知识发明了一个栩栩如生的甲虫，以至于被指控巫术的罪名（Fell-Smith 1909）
1564	Pare Ambroise（佩尔·安布鲁瓦茨）	公开了一项关于仿生手的设计，采用机械肌肉的有机框架（Mo 2007）
1620	William Oughtred（威廉·奥特雷德）	在一根两英尺（2ft，1ft=0.3048m）长的尺子上绘制对数刻度（计算尺）（O'Connor 和 Robertson 1996）
1623	Wilhelm Schickard（威尔海姆·希卡尔德）	发明了"Rechenuhr"，一种四功能计算器，可执行加法、减法、乘法和除法（O'Connor 和 Robertson 2009）
1642	Blaise Pascal（布莱兹·帕斯卡）	发明了他自己的计算器，后来得到大量生产（Blaise Pascal 1623—1662，2002—2012）
1679	Gottfried Wilhelm von Leibniz（戈特弗里德·威廉·莱布尼茨）	开发和完善二进制算法（O'Connor 和 Roberston，Gottfried Wilhelm von Leifniz 1998）
1725	Lorenz Rosenegge（洛伦兹·罗斯奈格）	在赫尔布伦城堡建立一个机械剧院，其中包括 256 个人物；其中 119 是由单个的水涡轮机装置推动（Animation Notes #1，What is Animation？2010）
1738	Jacques de Vaucanson（雅克·德·沃康松）	发明了三个非常逼真的钟表自动装置，"长笛演奏家""手鼓表演者"和"消化鸭"（Dalakov，Jacques de Vaucanson 2012）
1752	Benjamin Franklin（本杰明·富兰克林）	进行了著名的风筝实验，证明了闪电是电的一种形式，引领了后来的进一步的实验，一些通用术语今日仍然在使用（Independence Hall Association 1995）
1760	Friedrich von Knauss（弗里德里希·冯·克瑙斯）	发明了能够真正书写的机器，书写预定的文字或由一个字母板手动控制（Dalakov，Friedrich von Knauss 2012）
1771	Richard Arkwright，Jedediah Strutt，Samuel Need（理查德·阿克莱特，杰迪戴亚·斯特拉特和塞缪尔·尼德）	成立了第一个真正的工厂，在德比郡克罗姆福德的德文特河旁（Simkin 1997）
1772	Pierre Jaquet-Droz（皮埃尔·雅克德罗）	发明了一台写字机，是一个孩子的形象，书写时能够使用空格和标点符号，由令人印象深刻、复杂的、一个可编程的机械式计算设备控制（Dalakov，Pierre Jaquet-Droz 2012）
1804	Joseph-Marie Jacquard（约瑟夫·玛丽·雅卡尔）	发明了提花织布机，使用打卡自动控制系统的织布机（Dalakov，Joseph-Marie Jacquard 2012）
1810	Friedrich Kaufmann（弗里德里希·考夫曼）	发明了一个机械的小号吹奏者，通过阶梯式滚筒控制（Timeline of Robotics 1 of 2 2007）

（续）

年代	人物 / 公司	事件
1824	Hisashige Tanaka（久重田中）	建造机械人偶的艺术大师，并作为表演者前往日本表演（Toshiba-Cho 1995）
1835	Charles Babbage（查尔斯·巴贝奇）	设计了解析引擎，拥有完整的处理器和内存功能，被认为是世界上第一台通用计算机，尽管从来没有生产出实际机器（Charles Babbage n.d.）
1839	Sir William Grove（威廉·格罗夫爵士）	发明了第一个燃料电池（Roberge 1999）
1843	Augusta Ada King（奥古斯塔·艾达·金）	发布她的关于巴贝奇分析引擎的笔记，这被认为是第一个计算机程序的案例（O'Connor 和 Robertson，Augusta Ada King，Countess of Lovelace 2002）
1847	Gorge Boole（乔治·布尔）	出版他的逻辑数学分析，这就是他后来发展成我们所说的布尔代数，一种广泛用于计算机领域的数学类型（George Boole 2012）
1868	Zadoc P. Dederick（扎多克 P. 戴德里克）	获得以蒸汽为动力的人拉车专利（Buckley 1868，Zadoc P.Dederick，Steam Man 2007）
1873	William Thomson（Lord Kelvin）（威廉·汤姆逊（开尔文男爵））	发明用于潮汐预测的特殊用途的模拟计算机（Sharlin n.d.）
1882	Nikola Tesla（尼古拉·特斯拉）	提出现代交流感应电动机概念（Vujovic 1998）
1887	Thomas Edison（托马斯·爱迪生）	发明了一个会说话的玩偶，并在 1890 年销售给公众（Buckley 2007）
1889	Herman Hollerith（赫尔曼·霍尔瑞斯）	获得了他的打孔卡片驱动制表机的专利，用于 1890 年人口普查（Cruz 2011）
1892	Seward Babbitt，Henry Aiken（苏华德·巴比特和亨利·艾肯）	获得带有抓爪的起重机发明专利，设计用来帮助移动金属坯料（Babbit 和 Aiken 1892）
1895	Nikola Tesla（尼古拉·特斯拉）	在尼亚加拉大瀑布建立世界上第一座交流发电站（Vujovic 1998）
1896	Herman Hollerith（赫尔曼·霍尔瑞斯）	成立了制表机器公司，后更名为 IBM（Cruz 2011）
1897	Joseph John Thomson（约瑟夫·约翰·汤姆逊）	进行一系列的实验，推断出电子的存在和特性（Chemical Heritage Foundation 2010）
1898	Nikola Tesla（尼古拉·特斯拉）	获得无线电控制船舶的专利（Vujovic 1998）
1921	Karel Capek（卡雷尔·恰佩克）	他的剧本 R.U.R（罗苏姆的全能机器人）是第一个有记录的使用了"robot(机器人)"这个单词；这个单词来源于捷克语"robota"，意思是"苦工"、"奴隶一般的劳工"（Capek 1890—1938）
1927	Fritz Lang（弗里茨·朗）	在他的电影《大都会》中首次推出了"机器人"一词，并公开宣传（Helmet al. 1927）
1927	Roy Wensley（罗伊·温斯利）	为西屋电气制造有限公司建造了赫伯特声控装置，西屋公司生产的第一批机器人（Dalakov, The Robots of Westinghouse 2012）
1928	Makoto Nishimura（西村真琴）	发明了 Gakutensoku，具有类似人类移动功能的大型机器人，具有面部表情，能够书写（Hornyak 2008）
1937	Alan Turing（阿兰·图灵）	发表了一篇关于对未来计算机发展有决定性重要意义的数学运算论文（O'Connor 和 Robertson, Alan Mathison Turing 2003）
1938	Joseph Barnett（约瑟夫·巴奈特）	为西屋电气制造有限公司设计了"电动摩托人"，最成功的西屋机器人，有 26 个程序；700 个单词的词汇表，通过语音命令操作；在 1939 年世界博览会上展出（Dalakov，The Robots of Westinghouse 2012）
1941	Harold Roselund（哈罗德·罗斯伦德）	为德维尔比斯公司指导建造了第一台工业机器人，基于 Willard L.G. Pollard Jr. 的专利设计（Bonev 2003）

（续）

年代	人物/公司	事件
1942	Isaac Asimov（艾萨克·阿西莫夫）	发表了短篇小说《回避》，并给出机器人三定律，被很多人认为是未来机器人发展的指南（Famous People n.d.）
1943	Warren S. McCulloch，Walt Pitts（沃伦 S. 麦卡洛克和沃尔特·皮茨）	发布《神经活动中普遍存在的理念的逻辑运算》；在工作中，他们试着去了解大脑如何工作，为能思考的计算机系统打下了基础（Marsalli n.d.）
1943	Thomas H. Flowers（托马斯 H. 弗劳尔斯）	和他的团队一起，发明了"巨人"，被认为是世界第一台电子计算机（Copeland 2006）
1948~1949	William Grey Walter（威廉·格雷·沃尔特）	基于他的神经系统理论生产了两台机器人（LeBouthillier 1999）
1950~1956	Edmund C. Berkeley（埃德蒙 C. 伯克利）	伯克利公司设计出了几个机器人系统，被称为"最受欢迎的机器人"，其中包括 Simon（西蒙），一个微型的机械大脑；Squee（斯奎），电子机器人松鼠和 Franken（弗兰肯），迷宫解决机器人（Berkeley 1956）
1957	Planet Company（星球公司）	在国际贸易博览会演示 PLANETBOT，一个具有液压动力、五轴极坐标手臂的机器人（Nocks 2007）
1958	Jack Kilby（杰克·基尔比）	生产第一个集成芯片，电子学领域的重要发明（Texas Instruments 1995）
1958	FANUC（发那科公司）	将世界上第一台商业数控（NC）机床供货给牧野机床有限公司（Fanuc 2011）
1960	American Machine and Foundry（美国机械与铸造公司）	交货第一台 VERSATRAN，由 Harry Johnson（哈利·约翰森）和 Veljko Milenkovic（韦力科·米伦科维奇）设计的可编程机器人手臂（Nocks 2007）
1961	George Devol（乔治·德沃尔）	获得手臂式工业机器人专利，由尤尼梅特机器人公司生产，被通用电气公司使用（Malone 2011）
1963	Rancho Los Amigos 医院	研究人员发明了兰乔手臂，一种 6 关节具有人类手臂柔性的机械手臂，用来帮助残疾人（Computer History Museum 2006）
1966~1972	Stanford（斯坦福大学）	第一批真正的人工智能（AI）实验之一，在斯坦福研究中心的沙基机器人平台上进行（Nilsson 1984）
1967	AMF（American Machine and Foundry，美国机械与铸造公司）	向日本交货第一台 VERSATRAN，用于工业应用（Nocks 2007）
1968	Marvin Minsky（马文·明斯基）	在触手设计的基础上发明的机器人手臂，具有 12 个关节，拥有更多的移动选择（可以在 YouTube 人工智能历史分类下观看它的操作视频：明斯基触手机器人手臂）（Computer History Museum 2006）
1968	Kawasaki Robotics（川崎机器人公司）	在尤尼梅特许可下，开始生产液压动力机器人（Kawasaki Robotics（USA）2012）
1968	Ralph Mosher（拉尔夫·墨瑟）	在通用电气公司发明了行走卡车，一辆由四条腿代替了车轮的车辆，由力反馈控制（Kotler 2005）
1969	Victor Scheinman（维克多·沙因曼）	设计了斯坦福手臂，一种全电气、计算机控制的机器人手臂，在试验中用来装备各种零部件（Wiederhold 2000）
1970~1973	Waseda University（早稻田大学）	早稻田大学生物工程学团队发明了 WABOT-1，世界第一台拟人机器人（Humanoid Robotics Institute n.d.）
1973	Edinburgh University（爱丁堡大学）	人工智能系发明了弗雷迪 II，这台机器人能够在 16min 内把一堆混乱的零件装配成一辆木质玩具汽车（Tate 2011）
1973	Richard Hohn（理查德·霍恩）	辛辛那提米拉克龙公司推出了 T3 机器人手臂，由霍恩设计，被认为是第一台商业上可使用的、计算机控制的工业机器人（Control Engineering 2009）

（续）

年代	人物/公司	事件
1973	KUKA（库卡公司）	开始研究 IR600 机器人系统，1978 年开始生产（KUKA 1998）
1974	David Silver（大卫·西尔弗）	设计了西尔弗手臂，能够装配小零件，使用内置触感和压感传感器（Computer History Museum 2006）
1974	Leif Johansson（列夫·约翰森）	向瑞典马格努森公司交付了 ASEA 公司（现在的 ABB）的全电气、微处理器控制的机器人；这一类型第一台商业可使用的机器人，40 年之后仍然在使用（你可以在 YouTube 观看它的视频：ABB 机器人——所有一切的开始）（Ciampichini 2012）
1976	Shigeo Hirose（广濑茂男）	设计了一个软抓爪能够符合抓取对象的轮廓（Computer History Museum 2006）
1976	MOTOMAN（莫托曼公司）	在欧洲成立了机器人焊接公司（Yaskawa Motoman 2010）
1977	Hans Moravec（汉斯·莫拉维克）	重新设计了斯坦福车，增加了传感器系统，从而使它在 1979 年能够自主通过充满障碍物的房间（Computer History Museum 2006）
1977	Victor Scheinman（维克多·沙因曼）	把他的 VICARM 公司出售给尤尼梅特，这最终引导开发了可编程通用机总成（PUMA）机器人（Munson 2010）
1977	FANUC（发那科公司）	发那科合作组织在美国成立（Fanuc 2011）
1978	Hiroshi Makino（牧野裕）	在山梨大学发明了 SCARA 机器人（水平多关节机器人），在美国以 IBM7375 型号出售，并赢得第一台日本工业机器人的荣誉（Yamafuji 2008）
1981	Dr. Robert J. Shillman（罗伯特 J. 舍尔曼博士）	离开麻省理工开办了康耐视，一家视觉系统公司，并在 1982 年推出世界第一台工业视觉特征识别（OCR）系统——DataMan（COGNEX 2012）
1983	Adept Technology（Adept 科技公司）	在美国生产工业机器人、机器视觉系统和其他自动化装备（Adept Technology 1996）
1984	Takeo Kanade，Haruhiko Asada（武雄金出和春彦浅田）	获得第一个用于直接驱动机器人系统的专利，大大增加了机器人的速度和准确性（Kanade 和 Asada 1984）
1985	Kawasaki（川崎公司）	和尤尼梅特终端合并后开始全球商业拓展（Kawasaki Robotics（USA）2012）
1986	Kazuo Yamafuji（一雄山藤）	在电子通信大学发明了并联脚踏机器人，但此后没有进行商业应用，直到赛格威在 2001 年被发明（Yamafuji 2008）
1989	Colin Angle（科林·安格尔）	为麻省理工发明了名为"成吉思汗"的六腿自主行走机器人（Angle 1989）
1991	Dr. Mark W. Tilden（马克 W. 蒂尔登博士）	受成吉思汗和匈奴王机器人激发，蒂尔登发明了 BEAM（生物电子美学机械）机器人概念（Hrynkiw 和 Tilden 2002）
1993	Epson（爱普生公司）	1993 年版的绅士机器人以世界最小的机器人称号进入吉尼斯世界纪录大全，它的体积只有 1cm³，包含 98 个零件（Seiko Epson Corp. 2012）
1994	MOTOMAN（莫托曼公司）	开始研究世界第一台同步控制两台机器人的控制器（Yaskawa Motoman 2010）
1994	Carnegie Mellon（卡内基梅隆大学）	科学家使用但丁 II 机器人探测了斯珀尔火山，迎来一个新的机器人领域：在恶劣环境中的远程数据采集（Bares n.d.）
1994	AESOP	AESOP（最优定位的自动内窥镜系统）是第一台被 FDA 通过认证的腹部外科手术机器人（Valero et al. 2011）
1996	Chris Campbell，Stuart Wilkinson（克里斯·坎贝尔和斯图尔特·威尔金森）	一起酿造事故产生了嘉仕达机器人，由消化的糖提供动力的机器人（Hapgood 2001）
1997	Honda（本田公司）	开始研究 P2 机器人，一台两足的类人机器人，能够平稳地行走 30min（Yamafuji 2008）

（续）

年代	人物 / 公司	事件
1997	Cynthia Breazeal（辛西娅·布雷齐尔）	开始在麻省理工致力于研究 Kismet，一台可以学习和应对交际的机器人（MIT news 2001）
1998	NASA	发射深空 1 号，具有人工智能的太空飞船，用来进行测试和新科技实验任务（NASA 2001）
1998	Campbell Aird（坎贝尔·艾尔德）	被誉为安装上了世界上第一个完全移动、"仿生"的机器人手臂（BBC News 1998）
1998	LEGO（乐高公司）	开始研究头脑风暴系列，一种流行的机器人教育系统（Mortensen 2012）
1999	Probotics 公司	推出 Cye 机器人，宣称是第一台可负担得起的家用个人机器人，也可以办公室使用，被设计用来执行携带物品、导引人们和清洁等任务（Hendrickson 1999）
1999	Intuitive Surgical 公司	推出达·芬奇手术机器人系统，在 2000 年 7 月通过腹腔镜手术认证（Intuitive Surgical, Inc. 2010）
2000	Sandro Mussa-Ivaldi（桑德罗·穆萨 - 伊瓦尔迪）	穆萨 - 伊瓦尔迪和他的团队将一台机器人和七鳃鳗大脑连接起来，收集并深入了解如何用意识控制假肢（BBC News 2000）
2000	Honda（本田公司）	发明了 ASIMO（高级步行创新移动机器人），利用 P2 和 P3 类人机器人的经验教训（Honda Motor Co., Ltd. 2007）
2000	Waseda University（早稻田大学）	发明了早稻田演讲者 1 号，可模仿人类歌唱（Takanishi Laboratory 2012）
2000	NASA	生产第一版机械宇航员，设计用来与宇航员一起工作（Canright 2012）
2004	Dr. Mark W. Tilden（马克 W. 蒂尔登博士）	为 WowWee 公司生产了罗伯萨皮尔机器人玩具，这是 BEAM 研究的最顶点，用户可修改设计（Boyle 2004）
2004	Aaron Edsinger-Gonzales, Jeff Weber（亚伦·艾德辛格·冈萨雷斯和杰夫·韦伯）	设计了 Domo，在麻省理工的机器人研究平台，用以研究先进的人机交互，利用独特的反馈系统使人机交互更加安全（Edsinger-Gonzales 和 Weber 2004）
2005	Dr. Hod Lipson（胡迪·利普森博士）	发明了具有简单自复制功能的机器人系统，能够使用简单的零件生产完全一样的机器人系统的能力（Steele 2005）
2005	Ralph Hollis（拉尔夫·霍利斯）	发明了圆球机器人，使用单个球体进行运动的机器人，开启了一条机器人运动新的道路（Hollis 2006）
2005	Brian Scassellati（布莱恩·萨瑟拉提）	发明了 Nico（尼克）机器人，设计用来识别自身零件和运动；这台机器人具有 1 岁儿童的智力和自我意识水平，这在以往的设备中从未做到过（Scassellati 和 Sun 2005）
2006	MOTOMAN（莫托曼公司）	推出具有 13 轴的双臂机器人，全部内部走线，具有人体躯干外观（Yaskawa Motoman 2010）
2006	Intuitive Surgical 公司	推出达·芬奇系统，第一次能够提供机器人手术的高清晰度视觉（Intuitive Surgical，Inc. 2010）
2006	Cornell University（康奈尔大学）	Josh Bongard, Victor Zykoy 和 Hod Lipson 发明了一种机器人，能够在没有任何形状和设计的初始数据的情况下行走，能够纠正损害，具有持续功能，根据新的限制条件调节自主行动（Ledford 2006）
2007	NASA	与通用电气一起开始致力于机械宇航员 2 的开发（Wilson 2010）
2008	ReconRobotics（侦查机器人）	推出侦察发现者，世界第一台设计用来投掷和具有完全黑暗状态下可视功能的机器人（Klobucar 2008）
2009	Intuitive Surgical 公司	推出达·芬奇系统，允许两个医生协同操作（Intuitive Surgical，Inc 2010）
2009	MOTOMAN（莫托曼公司）	推出 DX100 控制器，能够最多控制 8 台机器人和 72 轴运动（Yaskawa Motoman 2010）

（续）

年代	人物／公司	事件
2009	Aldebaran（阿鲁迪巴公司）	在国际机器人展上演示了NAO机器人系统，在2010年实现商业销售（Salton 2009）
2009	Microsoft（微软）	纳塔尔项目首次露面，2010年推出体感系统（Kinect），稍后改编成为各种机器人平台提供传感器包（Lowensohn 2011）
2010	Lely 公司	为奶制品业推出机器人挤奶系统（Saenz 2010）
2012	NASA	机械宇航员2，NASA和通用电气的联合研究项目，完成了机器人与人类的首次太空握手（Kauderer 2012）
2012	Tecnalia 研究院	开始致力于改编川田工业 Hiro 机器人，用于与欧洲产业工人一起工作，目的是让机器人能够与人一起工作，而不是待在笼子中（Fundazioa 2012）
2012	Rethink Robotics 公司	推出 Baxter，一种低成本类人躯干型机器人，设计用来易于教授任务，在人周边安全工作，从盒子里拿出来后只需要最小限度设置（Guizzo 和 Ackerman 2012）
2012	University of Pennsylvania（宾夕法尼亚大学）	Nader Engheta 和他的团队开发了第一个 metatronic（梅塔特隆）电路，使用光代替电流；研究成功后，可以生产更小更快更有效的电子产品（Lerner 2012）
2012	SpaceX 公司	成为第一个为国际空间站发射和回收机器人太空舱（龙号）的私人公司（Robotics Trends 2012）
今天	你	开始或继续你的探索机器人领域的旅程，以保证机器人光明和健康的未来

机器人历史上的重要事件

纵观事件的时间表，可以发现人的发展和智慧已经导致了现代奇迹的产生，机器人的世纪已经到来。在人们家里使用的机器人，以及娱乐和工业用的机器人，它们不仅仅是最近几十年来的发展结果，而是几个世纪以来人类努力创造的奇妙之大成。虽然在后面的章节中将对许多时间轴中出现的事件进行逐一验证，但还是建议你回顾所有事件，研究任何引起你兴趣的事件。

在公元前发生的事件在事件时间表中只有非常少的几个，但这些事件为后来的进步打下了非常好的基础。算盘，作为一种计数装置，使用珠粒帮助使用者跟踪数字并且实现运算，将它列在表中，是因为这是我们的先祖第一次尝试解决复杂的数学运算。证明了科技领域和数学是不可分割，相互依存的。很多时候，技术需要数学提前搞清楚体积、距离、转矩、力等，然后又促进了相关技术领域的进步。

另外两件公元前的大事件，是木制鸽子可以以蒸汽或压缩空气为动力情况下进行飞行，以及对气动的理解。Archytas of Tarentum（塔伦通的阿契塔）的飞鸽是当时的思想家们灵感的火花，促使他们探讨蒸汽和压缩空气如何工作，为什么工作，以及怎么被使用。克特西比乌斯加入自己的发现，创造出现在已知的气压动力的基本原则。他的工作为其他发明人的创作注入了生命力，以及给人们一种强有力的工具。直到今天，气动动力仍在广泛使用，是世界上最快运动机器人的主动力源，还是**末端工具（EOAT）**的通用动力来源（EOAT是操纵工件或执行任务机器人的一部分，在后面的章节您将了解更多）。

大约公元前200年，中国艺术家们发明了整个管弦乐队，由空气动力和绳索操作；这反过来又推动了凸轮和齿轮，给这些木制发明以生命力。这些熟练的操作人员有时会暂停他们的行动，使用他们的设备模仿人类的动作。两千年之前，观众观看这些由机械进行的奇迹般的表演，正与今天观看乐队或管弦乐演出的方式是非常一致的。人们经常认为人类伟大的发明不过是过去一两个世纪的事情，但实际上没这么简单。在公元前，有可能存在许多其他伟大的发明，只是没有可证实的记录罢了，它们就这样消逝在岁月的长河中。

Heron of Alexandria（亚历大山的赫伦）和他的蒸汽机出现在公元初年。当想到蒸汽机时，映入脑海的往往是 19 世纪的火车和牵引车的图片，但是，我们发现，第一台蒸汽机在公元 10~70 年时在某个地方已经被设计出来了。这也增加了其他动力领域的早期发明家的数量，同样推动了气动领域的发展（蒸汽毕竟是空气动力的一种）。赫伦继续发明**自动装置**（这些设备靠自己的动力运行，经常设计用来模仿人类）。赫伦的大力神斩龙是由水动力驱动的，龙吐出一股代表火焰的水流，命中大力神，但是大力神和他的伙伴们最后杀死了这条龙。按今天的标准来看，这套把戏太简单了，但是在当时这简直是技术上的奇迹。

现在回到 1495 年，看一下列奥纳多·达·芬奇的镀金勇士。许多人都知道达·芬奇在艺术和工程学方面的贡献，这一套移动的盔甲套装是工程学上的创举，但是被现代世界忽视了很长一段时间。这套盔甲能够端坐，移动双臂和头部，并且能够通过盔甲内部的齿轮和带轮打开面甲。这项发明，尽管当时是用来娱乐达·芬奇的晚宴客人的，但是激发了后来其他发明自动装置的灵感，无疑是工程学上的一项奇迹。现代的工程师复制了达·芬奇这套盔甲内部机构的图纸和图表，并用这些幸存下来的设计重造了盔甲，证实它确实能够像报道上所说的那样移动。

在 16 世纪，发明家们设计出了几个栩栩如生的自动装置，震惊了当时的民众。从 Hans Bullmann（汉斯·布尔曼）被认为第一个建造了真正的人形机器人，到 Gianello Torriano（贾内罗·陶瑞安）发明了"弹琵琶的女士"，再到 John Dee（约翰·迪伊）的甲虫，这项发明是如此栩栩如生，以至于他被指控巫术的罪名。这些 16 世纪的发明家为后来的机器人事业打下了良好的知识基础。在这一时期，Pare Ambroise（佩尔·安布鲁瓦茨）还公开了一项关于仿生手的设计，采用有机部件组成机械化的肌肉组织。安布鲁瓦茨发明的**义肢**或人造假体，从外观上看非常像人的真手，功能上也能替代当时流行的带有铁钩的木质假手。这是现代外科修复学悠久历史的开端。看来 16 世纪，人们的欲望、知识、容忍等所有的一切汇集到一起，成为后来的伟大作品在工程和科学领域的必要支撑。

> **义肢**
>
> 人工假体，用来更换失去的或损坏的肢体，通常和被更换肢体的形状和功能类似。

如果认为 16 世纪是机器进步的世纪，那么 17 世纪就是控制器进步的世纪。在 17 世纪，William Oughtred（威廉·奥特雷德）发明了计算尺，一个用于快速查找复杂计算结果的装置，这被证明是一个巨大的节省时间的利器。计算尺一直在被普遍使用，直到 20 世纪中期到晚期科学计算器接手这项功能。说起计算器，Wilhelm Schickard（威尔海姆·希卡尔德）和 Blaise Pascal（布莱兹·帕斯卡）在 17 世纪共同发明了简单的函数计算器。这些计算器可以进行加、减、乘、除运算，使用复杂的齿轮系统和正确的刻度模拟，或数字，或显示。这些装置让数学计算更容易，更快捷，更准确，有助于早期发明者以及那些需要做大量计算的人们。这些发明为紧随其后更大的计算系统以及设备控制系统的出现提供了灵感。Gottfried Wilhelm von Leibniz（戈特弗里德·威廉·莱布尼茨）在 1679 年用他的二元体系的研究使"控制器的世纪"更加完善，采用了数字计算机和许多现代技术处理大量数据的同一种方法——快速使用 1 和 0。

18 世纪对以前的技术进行了很多的改进，也有自己的创新。Lorenz Rosenegge（洛伦兹·罗斯奈格）建立自动的机械剧场，由一个水轮机驱动，是公元前中国管弦乐队的更新版本。Jacques de Vaucanson（雅克·德·沃康松）发明了发条**自动机**，或自行操作的机器，具有惊人的写实性和复杂性。他的"消化鸭"能够行走，"嘎嘎"叫，吃东西，排便，但它并没有真正消化食物。18 世纪中期，Benjamin Franklin（本杰明·富兰克林）进行了著名的风筝实验，研究电能。富兰克林的发现，为电力的理解奠定了基础，对电源的掌握为现代世界带来了利益。Friedrich von Knauss（弗里德里希·冯·克瑙斯）发明了能写出预输入的句子的机器，当人工输入时，就像打字机一样工作。 1772 年，Pierre Jaquet-Droz（皮埃尔·雅克德罗）改进了克瑙斯的设计，发明了一个孩子般的人体装置，能以相同的方式写出单词，就像人一样。皮埃尔的发明有一个可编程机械控制器，并由此输出书面文字以及充满童趣的人的行为。他的设计允许行为和操作上的变化，而不用完整地重建该自动设备，这是该领域一次巨大的进步。也正是在 18 世纪，Richard Arkwright（理查德·阿克莱特）、Jedediah Strutt（杰迪戴亚·斯特拉特）和 Samuel Need（塞缪尔·尼德）成立了世界上第一个真正的工厂，为以后将改变世界的工业革命种下了种子。

自动机

自行操作的机器，经常设计用来模仿某些生物。

19 世纪发生了许多重要和有影响力的事件，塑造了我们的现代世界。就在 19 世纪之交的 1804 年，Joseph-Marie Jacquard（约瑟夫·玛丽·雅卡尔）发明了**打卡控制系统**的机械织机，其中，具有各种孔洞的金属或木制的长方形被称为"卡"，用来控制时间和操作流程。要改变织机的运行，人们只是放入一张具有不同孔的排布的卡。雅卡尔设计了织布机的系统加载项，而不需要为他的设备专门建造一台机器，使得它与许多同时代的机械织机兼容。打卡系统被广泛用于机器控制，直到 19 世纪 70 年代末到 80 年代初当**计算机数字控制（CNC）**系统开始流行时，才开始使用计算机代码控制机器，代替打卡系统。在近两个世纪以来，各种发明改进了雅卡尔的设计，但只是采用了计算机以取代打卡系统作为机器的控制部分。

打卡控制系统

一种控制系统，使用坚固物质做成的卡片，上面有一系列精心布置的孔，用来控制设备的顺序和操作。

计算机数字控制（CNC）

对于设备使用计算机或软件控制系统操作的一种通用描述。

19 世纪还诞生了另一种控制技术，今天仍然存在。Friedrich Kaufmann（弗里德里希·考夫曼）发明了一个机械的小号吹奏者，通过控制高低不平凸点的滚筒在旋转过程中触发杠杆和凸轮。改变该系统的操作，只需要改变滚筒上凸点的排列和间距。该系统也经受住了时间的考验，与雅卡尔的织布机打卡系统一样，在工业的机器控制领域赢得了一席之地，也是机器人最初控制系统中的一个。

19 世纪上半叶，Charles Babbage（查尔斯·巴贝奇）完成了他的分析引擎设计，并被认为是世界上第一台通用计算机（尽管他从来没有建造出实物）。Augusta Ada King（奥古斯塔·艾达·金）阅读了巴贝奇公布的分析引擎的研究成果，写了关于如何使用这个设备的论文。许多人认为奥古斯塔的论文是计算机程序的第一个实例。Gorge Boole（乔治·布尔）发表了他的"逻辑的数学分析，"这就是今天人们通晓和喜爱的布尔代数。如果你从事计算机编程或人工智能，我几乎可以保证你将学习这个数学领域所有的来龙去脉。

19 世纪下半叶遵循熟悉的模式，在许多旧技术实际应用的同时还有一些新的创新。1868 年，Zadoc P. Dederick（扎多克 P. 戴德里克）发明了一个以蒸汽为动力的机器人，拉车的时候可移动手臂和腿，在 1887 年，Thomas Edison（托马斯·爱迪生）发明了一个会说话的娃娃。人们常常认为这些类型的发明是现代世界的一部分，而不是一个多世纪以前的老技术！ 1889 年，Herman Hollerith（赫尔曼·霍尔瑞斯）开始使用打孔卡技术的制表机，并开始运营自己的公司，并最终变为了 IBM 公司——21 世纪计算机领域主要的玩家。1882~1898 年间，Nikola Tesla（尼古拉·特斯拉）——现代电力学之父，构思了交流异步电动机，在尼亚加拉大瀑布设计了世界上第一台交流电站，并发明了一种遥控模型船。这项发明不是特斯拉给予现代世界的全部，但对于今天的现代机器人，这是一项重要的进展。1892 年，Seward Babbitt 和 Henry Aiken（苏华德·巴比特和亨利·艾肯）获得带有夹具的起重机的行业专利，可以说这是第一个**龙门**式系统（"龙门"是给许多简单的二轴或三轴机器的名称，设计用来拾起来自同一地方的工件，并将其放置在另一侧）。许多早期的机器人物料处理系统都模仿了这台起重机的基本设计。整理一下 19 世纪的发明名单，Joseph John Thomson（约瑟夫·约翰·汤姆逊）推断电子的存在，1897 年他的发现让人们对原子有了一个重要认识，从而为发现电流如何在原子水平运行奠定了基础。

20 世纪见证了数字时代、现代的机器人和许多人们使用和喜爱的技术装置的诞生，但所有的这些不是立即发生的。1921 年，捷克作家 Karel Capek（卡雷尔·恰佩克）给了这个世界一个单词——"**机器人**"，来自捷克语的单词 robota，意思是"苦差事"或"奴隶般的劳动"。Fritz Lang（弗里茨·朗）在他的 1927 年的电影《大都会》中使用了"机器人"，有助于这一词汇的推广，加强它在 21 世纪对话中的位置（见图 1-1）。这个单词"机器人"被广泛应用在科幻电影中，用来描述过去的自动设备和装置。术语"机器人"不到一百岁，但用来形容早于它的事物，这导致该词的意义产生混乱和冲突。本书将在本章后面探讨"机器人"目前的定义。

> **机器人**
>
> 一种配备了各种数据收集装置、加工装备和工具的设备，用来进行柔性操作，并和外界环境进行交互，能够在程序控制或手动控制下完成复杂的动作。

1927 年，Roy Wensley（罗伊·温斯利）建成了仿人机器人，被称为"Herbert Televox（赫伯特声控机器人）"，这是西屋公司为了促销而支持的多个机器人项目中的第一个。这个机器人可以举起电话回答，操纵几个简单开关，经过一些修饰，可以表达完整的一两句话。一年后，Makoto Nishimura（西村真琴）的"Gakutensoku"亮相，是日本第一次尝试发明的"机器人"。这个仿人机器人约 10ft（1ft=0.3048m）高，是精灵的形象，寓意多种族结合。重点是为了创造出栩栩如生的东西，所以西村设计了机器人模拟呼吸，不同的面部表情，以及写字的能力。1938年 Joseph Barnett（约瑟夫·巴奈特）的电动摩托人，西屋公司的另一个机器人，在它的脚下有滚轮，能走动，自己数手指，识别红光和绿光，能

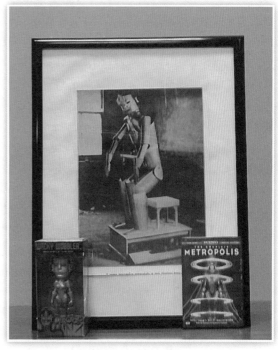

图 1-1 卡雷尔的剧本 R.U.R. 中的一个演员，DVD 和摇头娃娃来自于电影《大都会》发行的特别纪念专辑

抽烟，会谈话。操作者通过电话发送语音指令到机器人的胸部，来控制这个令人印象深刻的系统。机器人系统把声音的振动转换成光的信号，反过来在系统中控制各种继电器并产生动作。

1941 年，在 Willard L.G. Pollard Jr. 的并联机器人设计专利的基础上，DeVilbiss 公司生产了世界上第一台工业机器人，将机器人带入了工业的世界。Harold Roselund（哈罗德·罗斯伦德）将机器人应用于喷涂，以确保均匀一致的油漆面，而且最大限度地减少了油漆的浪费。最终，机器人凭借此应用找到了自己的方式，进入了汽车工业，开始证明自己是有益的生产伙伴。汽车工业目前是机器人技术的顶级应用者之一。一些公司，如通用汽车公司和本田采取了进一步的措施，帮助或自己设计先进的机器人系统。

正如卡雷尔·恰佩克从他的剧本中带给世界"机器人"一词，在 1942 年，阿西莫夫通过他的科幻小说给全世界带来了机器人三定律。许多机器人技术领域的人们公认，机器人和人类应该依照这些定律框架携手合作。在阿西莫夫的作品中，机器人没有奴役人类，发动全球战争，进行杀戮狂欢，或创作其他任何黑暗的人类故事剧情；相反，由于人们缺乏深思熟虑的命令，他们被困在逻辑循环中，从而导致工作紊乱。在当时许多人们只是了解机器人的奇迹，阿西莫夫的定律规定一条通向光明未来的道路，人与机器同时工作，而不是为黑暗的未来所担心。阿西莫夫的三大定则如下：

- 第一定律：机器人不得伤害人类，或通过不采取行动，使人类受到伤害。
- 第二定律：机器人必须服从人类给它的任何命令，除非这些命令与第一定律相冲突。
- 第三定律：机器人必须保护自己的存在，只要这种保护确实不与第一或第二定律相冲突。

1943 年，Thomas H. Flowers（托马斯 H. 弗劳尔斯）和他的研究小组开发出了世界上第一台电子计算机——"巨人"。这台计算机占据了巨大的空间，需要几个小时或几天时间来改变编程。当弗劳尔斯和他的团队创造了"巨人"，Warren S. McCulloch（沃伦 S. 麦卡洛克）和 Walt Pitts（沃尔特·皮茨）发表了一篇论文：软件和 / 或硬件有能力类似人类思维来处理数据，为**人工智能（AI）**的可能性奠定了基础。让机器人具有处理在没有明确正确答案或者有多个答案的问题的能力，或最终依靠直观跳跃解决问题。这两个事件为人们熟悉和喜爱的科技世界埋下了种子。计算机是简洁易得的，和机器人系统能够穿越复杂的地形，完成复杂的任务，而从它们的人类创造者那里获得很少帮助或根本没有帮助。

20 世纪 40 年代的后半部分和 20 世纪 50 年代前半期是新技术勘探的时期。从 1948 年到 1949 年，William Grey Walter（威廉·格雷·沃尔特）仿效他的神经系统理论设计建造了两个机器人。当时，这些创新的机器人可以探测光源并走向它们，发现预测碰撞然后改变方向，并自己回充电站充电。技术和在该领域的进步提高了机器人执行任务的能力，但是它们仍然是今天机器人行为的一部分。从 1950 年至 1956 年，Edmund C. Berkeley（埃德蒙 C. 伯克利）发明的"展会机器人"唯一的目的是让观众停留，并向他们发送通告。而作为他们的广告噱头，这些"展会机器人"使机器人成为人们关注的中心。从能解数学题的机器人大脑（可能需要提交打卡格式的数学问题，然后通过闪烁的灯光给出答案），到可以玩游戏（如井字棋）的机器人，再到可以解决由观众提出的迷宫题。我个人最喜欢的伯克利的机器人是 "Squee（斯奎）"，命名来自于松鼠，有人站在后面，用手电筒照向机器人，它会舀起一个网球。一旦有网球或"坚果"，那就把它收回来放到指定区域，由每秒 120 次的脉冲光照射来开启和关闭机器人，把"坚果"存储在"巢"中。

1958 年机器人经历了两个关键事件，Jack Kilby（杰克·基尔比）发明了第一个微芯片。微芯片是数字时代的必然要求；人们在现代机器人技术、电子以及现代生活的许多方面使用了基尔比微芯片的后裔。这些微小的芯片能够运算布尔代数逻辑程序，进行电源操纵和控制，数据存储和许多其他复杂、必要的现代计算和设备控制任务。微芯片使计算机能够成为小型的便携式单元，而不是占据数间房屋的庞然大物。第二个事件是发那科（FANUC）公司装运了其第一台**数字控制（NC）**机床。数控机床采用带有位置和序列信息的打卡系统（像雅卡尔的织布机一样）或磁带（类似于 VHS 或盒式磁带）来控制机器的运动和动作。这最终使 FANUC 公司进入机器人领域，并凭借其标志性的黄色机器人（见图 1-2），成为行业中顶级的机器人供应商。

展会机器人
　　一种专门制作的用来让观众停下脚步，并给予关注的装置，特别适合用于在展会上将大家的注意力引导至产品或展台上。

数字控制（NC）
　　使用带有信息编码的卡和磁带来控制设备的操作。

　　也正是在这个时候，工业机器人真正地开始扩大并生根发芽。1957 年，Planet Company（星球公司）在国际贸易博览会展出了 PLANETBOT，其有液压驱动机械臂，带有五轴和极坐标，让许多行业先来看看什么是有用的机器人。这个机器人不是"展会推

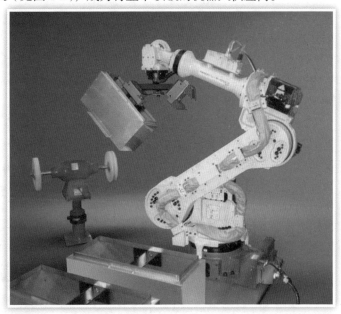

图 1-2　一台工业中使用的 FANUC 机器人，不是早期的系统

销机器人"或仅限于绘制操作，它有行业一直在寻找的多功能性。1960 年，American Machine and Foundry（美国机械与铸造公司）推出其第一款 VERSATRAN 可编程的机器人，并交付给美国客户，并在 1967 年向日本交付其第一台机器人。1961 年，George Devol（乔治·德沃尔）获得工业机器人手臂的专利，成为通用汽车公司（GM）使用的尤尼梅特机器人型号之一。1968 年，Kawasaki Robotics（川崎机器人公司）开始为 Unimation 公司生产液压驱动的机器人，开始其在机器人领域的崛起。几个世纪以来，科学、技术、工程和数学终于发展到如此地步，使工业机器人成为一种可行的技术，让许多公司都准备接受这种新的设备。

　　业界已经开始整合现有的技术，科学家和工程师们致力于研发下一代机器人。1963 年，Rancho Los Amigos 医院设计了兰乔手臂——一种 6 关节手臂，模仿人的手臂，以帮助残疾人。该结构现已广泛应用于工业，因为它可以复制人类的动作，把劳动者从以往会导致人体受伤的普通工作中解放出来。1968 年，Marvin Minsky（马文·明斯基）设计开发的 12 关节机械臂可以像章鱼触手一样工作。虽然这种设计没有被广泛用于现代机器人技术，但这表明，一点点思想和智慧都能够可以让机器人系统复制许多生物的自然运动。大约在同一时间，Ralph Mosher（拉尔夫·墨瑟）为通用电气公司开发了被称为"行走卡车"或"巨象"的机器人（Kotler 2005）。这种机器人车辆有 4 条腿，而不是 4 个轮子，采用了力反馈系统，解读并执行用户手臂和腿的运动，以驱动机器人。1969 年，Victor Scheinman（维克多·沙因曼）设计了斯坦福手臂，全电动、计算机控制的机械臂。他用这种臂在各种实验中组装零件，证明机器人能够完成许多同时代人认为

是不可能完成的任务。1974 年，维克多·沙因曼成立 VICARM 公司推广和销售自己设计的机器人手臂。

从 1966 年到 1972 年，美国斯坦福大学致力于研究机器人"沙基"，用于人工智能实验的机器人平台，研究机器像人一样思考的能力。很多人认为这是第一个真正的人工智能实验，为随后的系统研究带来了灵感。从 1970 年到 1973 年，早稻田大学开发了 WABOT-1，设计了一个尽可能像人类的机器人，赢得了世界上第一个**拟人化**（具有人性化的特点）机器人的头衔。虽然许多以前提到过的机器人具有人类特征，但这个机器人的复杂程度设定了人形机器人的门槛。 1973 年，爱丁堡大学开发了弗雷迪 II，一个机器人，利用初步的人工智能来把一堆散乱的零件组装成一个玩具车。 1974 年，David Silver（大卫·西尔弗）开发了西尔弗手臂，它可以使用内置压力传感器通过触摸装配零件。通过这些不同的实验，产生了许多技术，并以他们的方式进入机器人产业，并成为现代机器人的关键部分。

20 世纪 70 年代，机器人技术新进展开始集成到工业机器人系统中去，其中一些在写作这本书时仍然在使用！ Richard Hohn（理查德·霍恩）为辛辛那提米拉克龙公司设计的 T3 机器人发布于 1973 年，这是第一个由微电脑控制的商用机器人。T3 采用杰克·基尔比推向世界的微芯片技术，这样，在工厂车间机器人的控制器占据更少的空间。次年，ASEA（现称ABB）公司在瑞典向 Magnussons 公司交付了首台全电动微处理器控制机器人。四十年后，这个机器人还在工作，为 Magnussons 公司处理和抛光零件！这说明，在适当的维护下，类似图 1-3 的机器人系统可以持续数十年产生利润可观的行业**投资回报率（ROI）**（第 12 章涵盖了投资回报率更多的详细细节）。

图 1-3 这些机器人不是出售给瑞典 Magnussons 公司的那些，但设计上非常相似

投资回报率（ROI）

专业术语，用来描述一台设备收回投资所需要的时间。

1976 年，MOTOMAN（莫托曼公司）在欧洲开办机器人焊接公司，并在 20 世纪 80 年代残酷的竞争中生存下来，且脱颖而出，成为现代机器人系统主要玩家之一（见图 1-4）。次年，维克多·沙因曼将 VICARM 公司卖给 Unimation 公司，这最终诞生了可编程通用机总成（PUMA）机器人。PUMA 机器人也是较旧的系统仍然在运行的例子，这是史陶比尔集团于 1989 年从西屋电气公司那里收购 Unimation 公司的首要原因，并创建了一个新的史陶比尔机器人事业部。

20 世纪 70 年代末，牧野推出水平多关节型机器人手臂（SCARA），是 1978 年开发的（见图 1-5）。这个机器人有幸成为第一个日本工业机器人，第一个被证明可用于工业中。如今，如库卡公司与 MOTOMAN 公司在出售这种类型的机器人用于精确搬运小部件进行组装、固定、焊接以及需要大量向下用力的任务。SCARA 已成为各电子企业最喜爱的机器人，用于电路板上快速放置组件。

图 1-4　莫托曼机器人当前
的一款产品

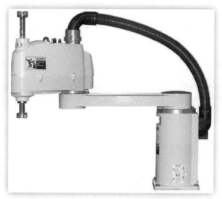

图 1-5　莫托曼公司的 SCARA 机器人，这种设计的流行
让数家机器人公司参与投资并生产这种类型的机器人

在 20 世纪 80 年代，制造业开始投资机器人，因为它们实现了系统的价值，从而导致了更大的机器人需求。需求的增加激发了小企业试水机器人，创造了新的机器人制造商的繁荣。不幸的是，许多这样的公司只会持续一年或最多两年。其中一些公司根本不具备在该领域竞争的专业知识，无法获得所需的市场份额。而有一些人获得了成功，引起了更大的关注，成立了机器人公司。如果一个成功的小公司有一个令人印象深刻的产品或具有相当数量市场占有率，规模较大的公司经常会尽量买下他们，或以某种方式与他们合作，如果失败了，规模较大的企业只会占据规模较小公司的市场份额，停止他们的业务，从而消除竞争。虽然这些小公司的名字对我们来说并不重要，但需要注意的是，你可能会遇到一些系统仍然在工作。从 ABB 机器人的例子看出，加以适当的保养维护，机器人可以工作几十年，很多厂家都舍不得买一个全新的机器人系统，只要他们的机器人还在工作。

这段动荡的时间里，也看到了一些新的机器人技术出现。1982 年，康耐视发布的 DataMan，这是 Dr. Robert J. Shillman（罗伯特 J. 舍尔曼博士）的心血结晶，具有 **字符识别** 能力，或阅读书写，还有打印字母、数字和符号的能力。使制造商能够跟踪零件，在过程中写入数据，并给机器人系统"看"的能力。Takeo Kanade（武雄金出）和 Haruhiko Asada（春彦浅田）在 1984 年获得直接驱动机器人系统的专利：其中电动机和关节直接连接，而不是使用齿轮、滑轮和传动带或链轮和链条产生运动，这使机器人的速度和精度增加，同时降低了维护要求，也解释了为什么大多数现代系统都使用直接驱动。

到了 20 世纪 90 年代，机器人已经赢得了他们在行业的一席之地，有相当多企业参与的 20 世纪 80 年代的机器人热潮也尘埃落定，这段时期决定了谁最终能够生存下来。20 世纪 90 年代期间有许多伟大的进步，有几个值得特别注意。一个是 **生物电子美学机械（BEAM）** 机器人的诞生，这是 Dr. Mark W. Tilden（马克 W. 蒂尔登博士）的心血结晶。这种开发机器人的方法是，如果任何控制系统都是现成的，用非常基本的控制系统来组成简单的系统；而不是遵循传统的理论去模仿人类，他们是模式化的较低的生命形式。蒂尔登 BEAM 机器人的想法和灵感来自于 Colin Angle（科林·安格尔）的可以独立移动的六腿机器人，在 1989 年为麻省理工学院设计的，该系统在很多方面都是很简单的，但可以用最小量的编程和设备进行复杂的操作（将在本章后面探讨这种方法背后的更深层次的细节）。

1993 年，爱普生公司建立了一个体积只有 $1cm^3$ 的能够工作的机器人。由 98 个不同的部分组成，爱普生公司的机器人获得了最小机器人的吉尼斯世界纪录，并被很多人认为是早期纳米技术的尝试。1994 年，莫托曼公司建成了世界上第一个能够同时控制两个机器人的控制器，两个系统一起工作，互相协作补充。有实现更大、更复杂任务的能力，该系统优于它的竞争对手。同年，卡内基梅隆大学的科学家使用但丁 II 机器人探测了 Mt. Spurr 火山，开启了机器人而不是人类从有危险或困难的环境中收集数据的大门。这也是一年 AESOP（用于最佳定位的自动内窥镜系统）获得 FDA 批准用于人体外科手术，打开一个全新的机器人操作的领域。

字符识别
读写或打印字母、数字和符号的能力。

生物电子美学机械（BEAM）
关于简单系统的机器人研究，不使用复杂的控制系统。

在 1997 年，本田公司推出了 P2 机器人。外形酷似一个人，能够用两条腿顺利行走超过 30min，这个机器人是当时一项巨大的成就。本田公司继续致力于该系统的研发，完善和改进技术，使之更逼真，并更名为 "阿西莫"（ASIMO）（高级步行创新移动机器人）（见图 1-6）（如果你还没有见过这个机器人的动作，在阿西莫机器人的网站或 YouTube 上你可以找到许多不同版本的影片）。

1998 年，医生为 Campbell Aird（坎贝尔·艾尔德）安装了第一个**仿生**臂假肢，或设计成模拟人类手臂和并由神经冲动控制的机械臂。手臂证明了这项技术的功能，并成为未来假肢的模板。医疗机器人的另一个进步发生在 1999 年，Intuitive Surgical 公司推出了著名的达·芬奇医用机器人，并在 2000 年 7 月获得美国 FDA 批准。

正如人们所预料的那样，新千年带来了机器人领域的一些伟大的创新。2000 年，"阿西莫" 第一次正式亮相，NASA（美国国家航空航天局）开发出第一个版本的机械宇航员，机器人躯干设计用来执行宇航员的功能，带有履带车辆底座用于行动（见图 1-7）。这两个机器人使机器人功能一步步接近人类的水平。同年，Sandro Mussa-Ivaldi（桑德罗·穆萨 - 伊瓦尔迪）成功将一个机器人系统整合到七鳃鳗的大脑，希望能找到关于如何改善生物学控制假肢的能力。同一年，早稻田大学推出了 "早稻田演讲者 1 号"，是一台旨在重现人类演唱动作和声音的机器人。学生们每年都在努力更新早稻田演讲者，使之更加完善。这项技术将有助于使未来的机器人更加逼真，提高与该系统互动时的自然的感觉。

图 1-6　本田公司的 P3 机器人，该机器人的第二次迭代就是今天的 ASIMO

图 1-7　机械宇航员的第二个版本，带有一些工具，能够在太空中工作

仿生

设计用来模仿和替换人类器官的机器人系统，由神经脉冲控制，通常是通过使用植入人体内的传感器。

2004 年，Dr. Mark W. Tilden（马克 W. 蒂尔登博士）向世界推出了他的"Robosapien（罗伯萨皮尔）"，他为 WowWee 公司创造的第一个服务机器人（见图 1-8）。蒂尔登的这一类人机器人基于他的 BEAM 原则，而没有考虑机器人玩具的利益：他的设计使这台机器人能够被黑客攻击或者被用户修改！蒂尔登希望有兴趣的人能够对 BEAM 机器人进行试验，而不是花费时间去篡改玩具。

就在同一年，2004 年，Aaron Edsinger-Gonzales（亚伦·艾德辛格·冈萨雷斯）和 Jeff Weber（杰夫·韦伯）为麻省理工学院设计了 Domo，一个机器人研究平台，意在促进人类与机器人的互动。由于机器人系统是如此强大，他们通常关闭围栏或以某种方式隔离操作者（参见第 2 章以获得更多关于机器人安全性的信息）。虽然安全性是必要的，但它并不总是整合机器人系统进入工业过程的最佳方式。Domo 表达了首先要努力使机器人系统摆脱孤立状态，并使它与人类并排工作；它采用专门设计的独特的反馈系统以保证人的安全性。通过这项研究埋下了种子，并在 2012 年开始结果，工业界开始认可机器人和人类一起工作的概念，而不是彼此隔离。

图 1-8　作者个人收集的 WowWee 机器人，蒂尔登博士签名的"罗伯萨皮尔"在后面（靠右），"费米萨皮尔"在后面（靠左）。前排从左至右是"网络蜘蛛""机器流浪者"和"名人先生"机器人

2005 年，Dr. Hod Lipson（胡迪·利普森博士）创造了一个机器人系统，当与机器人的零件一起工作的时候可以自我复制（自身复制），虽然这些系统设计简单，重复构建需要特定的零件，但他们代表了机器人创造新的机器人来完成任务、修复损伤或分担工作量的想法。同年，Ralph Hollis（拉尔夫·霍利斯）开发了 Ballbot。该系统使用单个球体用于运动，开辟了机器人从 A 点到 B 点运动的新形式。这是 Brian Scassellati（布莱恩·萨瑟拉提）发明"Nico（尼科）"的一年，能够识别自己的身体部位并具有认知的机器人，其具有 1 岁孩子的智力。虽然大多数机器人知道它们零件的位置，但当零件的可视化数据呈现时，它们仍无法辨认出这些相同零件。换句话说，用照相机系统的机器人可"看到"机器人零件的图像，但它不会这样处理数据，"哦，那是我的机器手臂的一部分"，尼科的对这些数据进行分析的能力代表了人工智能的巨大进步。

图 1-9　莫托曼公司发明的双臂躯干型工业机器人

2006 年，莫托曼公司向行业推出了一个双臂机器人，类似于一个无头人的躯干（见图 1-9）。重点是要模仿人类工人的运动，机器人装备了两臂而不是标准的单臂。这个系统的

另一个创新是电缆和空气软管在内部运行，防止接触、碰撞或摩擦式损伤等这些许多系统都会常遇见的问题。大约在同期，Josh Bongard（乔希·邦加尔德）、Victor Zykoy（维克多·泽考尔）和 Hod Lipson（胡迪·利普森）在康奈尔大学制造了一个机器人，能够在没有任何形状和设计的初始数据的情况下行走！换句话说，你可以移除电动机，增加电动机，改变机器人的方向等，当接通电源后，机器人会自动找出它应该干什么，如何导向，以及如何移动。这种编程和解决问题的能力对那些研究人工智能或系统在遭到损害时需要继续工作的情况是一个巨大的好处。

直接跳到 2009 年，莫托曼公司发布了可管理多达 8 台机器人或 72 个不同轴的运动的机器人控制器，开辟了令人振奋的新运动方案，再一次提高了标准（见图 1-10）。就在同一年，教育界得到了第一个由法国 Aldebaran 公司开发的 NAO 机器人系统（见图 1-11）。这个人形机器人有 25 个不同的运动轴、触觉传感器、麦克风、超声波传感器和照相机连同一整套的人工智能功能，让学生有大量的实验方案选择。2010 年正式发布后，许多学校和大学购买了该系统，进行先进机器人的研究使用（你可以在网上找到相关视频）。同样在 2010 年，微软公司发布了 Kinect，该系统将人体变为一个游戏控制器。然而，机器人爱好者们很快想出了破解 Kinect 的办法，并用它作为先进的机器人传感器包。微软后来发布了一个免费的软件包，帮助机器人爱好者将他们的创作连接到 Kinect，给这些机器人提供它周围世界的信息。

图 1-10　莫托曼公司 DX100 控制器，可以同时控制 8 台机器人、72 个轴的运动　　**图 1-11**　欧扎克技术社区学院的学生使用的 NAO 机器人

"机械宇航员 2（Robonaut 2）"是美国国家航空航天局和通用汽车公司之间的合作项目，在 2012 年完成了在太空中人类与机器人之间的第一次握手（见图 1-12）。虽然这可能看起来不多，但代表了传感器、反馈和安全控制的巅峰之作，机器人不仅是靠近人们工作，而且是直接与人们接触。这次握手对机器人来说有可能成为一次里程碑，就像尼尔·阿姆斯特朗在月球上迈出人类的第一步一样，一个关键的第一次发生的事件往往会引发更多令人兴奋的效仿。在人机互动方面，2012 年，川田工业公司的 Tecnalia 在欧洲负责调整 Hiro 机器人与员工一起工作，替代以往在背后安全笼里工作的模式。

随后在 2012 年，Rethink 公司发布了 Baxter（巴克斯特）机器人，直接在工业环境中工作，而不需要关在一个笼子里！巴克斯特具有类人躯干，一平板电脑，可兼作交互界面和机器人的大脑、力传感器、360° 相机系统以及人工智能软件，使机器人安全和易于使用。巴克斯特可以随变化的工作环境进行调整，当检测到附近有人时，会放缓动作至安全水平。

2012 年另一个有趣的进展是 Nader Engheta（内德·英格赫塔）和他的小组在美国宾夕法尼亚大学发明的一种新型电子产品，被称为"metatronic（梅塔特隆）"电路，使用光代替电流。该技术能够向现代电子学一样执行相同的功能，如流量限制、逻辑管理、放大，但它使用的动力是光，而不是电！如果这项技术能不断地完善，我们将可以预期更多的好处，如显著增加信号的处理速度，如更小的组件和设备，更低的功率消耗和产生的热量，以及信号不受磁场干扰。这项技术很可能被证明是一个改变游戏规则的发现，堪与 20 世纪的杰克·基尔比的微芯片相比。想象一下，有一个装置，只有平板大小，却有高端的计算能力，顶级的电脑配置，并有能够满足 24h 使用的电池！在物联网产业方面，这项技术

图 1-12　机械宇航员的第二版本，在太空中完成了机器人与人类的第一次握手

将意味着设计工程师可以把电子控制装置放在主电源旁边，但无须担心幻影信号或损坏数据。这可能会带来更小的控制柜，不再需要专用电缆路径，节省空间以及材料，并减少或消除设备本身的危险错误信号，从而获得人们的一致好评。

现在希望您了解促使现代机器人诞生的更多事件，以及为什么它们是如此重要的。本书中提供的列表没有完全涵盖所有对机器人产生影响的事件，另外还有丰富的资料，鼓励您做一些自己的调查。要提醒您的是，不是所有的信息都是正确的；不要相信您在互联网上找到的一切信息。根据我自己的研究，我发现的是其他人已列入类似时间表的"事实"是假的，我不得不挖掘权威资源寻找真相。

机器人是什么

从前文的时间表的探索可以看到，出现了一系列数量惊人的系统和设备，可以都将之视为机器人。塔伦通的阿契塔发明的木制鸽子是世界上第一个机器人？还是亚历山大的赫伦的以水为动力的"大力神斩龙"？或者是达·芬奇的金属电镀战士？说实话，答案取决于我们如何定义"机器人"。

术语"机器人"使用了不到一个世纪，因此，与许多我们通常使用的词汇相比，它是一个新的词汇。捷克作家卡雷尔·恰佩克创造了"机器人"一词，在他的剧本中来形容一个非常先进的工厂里的机器。当我们考虑词根来源的时候，"robota"的含义是"辛苦、卑微的工作"，这样有点不清楚，不知道机器人这个词真正想要传达什么意思。于是引起了关于"机器人"的一些争论；恰佩克的本意是用"机器人"来形容这种超前机器所承担的苦差事？还是形容他类似人的一面？后来对这个词的使用更加自由了，在很多创作中机器人用来形容科幻机器、工业中的零件

搬运工、模拟人的行为的机器、玩具机、信息收集设备和程序，在今天，我们对这个词的定义更多。

考虑到所有的这一切，让我们来看看一个机器人的共同定义。

• 从韦氏大学®词典，第 11 版 ©2013 年韦氏公司（www.Merriam-Webster.com）。

1）A：一台看起来像一个人的机器，能够进行人类的各种复杂行为（如走路或说话）；或者，与人类相似但往往被强调缺乏人的情绪的科幻机器。

B：高效、不敏感、具有自动功能的人。

2）可以自动执行复杂、重复性任务的设备。

3）全自动控制的机械装置。

正如你所看到的，"机器人"一词仍在不断完善之中，我们仍然试图准确定义什么是机器人。因此，在我们确定哪一种经典装置是第一个机器人之前，我们必须确定使用哪种定义。对于本书，我们将使用一个一般机器人的定义和一个用于工业机器人的特别定义，因为后者是一个非常具体的机器人分支。

这里是一般"机器人"的定义：

• 配备了各种数据收集、处理设备，以及用于灵活操作和与系统环境交互工具的机器，能够根据程序性控制或直接手动控制执行复杂动作。

这个定义应该足够宽，包含当我们谈论机器人时所认为的各种系统，而且足够具体，防止一切实物都被称为机器人。其中一个定义现代机器人的关键特征是"操作的灵活性。"通过这一点，我们的意思是你可以更改系统是做什么的，它是怎么做的，以及为什么这样做，通常是通过改变编程和一些零件组成来实现。这种能力是把机器人从家里或工业里的其他机器中区分出来的关键。机器人可以提供选择，即使我们没有使用这些选择。一种机器人手臂今天可以挑选、摆放零件，明天喷漆，周末用来检测有没有压力容器泄漏，这些只需要一定的编程变化和使用不同的工具。一个**战斗机器人**可以在第一场战斗中使用带有尖刺的手臂和碰撞传感器，再在接下来的战斗中配备旋转刀片和超声波传感器。

现在来看一个例子，可以帮助我们找到重点。您购买两个无线遥控皮卡车，一个来自百货商店，一个来自爱好者商店。这两种车都依靠电池供电运行，在倒车时，使用无线遥控器控制。从百货商场买的遥控车在特定频率范围内工作，内部部件很难拿到，并且所有的控制组件都在一个专门的电路板上，没有空间用于扩展。而从爱好者商店买来的卡车，由包含额外接口的控制模块、电动机、齿轮箱、多个频率的无线电接收器、减震器、可拆卸车轮、可拆卸底盘以及电源组组成，所有这些零件都是可容易拆卸或更换的。鉴于它的局限性，把从百货商店买的车从一个玩具变成一个机器人将需要大量的修改。然而，修改一些零件和增加一些传感器可以很容易地把这个爱好者商店买来的车辆变成一个完整的机器人系统。机器人定义的真正关键是灵活性，这是机器人和自动化设备以及专用设备的差别。

一些机器人系统最初设计建立在"操作灵活性"上，防止出现需要打开外壳更换零件的情况出现。以机器人割草机为例。这些设备能够自动照顾草坪，基于内部传感器、程序以及一些外部设备，设置割草区域的边界，并帮助割草机在需要时找到充电站。许多更好的割草机还可以告诉它们哪些已经割过了，避免重复割草，避免浪费时间和精力。这些机器人有内置的传感器，可以探测障碍物，如花盆、宠物和人，以确保它们操作期间不会造成伤害：它们有内部电源传感器，知道什么时候是时候停止割草并返回到充电站进行充电。这些设备还可以更新程序或固件，知道什么时候能够割完整个院子，可以检测到下雨，有防盗装置，并运行程序，由业主确定并通知设备以什么频率和一天中什么时间来修剪草坪。所有这些选项都是内置的，实在没有必要修改系统，虽然如果需要的话也是可以修改的。在这种专门类型的机器人系统中，大多数的灵活性源于易于编程和被下载到系统中的更新，使之更有效地运行，或纠正任何操作问题。

战斗机器人
在各种形式机器人格斗竞赛中使用的比赛机器人。

对术语"机器人"，广大民众和行业往往有不同的想法。虽然我们可能会想到 WowWee 公司的罗伯萨皮尔，星球大战中的 R2-D2，或者其他科幻机器人，但是工业人士想到的是，可以执行制造过程中涉及精确度和一致性任务的机器，通常比人类同行速度更快。

机器人工业协会（RIA）2012 年关于工业机器人的定义是最好的之一，我们将在本书中使用：

- 一个自动控制，可重复编程的多用途、可编程操纵器，具有三个或更多的轴，可以在工业自动化领域应用，无论是固定位置还是移动使用。

当看到这个定义，很显然，我们正在谈论对工业有用的东西，而不是一个业余爱好者的创作或家庭服务机器人。另一个重要的区别是工业机器人的工作主要处在自动控制的情况下。这并不意味着没有办法来移动或手动操作该系统；当然，当它处于生产模式时，系统根据程序的指示履行职责，不接受操作者的一切举动。工业机器人执行任务的地方对人来说很危险，都是经常重复的，高精度，和 / 或需要很大的力量。大部分用于工业的机器人系统执行任务时往往不需要人类直接监管，工作轮换时除外。轴数在定义中是机器人可以移动方向的数量的简称。按照定义，工业机器人必须能够在三个不同的方向或轴上移动。您还会注意到，RIA 的定义包括单词"多用途"；工业系统必须具有内置的操作灵活性才能称之为机器人，这是一个机器人系统和一台三轴铣床的区别。

使用我们机器人的定义，我认为第一个机器人将是汉斯·布尔曼的作品，看起来像活着的人或动物，据报道，还能对它们的环境做出响应。虽然他的发明没有留存下来，但对它的描述似乎符合所有标准；类似还有 Gianello Torriano（贾内罗·陶瑞安）的发明，他是布尔曼时期的发明家，并且它的发明幸存下来了，被证实该技术确实存在。关于我们定义的细微变化就可以改变是谁能够得到这项荣誉，从而引起谁是第一台机器人的争议。使用 RIA 的定义，第一台工业机器人的荣誉应由 DeVilbiss 公司获得，该公司的喷涂机器人是在 Willard L.G. Pollard Jr. 的专利的基础上设计的，本机有能够满足定义的轴数和功能范围。

"机器人"的定义可能会继续发生变化和完善，因为人们对该词汇越来越习惯，并逐渐对我们认为什么是机器人形成共识。如果你进入机器人领域，你将有很大的机会在未来对之做出改进。

现在已经明确了通用机器人和工业机器人的定义，我们可以向前迈进，继续进行对机器人的探索。

为什么使用机器人

从为乐趣而生产的机器人到高度发达和专业的工业机器人，在现代世界有很多原因促使我们使用机器人。

在工业环境中，我们使用机器人的情况通常有 4 种：枯燥、肮脏、困难和危险。正是这些条件在背后驱动，使工业中的管理部门和工作人员都接受机器人作为生力军。

第一，枯燥。说明工作的性质是重复的，任务通常要求很少的思考或根本不用思考。在这种情况下，工人很危险，因为数周、数月或数年来总是一遍又一遍做同样的事情，会对身体造成损害。这些损伤往往涉及身体关节或背部，范围可以从腕关节扭伤综合征，到需要完整的关节置换，或背部手术。另一个危险是工人可能因为无聊，没有注意他或她正在做什么（有时也被称为"自动驾驶状态"）。虽然这种疏忽可能导致零件或机器损坏，更主要的是，此人由于粗心大意可能会被运动的机器部件伤害。这种伤害的范围可以从割伤、跌打损伤，到严重撕裂失去手指，完全截肢和死亡。鉴于有可能涉及的危险，事实上，这种类型的任务很少变化，这对于机器人是完美的任务。机器人能够完成十万，甚至上百万的重复动作，只需极少的维护，从来不会失去注意力。这也解放了人力来做更重要的事情，例如检查零件的质量，调整机器，或其他更适合于人类的任务。

第二，肮脏。这些的任务过程有可能会产生人们希望避免的灰尘、油脂、污垢、淤泥或其他物质。这些任务可能造成轻度健康风险（引起过敏反应或刺激皮肤），但在大多数情况下，这些简单的工作让人们结束一天的工作时，身上覆盖满了一些"东西"。虽然这样的工作有些人并不在意，但更多的人还是宁愿避免这种脏乱。污秽也会降低工人的满意度，反过来会影响生产效率、产品质量和**流动速率**（工人辞去工作或雇主的频次）。现在，机器人不在乎污脏，没有会发炎的皮肤。当机器人在肮脏的环境中工作时，唯一要真正关心的是它的机械部分是否会损坏。为了防止这种情况，我们可以用塑料密封机器人或设计专门在肮脏的环境下工作的机器人。为了保护一个人，往往要穿上闷热的制服，需要特殊的培训和体检，以及其他防护设备，增加了就业的难度，这还没有考虑工人潜在的不适。

第三，困难（见图 1-13）。各种机器的结构或某些生产环节可能需要人来弯曲、扭转，和 / 或进行对于人身体来说非常困难的移动。而机器人的旋转接头可有 270° 的运动自由度，人肘部被限制为大约 90°（我不知道谁可以将他或她的手腕旋转 360°）。有时困难是位置和重量的组合：人们是能够根据需要移动，但加上零件的重量会导致关节和肌肉拉伤。有时工人可能由于他或她的手臂的长度以及所穿的工作服受到物理上的限制。与其寻找一个 2m 高的柔术演员，不如使用一个机器人更具可行性，特别是在我们可以指定工作行程、有效载荷和轴数的情况下。

第四，危险（见图 1-14）。环境可能是过热的，含有有毒气或辐射，与没有安全防护的机器一起工作，或者涉及对人类造成伤害或疾病的高危险性环境。这对机器人来说都是不错的工作，因为我们可以修复或更换损坏的机器；然而，一个人可能需要几个月或几年医疗救护，即使这样，再也没有可能回到他或她以前的生活质量。在工业界没有值得工人去冒险的利润空间，特别是当机器人可以一样做好（如果不是更好）。

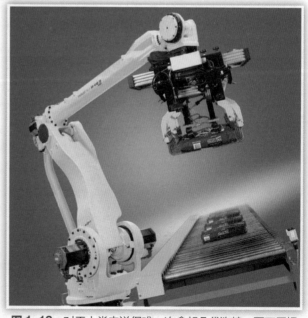

图 1-13 对于人类来说很难一次拿起几袋狗粮，更不用提对人类身体的影响，但是这台机器人可以轻松处理这些任务

这方面的一个很好的例子是用来清理切尔诺贝利核设施的机器人系统。这些机器人在放射性环境中清理有害放射性废物并进行妥善处置，如果是人类，这将是致命的工作。当它们已经完成了工作或不再起作用时，它们将会与核废料一起存储在同一个设施中，直至辐射水平是安全的才会重新启用。

图 1-14　一台机器人抬起一块红热的金属，这项危险的任务对它来说却是非常适合的（请注意背景中机器人和工具上的那些擦痕和磨损，这是集危险与肮脏与一体的工作）

除了上述四种环境，另一个很好的理由是使用机器人时获得的**精度**：任务执行的准确或精确程度，要看是不是符合规定的质量准则。人工操作，由于视力上的差异，身体结构，工人的背景等都有可能改变精度水平。在工业方面，这种差异可以转化为生产时间或不合格零件数量的增加；这就是机器人的用武之地。机器人有能力在保持精度水平的情况下重复执行任务，而人类几乎不可能实现。这主要是基于一个事实：许多机器人的公差范围处于 0.35 ~ 0.06mm 或 0.014 ~ 0.002in！这使得机器人在生产电子产品、航天部件和其他需要精确制造的零部件时特别有用。

机器人的**精度**带来的一致性和可重复性是它们的人类工作伙伴难以匹敌的。**一致性**是每次都能产生相同的结果或质量的能力；**重复性**是指在一定公差内执行相同运动的能力。有迹象表明，有众多因素可以影响一个人的工作表现：生病、受伤、疲劳、注意力分散、情绪、工作满意度、温度和能力，仅举几例。任何这些因素都可影响工人的生产水平，以及他或她正在生产的部件的质量。由于工业机器人没有情绪，没有有机的系统，它们的工作不受这些条件所限。有了机器人，你只需要担心程序控制系统，该系统的机械和电气元件，以及机器人接收和发送的信号的有效性。只要这些状况良好，机器人将以相同的方式执行任务，不管它已经工作了 1h 还是 48h，无论是星期一早晨或周五下午，该公司是否打算聘用或正在准备裁员，或出现其他任何可能会影响工人工作的情况。这种一致性转化为成本节约，体现在节省使用的材料、提高零件质量，减少制造时间，帮助整体降低零件成本（见图 1-15）。

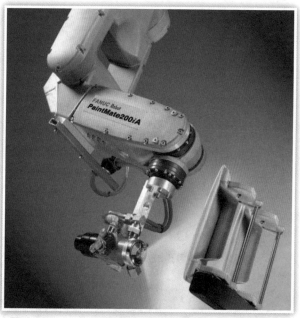

节省成本这一因素有助于机器人融入工业中，这也是为什么需要工业机器人的另一原因。在工业中，工人的工资一般都按小时或按计件工资计算，还有**附加福利**，

图 1-15　一台机器人在喷涂零件，发挥了它的精度和一致性方面的优势

其中包括：健康和牙科保险、退休金、人身保险、社会保障和其他任何该公司为员工支付的部分或全部费用。对于机器人，你要付出该系统的初始成本，零部件的成本和维护费用，运行系统的电力或燃料的成本。在许多情况下，机器人可以在两年以内还清初始成本，从那时候起，它们的运行成本就只有零部件更换、能量消耗和维护费用，对于一些系统这些成本可以低至每小时 0.42 美元！这还没有计算由于机器人的精度和速度节约的时间或材料成本。例如，由人工焊接轿厢架需要 4 ~ 6h，但现在一队机器人系统完成同样的任务只需要 90min。除了节省的时间，机器人的精度允许使用更小的焊接点并具有更大的拉伸强度，这样可以为公司节省材料费用以及减少次品。同时这也解放了人力，可以去做更重要的事情，如质量检测、工艺改进等需要以判断为基础的决策性任务，完成这些几乎不可能实现自动化。

一旦我们把目光越过工业的世界，就会发现，机器人已经以它们的方式融入到现代生活的许多方面。对于普通消费者来说，我们的服务系统，帮助处理现代世界的琐事，帮助残疾人提高生活质量，还有些机器人的存在就是单纯为了娱乐。为了帮助那些危险的职业，由机器人来承担风险，从而使人类不必冒着生命危险来收集关于危险情况的信息，机器人还可以携带武器与敌人作战。在学术界，有用于研究的机器人，还有可以传授机器人知识的教学机器人。在商业领域，机器人可以传送邮件，取悦客户，或者让工人与远处办公室进行交互。在本节的剩余部分，将探讨机器人如何以一些不同的方式触动我们的生活，了解它们的使用方法，但决不会涵盖所有的机器人。

我们将从用于娱乐的机器人开始，因为这是很多人发现机器人迷人世界的开始。从"展会推销机器人"，到 WowWee 公司的罗伯萨皮尔，机器人发明都让人们着迷，同时吸引我们的注意力和金钱。今天，你可以买到模拟真实动物的机器人宠物，即使忽略了也不会死，或用来娱乐幼童的机器人，同时教一些重要的技能，例如形状识别，分享，阅读，其他重要的生活技能。有先进的熊娃娃可以充当机器人朋友，对于那些想要更多行动的人们，还有可以用安全的武器与儿童玩战争游戏的机器人。对于那些喜欢动手实践的朋友，也有机器人平台，如 VEX 机器人、乐高机器人、OWI 机器人手臂，各种飞行器（内置有稳定和飞行辅助功能），及其他（见图 1-16）。对于铁杆爱好者，有广泛的零件和教程帮你从无到有创建一个机器人，无论出于何种目的，只要是你希望的（见图 1-17）。正如你所看到的，当谈到机器人时有很多可以娱乐的选择。

图 1-17　一台作者自己建造的系统，使用了一个 Arduino 处理器，几个伺服机构，一个电动机驱动芯片，一些旧的热变形的 CD，还有一些蜘蛛玩具上的旧零件

图 1-16　罗伯萨皮尔和一台建造成阿尔法·雷克斯的乐高 NXT 系统

当然，当谈到娱乐，不能离开出现在主题公园的各种电子动物，以及设计用来取悦和娱乐大众的大型机器人系统。这些机器人创造童话般的神奇之旅，为了惊吓我们也会带我们进入生活的噩梦。好莱坞为把电影拍得更逼真，制造各种生活中的创意，已经使用机器人系统很多年了（见图 1-18）。许多公司使用这些系统与潜在的客户进行互动，并在展销会或集会上进行销售宣传。当销售人员在大量混乱的人群中，与数量众多竞争对手一起争取您的关注时，机器人提供一些必要的噱头来赢得你的宝贵时间，来完成自己的营销。当涉

图 1-18　在《终结者》系列电影中，ABB 公司机器人正在处理一台"终结者"机器人

及机器人娱乐的一面，在观看 YouTube 视频或影片后，"为什么"常常是人们给出的相同的答案：因为我们喜欢。只要我们继续为这些科学奇迹而着迷，并喜欢它们出现在我们的生活中，我们就可以期待看到新的机器人系统和创新出现，并努力占据更大的市场份额，赢得我们的时间、兴趣和金钱。

网真，是指一个人在远程位置与其他人进行交互的技术，是机器人的另一块迷人的和不断增长的领域。这种先进的系统使用的设备有两个主要类别：输入侧和输出侧。输入包括摄像机、麦克风和任何必要的导航传感器。输出包括视频显示器、扬声器和在许多情况下在周围移动系统的方法。输入侧从网真系统所在地收集数据，发送给用户，给他们重要的互动信息；输出侧允许用户创建现场存在感，即使他或她在数公里之外或另一个大陆。企业是首先购买到这种技术的用户，尽管早期的系统只比视频聊天多一些设置。如今，高科技的交互界面和机器人系统允许让工人自己选择住的地方，他们的工作在家里完成，通过高速互联网连接，他们仍然是公司的重要组成部分。随着这项技术的成熟，并获得广泛认可，它的存在已经扩展到社会的新领域。一个日益普及的应用是在老人公寓，其中机器人装置允许朋友和亲人更轻松、更经常地光顾，以往是不可能的。该技术还可以让有严重过敏或其他健康状况限制的孩子有机会与同龄人和同学交流。这种技术出现之前，这些孩子往往只有选择被隔离在受控环境中，或冒生命危险与其他交往。由于接受了这一技术的发展，我们可以期望看到更大的使用范围，也期望系统能够提供更多种类的应用。

科研是已经投入巨资的机器人的一个领域。我们用机器人平台来测试新的设计理念、技术和编程方法或**算法**。（算法是解决一个问题或完成一个任务的系统程序。）研究机器人去一个地方和做的事情对人类同行来说是不是危险或困难的。在我们可以派出机器人时，为何要冒着暴露于有毒气体和其他的危险进入火山内部？该地区有没有放射辐射？什么生活在最深的海洋底部？派一个机器人潜水艇，把它们找出来。

太空探索是科学和研究已经锁定机械人的一个领域。1981 年，Canadarm 手臂帮助宇航员搬运沉重的负载进出航天飞机。深空 1 号于 1998 年推出，有助于证明人工智能软件和新技术的能力，开拓太空计划进入一个新的时代。机械宇航员项目始于 2000 年，梦想创造一个人形机器人与人合作，或替代他们承担风险。为此，与美国国家航空航天局的约翰逊航天中心、通用汽车公

司和海洋工程公司建立合作关系（见图 1-19）。通过总结经验教训，于 2007 年进化到第二个版本，在 2012 年与太空宇航员握手，树立了机器人发展的里程碑。就在同一年，"好奇号"火星车安全降落到火星土壤，为今后的载人访问发回重要的信息。这些仅仅是少数机器人系统的应用，就已经提高了我们对多年来位于地球大气层之外的宇宙的理解和互动。在未来，在宇航员离开地球之前，机器人系统可以在月球和火星建立人类的栖息地，或者在富含矿物质的小行星与地球之间跑货运。机器人可以从死亡的卫星回收零件，修复还能工作的设备，或者生产全新的系统。可能性是无穷的，唯一的限制是人类的想象力和渴望。

图 1-19　机械宇航员 2 正在展示系统的力量和能力

在 20 世纪 90 年代中期，机器人进入医学外科领域，并发挥了积极作用；机器人系统的数量和运营的数量一直稳步增长至今。从 AESOP 系统（自动内窥镜系统的最佳定位）在 1994 年推出，到著名的达·芬奇医疗系统，机器人帮助医生执行精细的手术，增加手术的精确度和大幅减少切口的大小。当医生进行手术，他或她必须使切口足够大，以使用他们的专业工具，让他们的手指或双手进入并有回旋余地，以及透入视力所需的光线时，所有的这一切都将为患者造成较大的切口和较长的恢复时间。机器人将诸如刀具、视觉设备、镊子，以及其他必要的工具打成一个更小的包，从而降低病人的切口尺寸和创伤数量。事实上，对患者的伤害减少是足够大的，以往，需要一个漫长的住院手术，现在已变成了门诊手术！

这些机器人系统除了节省恢复时间、减少对病人的伤害以外还有更多的好处。医生控制这些医用机器人，并在一个终端显示出机器人的摄像机看到的内容，同时允许医生控制机器人系统的运动和所有涉及的外科手术工具。他们仍然有一个团队，协助手术的各个方面，但医生是远离病人的，允许他更加集中注意力完成他的任务，因为他将注意力放在屏幕和控制上，而不必左右移动辅助工作人员照料病人。这样的装置也可以让两位医生在以往两双手施展不开的区域共同工作，开辟了一个全新的手术选择。另一个正在探索的想法是，医生不是在病人房间里控制机器人，而是与操作者一起位于一个单独的房间。这种设置可以节省手术室的地面空间，防止操作者曝光在生物危害环境中，并且进一步降低医生可能会在手术室受到的分心干扰。还有一个操作团队与病人在一起，只有医生在其他位置。由于这种机器人手术系统正在研究和完善中，我们可以预期专家将能够从数公里远，甚至在不同的国家执行救命手术！

在医学界，其中机器人已经站稳了脚跟的另一个领域是假肢。现代生活中，我们喜爱户外 / 极限运动，危险永远存在，很多人他们的生活质量因为截肢和重度脊柱损伤而大大降低。这些损伤曾经意味着学习过不正常的生活，在某些情况下只有非常小的可能性再次过正常的生活。机器人领域正在迅速改变这一切。今天我们有一系列的机械选择来更换不全的四肢，系统允许那些坐轮椅的人们重新行走，甚至有帮助那些从颈部以下瘫痪的机器人系统。

Pare Ambroise（佩尔·安布鲁瓦茨）在他的 1564 年的论文中介绍了肉体和机械部件相结合

的概念，详细说明了由有机和机械部件组成的人工手；然而，直到 1998 年，世界才看到了这种技术完成版本——由 Campbell Aird（坎贝尔·艾尔德）制作的第一个仿生手臂。其中，使得这一切成为可能是**生物传感器**的进步，它检测到肌肉或神经系统的信号，并允许用户像以前那样让肌肉动起来以控制假肢。该生物传感器通过病人的皮肤表面导线以及直接植入到肌肉的针状大小的电极拾取与这些动作相关联的电流活动。随着这种控制的改善，我们已经使用肌腱改善了假肢的质量，这种肌腱能够很好地模仿真实肌腱的力量和功能；微控制器能实现自然运动，尺寸更小，重量轻，完成手指单独控制；假肢皮肤的进步，可以检测到压力和温度。谈到假腿时，还有分段的脚，为特定目的设计的特别关节，假腿之间可以进行蓝牙通信，所有这些都有助于用户更自然地步行或跑步。猪腿和金属挂钩的日子已经一去不复返了：截肢者现在有多种选择，以帮助他们夺回失去了的运动能力和生活质量。

对于那些**截瘫**的人们，或已经失去了下肢所有移动能力的人们，有一些新的、令人兴奋的可用机器人选项。有几个版本的机器人椅子，允许用户穿过台阶和崎岖的地形，通过调整高度可以拿到物体或与其他人互动。这些系统利用旧的电动轮椅，并增加机器人功能和选项。一项新的非常令人兴奋的进展是利用机器人**外骨骼**使截瘫患者再次行走！外骨骼机器人是用传动带围绕在使用者身体上的系统，可以提高强度、耐力以及在某些情况下的移动性。ReWalk 是在这种新技术领域处于领先地位的公司之一，这套系统包括一个适合用户外形的机器人外骨骼，用于协调系统运动的控制器，以及一组专门的拐杖，帮助穿戴者保持他或她的平衡，检测系统运动的时间，倾斜传感器用来确定身体的位置。ReWalk 系统能够使用户坐、站、走，甚至爬楼梯，在户外行走。该 ReWalk 系统 2012 年进入欧洲市场，在写作这本书时，它正在等待美国 FDA 的批准。

虽然生物传感器和倾斜传感器能够帮助很多残疾人，但全身瘫痪者需要更先进的控制方法，以便与辅助设备交互。**全身瘫痪**是指人的躯干和四肢均是瘫痪的。因为他们非常有限的有意识的控制自己的肌肉，给假体或辅助设备的信号必须来源于语音命令，面部肌肉控制，或直接来源于思想。Sandro Mussa-Ivaldi（桑德罗·穆萨 - 伊瓦尔迪）和他的团队在 2000 年进行了实验，连接电子元件到大脑，努力增加我们对思维控制假肢的了解。基于此，2004 年时，该装置 BrainGate 获得 FDA 批准用于人体试验。BrainGate 项目的目标对于患者来说无非就是思想控制计算机设备。2012 年 5 月，该设备让中风瘫痪的女人来控制机器人手臂，多年来第一次能够自己喝水了！她的想法通过 BrainGate 设备控制的机械臂拿起瓶子，把它放到嘴边，使她可以喝水。ReWalk 还在研究另外一条道路机器人外骨骼也可以让那些全身瘫痪的人们重新获得移动能力，但他们还有很长的路要走。人们希望，有一天这些研究会给那些目前因疾病或受伤而身体受困的人们回归正常生活。

我们还发现，那些适合在工业领域工作的机器人同样也适用于工业之外。我们用机器人割草，真空吸尘清理地板，清理雨水槽或者承担一些对人身会造成危害的任务。该机器人已在家里这些沉闷和肮脏的环境中找到了工作，接管我们不愿意做的简单的任务。而可用的系统类型和可以执行任务的家用机器人列表目前仍然有限，这一领域也开始逐渐扩大。由于技术限制，早期的扫地机器人成本约 300 美元或更贵，而第一个机器人割草机价格超过了 2000 美元。随着时间的推移，这些设备在进化；因为它们易于使用，价格也在慢慢回落。从前只有地板吸尘机器人，现在有机器人清扫机、擦拭机器人、泳池清理机器人和研究平台。我们曾经有过的草坪设备可能只能覆盖有限的区域，并且需要某种形式的器件防止机器失控，现在的机器人可以知道它们在哪，避开障碍物，并如期进行修剪。只要公众继续寻找机器人为他们做家务，制造商将继续扩大和完善这些可用的机器人系统。

我们还发现机器人可以帮助我们的士兵和执法人员执行更加危险的工作。处理爆炸装置便是这样的工作之一。机器人出现之前，这意味着从远处摧毁爆炸装置，或采取让一个人去冒险受到伤害的方式。今天，机器人可以被派去承担风险。甚至研究中的机器人系统可以搜索出危险的爆炸物，并且在没有人直接控制的情况下拆除这些爆炸物。

机器人被应用的另一个危险区域是收集信息和处理人们所带来的威胁。无论是特警队处理人质事件或军队试图压制敌对目标，有关情况的信息都是计划至关重要的部分。机器人出现之前，这一情报收集经常让参与的人把他们的生命悬于一线，也许使情况变得更糟。今天，我们用机器人系统帮助收集信息，并且在一些情况下消除威胁。空中无人机收集装备和人员的位置信息，而飞机驾驶员则位于数公里之外或大陆之外的安全位置。一些较大的无人驾驶飞机可携带炸弹或导弹摧毁敌方目标，而不会危及我们士兵的生命。我们能投掷机器人进入建筑物来收集信息，而操作者位于安全的距离之外。我们的履带式陆地机器人可以配备摄像机、传感器和一系列攻击性武器，这取决于执行什么任务。这些系统可以找到罪犯或敌人，传达投降指令和处理那些愚蠢的不顺从的家伙。什么是这些系统最好的地方？如果他们受到伤害，我们完全可以更换几个零件使它们完好如新；或者，如果有太多的伤害，我们要抢救可用的系统部件，以获得一个全新的机器人。而当一个人受到伤害时，最好的结果是他或她有轻微的损伤，而最坏的情况包括丧失生命。

无论是恶劣的工作环境，还是满足人的简单的欲望或性能要求，机器人都以各种方式进入了现代世界的许多方面。虽然如此，我们使用一个机器人的细节通常是连接到一个具体的应用，通用的答案仍然是相同的：机器人要么是执行我们让他们执行的任务，要么是我们作为人类不想做的任务，或者任务是危险的，或者是需要精确度和 / 或力量的任务，我们无法完成。也正因为这样，那样的机器人已经在现代世界占据了一席之地，并将继续是我们未来世界的一部分。

自上而下与自下而上的方法

如何去制造一个机器人？就像人的任何其他发明一样，必须有理想的驱动，一个概念，一个我们希望实现的梦想，以开始把一些新的东西融入世界的过程。需求往往是人的发明背后的动力，从而带来的 Vulgaria 1519 年的名言："需要是发明之母"（Titelman 2001）。我们已经看过了许多历史悠久的例子，需要、欲望或想法是创造一些可以模仿人类事物的源泉。一些机器人被设计用来播放音乐和娱乐，有的被设计用来做类似思考的事情，有的被设计成取悦、震惊群众，而另一些是自然生物或行为的复制。当我们看比较现代的机器人时，可看到需求让人们远离危险的生活方式，使人们摆脱他们不想做的任务，让娱乐更简单。在机器人的演变过程中，两个不同的思想的学派出现了：自上而下和自下而上的方法，这两者有不同的看法，我们应该如何构建和推进机器人。

自上向下的方法是，开始于一些非常复杂，比如就像人们一样或独立思考，并尝试创造一些尽可能与现有技术接近或创新的新设计。如果你看过机器人的历史，你可以看到这种趋势。从达·芬奇的盔甲套装，到旧的乐器自动播放装置，从第一个工业机器人推动者到机械宇航员 Robonaut，我们看到了发明人渴望创造栩栩如生的东西，可以像人一样执行任务的东西，一些可以模拟一个复杂的生命的系统。使用这种方法来创造的机器人可能会遇到很多挫折，但它也极大地推动了机器人和技术的进步。

自下向上的方法是，发明者以一个非常简单的输入和控制系统开始，然后看会发生什么。马克·蒂尔登倡导这种机器人技术方法，引入 BEAM（生物电子美学机械）概念。受科林·安格尔的"成吉思汗"——一个简单的六腿步行机器人启发，蒂尔登开始探索制作很简单（像昆虫一样）的机器人。其基本的理由是，昆虫是非常简单的大脑很小的生物；然而，他们仍然可以与世界互动，那么为什么不尝试复制这种机器人？而此时世界机器人的发展更趋于复杂的系统，BEAM 机器人要回归本质，并寻求简单的机器人系统如何演变成更加复杂的机器。

我们也看到了机器人三定律影响这两个系统的效果。自上向下方法通常试图遵循阿西莫夫的三大机器人定律：

1）第一定律：机器人不得伤害人类，或通过不采取行动，使人类受到伤害。

2）第二定律：机器人必须服从人类给它的任何命令，除非这种命令与第一定律相冲突。

3）第三定律：机器人必须保护自己，只要这种保护确实不与第一或第二定律相冲突（著名人物，日期不详）。

自下向上的方法是使用所有简单的系统工作，马克·蒂尔登为 BEAM 机器人创造了自己的定律：

1）机器人必须保护自己的存在，不惜一切代价。

2）一种机器人必须获得并保持获得动力。

3）机器人必须不断地寻找更好的动力（Hrynkiw 和 Tilden 2002）。

正如你所看到的，蒂尔登的简单定律符合他的简单的普通机器人的理念。阿西莫夫的第一定律是关于人类生命的保护；蒂尔登的第一定律是如何保护机器人。这说明两种方法之间的差异：自上向下方法创建盛大的机器，与他们的人类创造者竞争或超过对手；自下向上的方法创造简单的机器人，看会发生什么。阿西莫夫第二定律是关于人们使用方面的；蒂尔登的第二条定律是关于机器人的功能。在这里，可以看到，自上向下的方法的原动力是需求，要对人有用；自下向上的方法侧重于机器人的继续存在。当我们到了阿西莫夫的第三法律，终于看到了一些关于机器人要保护它继续运作的规定；蒂尔登第三定律是关于改善机器人的处境。定律之间的差异给我们很大的洞察创建系统背后思维定式的启示。用自上向下的方法，发明人设计的机器人在尽可能安全的情况下完成人类的任务，该系统可以保存用于二次解决其他问题。自下向上的方法，发明人试图保持系统运行和功能，看看会发生什么。

在这一点上，你可能会问自己，为什么有自下向上制度的烦恼呢？如果机器人只是为了存在而存在，有什么好处呢？好了，机器人的这一分支的一个令人吃惊的发现是机器人在没有程序或无人指导情况下的动物行为仿真。蒂尔登和他的研究团队在蒂尔登三个基本规律的基础上构建了各种型号和配置的 BEAM 机器人，使用随身听录音机，或其他眼前的废弃零件。这些 BEAM 机器人有一些方法来收集动力，也有方法来存储动力，某些方法用来检测出电源，在没有固定编程或复杂的控制器的情形下还能向动力源移动。把这些机器人释放到人造的栖息地，一些奇妙的事情发生了。随着时间的推移，机器人开发出运作模式，并制定**领土**或他们最喜欢的环境区域。甚至有机器人因为这些领土而打架，具有较佳设计的 BEAM 机器人赢得领土资源，失败者必须找到一个不同的区域来收集动力。在这里，我们只有这些简单的模仿昆虫世界的基本机器人系统，没有复杂的编程或控制器！这个有趣的结果在机器人研究中保持了自下向上的方法，并引发 BEAM 机器人领域多名机器人专家的兴趣。

许多人希望，随着自下向上的方法研究的继续深入，我们将学习到更多关于生产能够自己做出决定和具有人工智能机器的能力。想法是把这些基本的昆虫机器人放在一起，慢慢地提高他们，直到他们可以模拟更智能的生命形式。虽然自上向下的方法正在通过先进的编程和技术来创造一个会思考的机器，自下向上的方法试图发展比零件的总和更好的东西。机器人的每一次进展都采取了前面单元运作良好的部分，并尝试一些新的转变，或创建一个完全基于经验教训和未经实验的结构的新的思路。

比较这两种方法时另一个要考虑的是，相比自上向下法，自下向上方法更年轻。发明家使用了几个世纪的自上向下的方法，而自下向上的方法直到过去的几十年才只进行粗略的研究。如果BEAM 机器人和自下向上的方法有机会成熟，我们可能会从这个领域看到更多的创新和发现。已经有许多机器人爱好者看到采用由马克·蒂尔登设计的高度可修改的罗伯萨皮尔机器人形式的 BEAM 研究的好处。罗伯萨皮尔代表这两种方法在机器人领域的联姻，它有很多基于蒂尔登 BEAM 研究的内部系统零件，还有一个复杂的控制器管理机器人的操作。另外，罗伯萨皮尔的独特之处是，蒂尔登设计该系统时采取这样的方式，业主实际上可以进入机器内部，并试验其操作，如图 1-20 所示。这里再次，我们可以看到自下向上的方法在起作用：这些系统被设计成可以进行修改或"演变"成不同的东西，并希望比当他们跳出这个箱子时更好。

就像生活中的大多数事情一样，无论是自上向下还是自下向上方法在机器人领域都具有价值。这两种方法都有我们所知道的机器人先进的地方，能够生产出比他们的前辈更好的机器人系统。当自下向上的方法成熟时，它可能会给让我们看到，他们也可以生产出自上向下方法曾经为之努力奋斗的先进机器人系统。将来可能会看到两种方法的混合，这会产生一个全新的方法来创造机器人，类似的，我们在罗伯萨皮尔身上看到了这一点。只有时间会给出答案。

图 1-20　移除一些螺钉后，可以看到罗伯萨皮尔的内部工作方式

人工智能和机器人技术的未来

对于这个多样的历史，我们想到的问题可能是，"下一步是什么？"本节这一部分是关于该问题可能的答案。

目前能够看到的一个持续增长的主要领域是人工智能（AI），这是用于描述一个软件或系统能力的术语。能够做出人类一样的决策，直观和创造性地解决问题。这项软件或系统将能够处理真实的生活状况，有几种方法都可以进行，但没有明确的最好的答案或解决问题的方法，而且没有特定的编程。人工智能研究的期望结果是建立一个系统，可以快速有效地针对环境条件做出反应，无须系统操作员重新编程。最终，这种研究可能导致工业机器人可以防止机器崩溃，提高生产效率，甚至可能挽救生命。在我们的日常生活中，这可能导致机器人同伴的产生，以满足各种情况和互动水平，如机器人托儿或照顾患者的医疗或残障需求。有一天，甚至可以看到，艾萨克·阿西莫夫在著作中设想的那样，机器人帮助人类改善所有的一切。

接下来研究人工智能有可能给予帮助的一个例子。在该例子中，有一个带轮子底座的机器人从仓库取出一个包裹，送到总公司；给它的指令是以最快的速度完成这项任务，没有特别指定的路线。控制系统运行遇到的第一个问题是，有三条快速路通到办公室；所有路距离相同，并花费相同的时间（理论上）。在此刻，该系统将需要审查诸如转弯的数量，还有什么斜坡没有，会有任何会延迟机器人行程的情况（如十字路口），以及任何可能会影响行程时间的因素。这是人工智能将被引入的领域，它将为这些条件赋值，然后为添加到每条路径的时间计算中去。使用这个新的数据，机器人分析了三条路线，选择旅行时间最少的那条。当机器人离开并开始行动时遇到了新的问题。在机器人的编程中，有一种指令，不管是什么情况下，人总是有优先通行权。一排人结束一天工作准备离开，堵住了机器人的现有路径。程序规定，系统必须等待人先移动，机器人才可以继续前进。然而，它的内部时钟显示，它已等待了 30s，而其传感器表明人们没有移动。现在，如果你或我必须处理这种情况，我们很可能只是以请求原谅的方式，从队伍中穿过，但问题是机器人在程序中没有此选项。如果没有一些方法做出创造性的决定，机器人必须等待人移动或走回头路选择别的道路，加上已花了时间，以及回去的时间，这是总的行程时间。这里是可以使用人工智能的另一个地方，在程序中明确列出外出解决方案。答案之一可能是利用人与墙之间的空间寻找到队伍的末尾，或者如果它具有语音功能，它可能会询问一个清晰的路径。另一种解决方案可能是创建从当前位置的新路径，同时避免人类堵塞。

人工智能的重点是创建有能力处理生活中的混乱的机器人系统。当机器人在严格监管的环境中，很少需要人工智能或解决高级问题的能力：一个精心编写的程序可以处理出现的任何问题。然而，生活中很少提供严格管制的环境。甚至在工业，那里的条件应该是相当一致的，但是也有人为因素以及意想不到的机器故障需要处理。随着人工智能技术的发展，机器人将能够在他们的人类同行身边工作，而不是孤立待在笼子等安全领域，以及应对突发事件的混乱。人工智能也可以让人类更容易直接操控机器人执行任务。事实上，像巴克斯特这样的机器人已经在使用这种类型的技术来校准零件，并在教机器人做什么时放缓进程。

人工智能不是机器人技术的一个新领域，我们已经在这一领域取得了一些进步。我们有机器人可以解决**模糊逻辑**问题，我们有机器人可以计算如何处理他们道路上的障碍，系统在很少或没有人帮助的情况下可以标出他们周围的环境。我们有机器人可以计算出如何移动，没有关于它的形状的或应该如何努力移动的程序化知识。我们有具有儿童的自我意识的机器人，具有相似的决策能力。我们也有电子游戏，可以学习玩家的游戏风格，做出相应的反应，使游戏体验更具挑战性。程序员使用高层次的数学公式创建人工智能程序，允许该系统修改它的种类、重量数据，基于所收集的数据具有改变决定的能力，并在一些情况下，修改自身的核心程序。由于这些与机器人相关的工作会继续完善这些数学公式和程序，我们可以预期机器人系统会变得更"聪明"或更逼真，在他们的世界出现问题时，以他们的方式做出反应。

模糊逻辑
有一个以上的正确答案，或几种行动计划之间没有明确差异，在这种情形下计算机系统必须选择一个。

另一个具有巨大发展空间的领域是机器人车辆。美国国防部高级研究计划局（DARPA）举行长途无人驾驶车辆年度竞赛。这些车辆必须穿过相当数量的困难驾驶条件，模拟人类驾驶条件下会遇到的诸多问题。在 2004 年的第一场比赛中，没有参赛者完成整个赛程。然而，仅仅一年后，五辆汽车顺利完成赛程。从那时起，DARPA 一直在增加赛程的难度，参赛者已经对他们的车辆进行微调或创建全新的系统进行比赛。本次比赛的好处之一是机器人队伍和物资输送已经成功用于军事运输实验。在民用方面，我们现在已有车辆可以无驾驶员辅助时自动泊车，以及帮助避免碰撞的系统。在机器人车辆目前尚未商用或获得在开放的道路上驾驶认可，你可以看到有那么一天，机器人驾驶会成为新车的一种标准驾驶选项。

本章前面提到的外骨骼是另一个领域，目前集中了大量的军事和民用机器人研究。军队希望能找到一种方法来增强士兵的能力，使用这项技术提高战场上的表现，同时许多民用项目都是想给残疾人运动的能力。两边都有该技术的成功案例，但它尚处于发展的早期阶段。ReWalk 正在使用这种技术给动不了胳膊或腿的残疾人提供移动的能力。一家公司在日本正在开发一个版本的技术，这将他或她正常的平均力量提升 10 倍，同时减少活动时的疲劳，如行走或携带负载。军方正在与全身系统的承包商合作，以帮助士兵搬运沉重的设备，以及帮助普通士兵承载他们的包裹或装备的重量，防止疲劳和扩大其有效活动范围。由于外骨骼技术的成熟，我们可能会看到，每天都有许多人会利用机器人套装协助我们的工作或日常生活，以增加我们的能力，提供超出我们身体的极限能力。

当我们看娱乐世界里未来的机器人技术，想象是真正的限制。今天在机器人的娱乐领域，人们可以找到玩具，实验者的工具包，如何从零部件生产机器人的说明，电子宠物版的"展会推销机器人"。机器人以他们的方式进入贸易展览、会议和观众的心中，因为他们分享信息，炫耀能力，或者只是直接娱乐群众。从"泰坦机器人，"其中有一个人在里面操作系统，到改变用途的、与 Bon Jovi（邦·乔维）一起登上舞台的 ABB 机器人，我们看到人们喜欢看到这些技术的实际应用，机器人娱乐领域将继续是成长的方向和重点，这是由人类的兴趣决定的。

当然，如果没有考虑工业领域机器人的未来，讨论将是不完整的。工业机器人仍是机器人领域的一个主要创新驱动力，正因为如此，工业机器人将继续推进。未来的工业机器人的了不起的例子包括机械宇航员 Robonaut，由 NASA 和通用汽车公司（GM）联合发明；ASIMO（阿西莫），这是本田公司的作品（见图 1-22）；还有莫托曼公司的双臂机器人，类似于一个无头躯干（见图 1-21）。所有这些系统看起来都有一个非常人性化的感觉，也许更重要的是它们是如何运作的。后面这些系统和其他类似的驱动目标是让机器人可以模仿人类伙伴的灵活性，与人类同行一起工作。加入人工智能技术，你的工业机器人将易于编程，能够对突发状况做出反应，并在人类操作者旁边安全地一起工作。

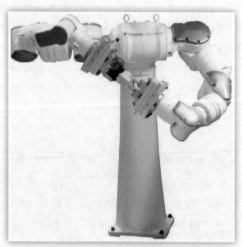

图 1-21　莫托曼的双臂机器人在从两侧操作零件，就像人类一样完成这项工作

图 1-22　阿西莫在活动，通过跑步穿过舞台演示其能力

这些仅是商店里机器人的少数几个进展，绝不是研究进展的完整列表。由于技术的不断进步，因为我们完善现有系统，我们发现新的方式来利用目前的技术，因为我们的兴趣和愿望在改变，因此机器人也会改变。对机器人有热情的人们，会努力寻找新的和令人兴奋的方式来使用机器人系统，书写机器人的未来。正是像你这样的、本书的读者，才能打开机器人的未来。

回顾

通过本章的学习，你已经了解导致现代机器人产生的重要事件，什么是机器人，为什么使用机器人，机器人背后的发展理论。简单预测机器人的未来。加在一起这是一个很大量的信息；所以你可能要不时返回来参考本章，你将获得关于机器人的知识，并且更深入地了解这一切。在对本章内容的探索中，我们学习了以下主题：

- 机器人重要事件的时间表。这里列出了影响了未来的一系列事件的时间表。
- 机器人历史上的重要事件。从事件表中选择了一些

关键事件进行更深层次的探索。

- 机器人是什么？研究了机器人的各种定义，选中了两个用于此书，探讨了属于这些机器人系统的定义。
- 为什么使用机器人？我们了解了工业领域之内和之外使用机器人的原因。
- 自上而下与自下而上的方法。这部分是关于机器人创造背后的两个主要概念，以及对他们进行的比较。
- 人工智能和机器人技术的未来。我们了解了目前机器人的发展趋势，预测未来将在哪一些领域继续扩展。

关键术语

算盘	仿生	附加福利	机器人
算法	生物传感器	模糊逻辑	劳役（Robota）
拟人	自下向上的方法	龙门	投资回报（ROI）
人工智能（AI）	公元（CE）	数控（NC）	展会机器人
自动装置	字符识别	截瘫	网真
机器人	计算机数字控制	一致性	领土
战斗机器人	（CNC）	假肢	自上而下的方法
公元前（BCE）	一致性	打孔卡控制系统	流动速率
生物电子美学机械	臂端工具（EOAT）	全身瘫痪	
（BEAM）	外骨骼	重复性	

复习题

1. 谁被我们誉为气动之父，他什么时候做出了他的发现，为什么这样的重要？

2. 什么是镀金战士，谁创造了它？

3. 我们将把创造出的第一个真正的人形机器人的荣誉赋予谁？

4. 本杰明·富兰克林在什么时候进行了著名的风筝实验，以及它为什么重要？

5. 什么是雅卡尔织布机？是谁发明的，什么时候？

6. 尼古拉·特斯拉赖以成名的是哪三件事？

7. 艾萨克·阿西莫夫的三大机器人定律是什么？

8. 什么是第一个真正的人工智能实验平台？

9. 什么是第一个商用微机控制的工业机器人？

10. 什么时候出现了BEAM机器人，谁创造了这种方法？

11. Robonaut 2什么时候开始工作的，在2012年Robonaut 2发生了什么历史事件？

12. 在本书中，使用一般机器人的定义是什么？

13. RIA的工业机器人定义是什么？

14. 谁创造了第一台工业机器人？

15. 机器人工作的四种困难环境，并给出每种环境下与工业相关的应用例子。

16. 列出机器人帮助研究的三种方式。

17. 机器人手术系统给病人带来了什么好处？

18. 我们使用机器人处理哪些家庭中的日常任务？

19. 比较机器人创作的自上向下和自下向上的方法。

20. 把自下向上方法的机器人系统放在人造环境中，发生了什么事情？

21. AI代表了什么，是什么意思？

22. DARPA有一个年度机器人大赛。DARPA代表什么，是什么样的机器人大赛？这些比赛取得了哪些成果？

23. 军方为战士寻找外骨骼的原因是什么？

24. 什么是使用机器人来执行的主要好处，比如侦查人质的危险的工作或处理爆炸装置？

安 全

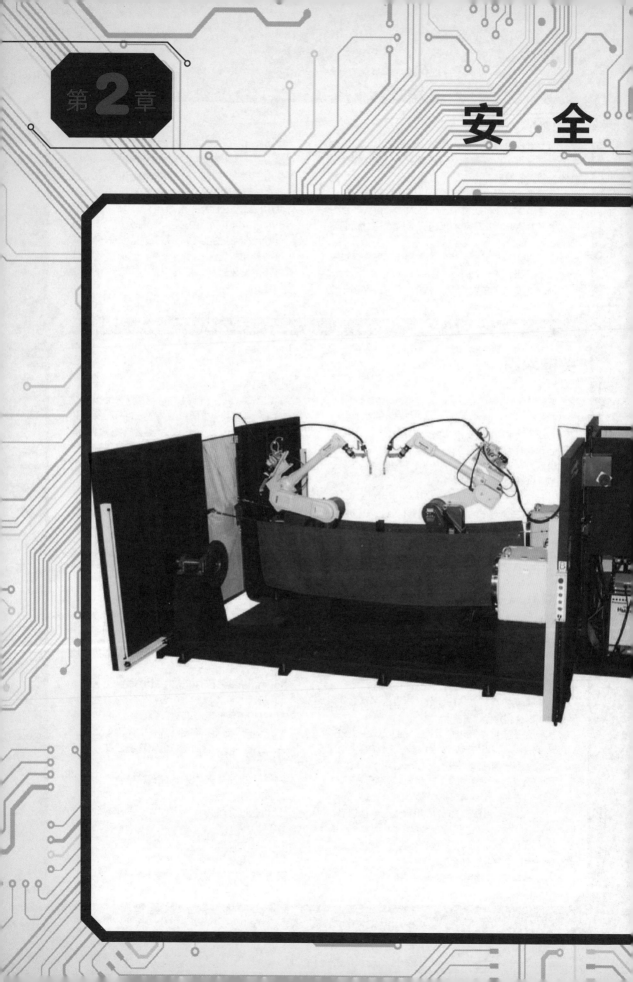

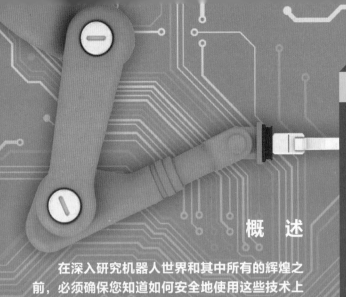

知识要点

- 如何安全地使用机器人工作？
- 停止机器人的三个条件。
- 机器人周边的三个区域。
- 如何在危险区确保人们的安全？
- 一些常见的安全传感器是如何工作的？
- 电的危险。
- 如何应对突发事件？
- 一些基本的急救方法。

概　述

　　在深入研究机器人世界和其中所有的辉煌之前，必须确保您知道如何安全地使用这些技术上的奇迹。机器人有力量来移动沉重的材料、执行加工功能、焊接金属、存放各种物质，并且移动速度远远超过人类。同样的功能使机器人有价值的同时，也是与机器人工作的最大的危险。从工作在机器人周围的人们，到那些负责维护的人，以及机器人的制造者，任何时候安全都必须是首要关注的问题。为了帮助您熟悉机器人的安全要求，我们将在本章讨论以下主题：

机器人需要尊重！

危险地带。

防护。

安全装置。

电力和你。

处理突发事件。

机器人需要尊重

　　当涉及安全，想想机器人的三个定律："机器人要求尊敬（Robots Require Respect.）"这又是一个朗朗上口的短语，以帮助您记得如何安全地与机器人工作。人们已经创造了机器人来完成工业和我们的日常生活中的各种任务。这些系统能够移动零部件（重型和轻型）、金属焊接、机械加工、提供监视、拆除炸弹、提供军事打击、娱乐我们，并执行许多其他任务，所有这些都涉及一定程度内在的风险。什么时候舒适地与机器人系统在一起时，我们经常会开始忽视这些危险，并置自己于受伤害的境地。

　　机器人通过程序和直接控制执行动作，或是程序与直接控制两者的结合。他们没有感情，他们没有情绪，他们没有直觉思维，人们做什么他们不会思考，他们没有自己的日程表。虽然这是事实，我们正在努力研究人工智能程序，并给予机器人应对复杂局面的能力，哪怕可能没有一个明确的正确答案，但他们仍然只在按照程序执行，因为这种功能特性，只有三个情况下要立即停止机器人。

思想食粮

2-1 处于机器人工作范围内的危险

在我从事工业领域的时候，发生过几起涉及机器人系统的事故，人们从中学到了深刻的教训。以下事件我觉得真正体现了不尊重机器人的危险。

当时的情形是，一名员工在工厂的组装线旁，一个机器人系统设计用来拾起中央空调机组的压缩机，并把它们放到一个焊接设备里。该压缩机重约 100bl（1bl=0.453kg），视该型号不同，有时是 15~20bl。在事件发生时，装配生产线有一个传感器出现未识别的间歇性问题。这是一个已知的问题，并且操作人员不得不观察其他员工是否手动激活传感器，使生产线再次恢复运行。因此，我们为下面悲痛的故事埋下了伏笔。

在这一天，装配线停止，就像之前很多次一样，促使故事中的主角出场了。他在努力爬上传动带，去触动引发故障的传感器，并重新起动生产线。他曾看到别人做过这个，并认为他可以"解决这个问题"还能节省生产时间。不幸的是，这个人犯了两个严重的错误。一，他是身体处于机器人可以达到的**工作行程**内，恰好是机器人拿起压缩机的地方。二，他引发了传感器的

正确组合，发送信号给机器人，一个零件准备好了可以拿起。机器人一接收到正确的信号，便开始按照程序拿起压缩机并将其加载到焊接设备上。然而，机器人的夹持器握住了员工的腿而不是一个压缩机。机器人不在乎它的夹持器里是一条腿还是一台压缩机，它只按照程序执行任务。

如果你愿意，试想一下，你正在努力解决一个生产线的问题时，突然一个机器人抓住你腿，开始尝试把你放进另一台设备。你没有紧急停止按键（E-stop）来停止机器人。没有人在控制器旁救你。你不能对它讲道理，恳求它，威胁它或贿赂它。

此时，你很可能会想知道系统是不是停了，员工是获得了自由，还是被塞进了焊接设备。是什么拯救这个人的生命？是他的股骨（大腿骨）断了。机器人的摆动动作，把他从传动带上猛拉过来，在空中摆动，把他送入焊机，骨头承受不了就断了。这反过来又让员工的腿在加速状态下从夹具中滑脱，他立马飞了出去。机器人并没有报警。没有机械故障机器人停不下来。是什么拯救这个人？是受伤使他的腿变得足够软从而从机器人的抓握中滑脱。

这个人后来完全康复了，但在医院待了数周。他的故事作为一个严厉提醒，谁不尊重机器人，后果都会很严重。如果他的腿不断，很有可能会因为这次意外失去生命。

工作行程

机器人可以到达的操作区域。

1）程序/驱动的动作已经完成。请记住，程序或直接控制就是我们用来控制机器人的命令，所以一旦机器人已经运行了程序或者我们已经停止发送操作信号，它就会停止并等待下一个命令。传感器或其他系统可以启动下一个命令/程序，这可以解释为什么机器人有时似乎无原因地起动，但是机器人这是在程序的控制下工作的。

2）有报警条件。几乎所有的现代机器人系统，工业的或以其他的机器人，都有某种报警系统。在许多情况下，该系统监视诸如安全传感器、急停装置、电动机上的负载、视觉系统，以及提供周围世界信息的其他可用设备，还有它的内部系统。报警功能停止机器人，努力防止或最小化对人、其他设备和机器人的损害。

3）出现一些类型的机械故障。请记住，机器人是一套机械系统，就像任何其他的机器一样也容易损坏。电动机故障、螺栓断裂、空气软管破裂、电线短路、连接松脱，仅举几种情况；任何的这些情况都可能会导致机器人停止。在最坏的情况下，机器人将保持运行，但不稳定或不可预知地执行任务。

当人类不尊重机器人，并把自己置于危险境地，他们往往了解停止机器人的三种危险情况。现在，如果有问题的机器人是一个低功率的系统，比如罗伯萨皮尔或 iRobot 公司的地板清洁机器人，只可能对人造成很小的伤害（如果有的话）。然而，如果我们将系统的力量提升至一个割草机器人或一个拆弹部队可以使用的机器人，这时会发生什么？这些系统有足够的动力导致在错

误的时间正确的位置伤害一个人。如果提升至工业级的机器人，不管使用的是什么机器人，对人类造成的危害将变得更严重，甚至是致命的。如果当机器人开动时你不幸处在危险区域，或者你错误地估计了机器人的下一个动作，把自己置于危险的境地时，有再多的恳求，哪怕提供贿赂，据理力争都无法让机器人停止。唯一停止机器人的办法是发生了前面提到的三种情形。如果你不尊重机器人，那么就会学到沉痛的教训。

危险地带

你现在可能想知道，在机器人旁边工作有没有可能永远安全。答案是绝对可以的。每一天，人们在现代社会的许多方面使用数以千计的机器人安全和有效的工作。其中的第一件事情，就是我们创造一个安全的工作环境，首先要确定围绕一个机器人有哪些区域。每个区域都具有一定的风险水平，并要求对风险有一定水平的认识。本节内容将涵盖三个主要区域：安全区、警戒区和危险区。

安全区

安全区是指一个人可以从机器人附近通过的区域，而不必担心与之接触。该区域处于机器人系统的覆盖范围外，超出了机器人可影响的范围。从机器人到所述安全区域的距离取决于机器人的类型、系统的最大力量，并且是做什么的。正如你可能已经猜到了，更强大的机器人系统，为了需要，安全区设置得要越远越好。

让我们看一个例子，为帮助我们了解什么是安全区会带来一些启发。

这个例子中，出问题的是一个割草机器人。这种机器人有一根掩藏起来的周长线，限制区域机器人在其中工作，定义了其工作范围，或者说是该机器人在工作时能够触及的范围。出于案例考虑，周长线是围绕前院的，系统的工作范围限制在前院，每个星期天的下午修剪。最后一条信息是：你在照料一个 3 岁的孩子，希望能够安全地享受一个阳光明媚的星期天下午。

快速扫描一下这个例子的设置，揭示了潜在的麻烦。有一个机器人系统有编好程序的工作要做，一个你有责任负责其安全的、好奇的 3 岁宝宝，这两者都将发生在周日下午。很显然，你不希望孩子在割草机周围玩耍因为这可能是一个灾难。因此，您将孩子放在后院，而不是在机器人的工作范围内，作为额外的帮助，房子会阻止任何机器人操作导致的碰撞和飞溅。换句话说，你把孩子放在这样一个区域，无论机器人采取任何的行动，他或她均处在安全区。

警戒区

警戒区是靠近机器人，但仍然处于工作行程之外的区域。虽然机器人无法到达你所在的区域，但其操作过程中可能会产生危险，如芯片，火花，抛出的零件，高压泄漏，碰撞，过度喷涂，或焊接强光。由于这常常是操作者执行任务的区域，就必须了解潜在的可能对工作安全产生的危害。这不是只针对任何一个人的区域。

警戒区的一个很好的例子是操作员站在执行**"拿起并放下"**操作的工业机器人旁（拿起从一个区域物品和将它们放置在另一个地方）。这种类型的系统通常会从传动带或容器中拿起一个原始零件，从机器中取出成品件，将原始零件放进机床进行加工，然后将成品部件放在传动带上或类似的机制，并等待开始从头再来一遍。这些系统的操作者通常是负责把毛坯件加载到输送机上，检查外形尺寸和成品件的质量，根据需要更正加工过程，并完成该零件所需的任何其他生产工艺工作。这份工作往往要求操作者紧密接近机器人，还有其他的生产设备。工人每年在这些区域花费数百万小时，而没有损伤或事故，虽然事故确实有时会发生。因为潜在的事故可能，要求处于该区域的工人知道其所有可能出现的危险，以及如何处理可能发生的任何情况。因为这是操作员工作的正常区域，警戒区将包含停止按钮、紧急停止（E-stop）、机器人控制器、示教器以及其他根据需要停止或控制系统的方式。

危险区

危险区指工作行程、机器人可以达到的区域，机器人所有动作发生的地方。机器人的轴数以及系统设计定义了工作行程，所以，再一次，你需要熟悉机器人以了解它的危险区域。每个机器人都有自己的危险区域。你必须在这方面格外谨慎，因为它最有可能造成伤害或死亡。当你在危险区域时，必须注意机器人所使用的任何工具，和任何**挤压点**，即机器人可以把你挤在坚硬物体上的地点。

在工业环境中，我们要以某种方式保护危险区域中的人，当人们要么进入这个区域时，系统放缓至安全速度减少影响，或停止其自动操作。进行保护的一种常用的方法是将机器人周围装上金属围栏，形成一个笼子，将人隔出了危险地带，同时提供一个或两个出入口进行必要的维修、清理，或满足其他正常工作的要求。这些入口地方有传感器，门打开时自动停止机器人操作或以其他方式保证靠近的人安全（见图 2-1）。

当我们把自己置身于危险区域，应该始终有一些方法来关闭机器人或知道如何在必要时停止系统。如果进入危险区域而没有办法阻止机器人，那你是在自找麻烦。在工业中，**职业安全与健康管理局（OSHA）** 要求，任何人进入这一领域需持有**示教器**（OSHA 撰写了并强制执行工业安全规定）。示教盒是手持式设备，通常附有相当长的线，使人们能够编辑或创建控制机器人各种操作的程序。它配备了一个 **E- 停止**按钮，或紧急停止按钮，这是应该需要的（见图 2-2）。让我们来探讨两个例子来演示所有的三个领域。

职业安全与健康管理局（OSHA）
美国负责执行安全和健康立法的联邦机构。

示教器
一种手持设备，通常附带非常长的线缆，人们用它来编写程序和控制机器人的各种操作。

E- 停止
紧急停止按钮，用来关闭设备大多数的带电操作，并尽可能快地停止所有的动作。

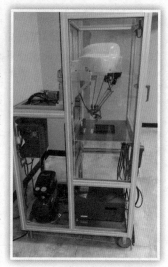

图 2-1 这是我的学生使用的训练设备。这个系统有一个完全封闭的笼子，隔出两个区域：树脂玻璃内的危险区域和安全玻璃之外的安全区域（只要门保持关闭）。如果门打开时，它可以直接在机器人前面产生一个警戒区。如果你看一下图片的右上角，在门把手的上方，你可以看到红色的门开关，当门打开时能够感应到，并且阻止机器人在自动模式下运行

图 2-2 FANUC 练习设备的示教器特写（请注意示教器右上角红色的 E- 停止按钮，以及在示教器下方的控制器上的 E- 停止按钮）

思想食粮

2-2 职业安全与健康管理局（OSHA）

OSHA 正式成立于 1971 年 4 月，作为一项法案的结果，由总统理查德·尼克松在 1970 年 12 月 29 日签署成为法律，OSHA 的唯一使命就是为每个工作的人确保安全和健康的工作场所。该机构检查工地和工厂，确保它们遵循 OSHA 撰写的或参照授权的准则。OSHA 强制执行的许多规则都来自于国家电气规范（NEC）或诸如美国国家消防协会（NFPA）这样的实体。

OSHA 强制执行这些规则，通过进入工厂、工作场所进行检查，查找人员违规行为或不符合规则的事物。当 OSHA 执法人员发现违规行为，出问题的公司会被罚款，然后给予一定的时间来改正问题（否则将面临巨额的罚款和罚金）。OSHA 平均每年进行 40000～50000 次检查；许多这些检查都是对工人书面投诉的响应。如果您想了解更多关于 OSHA 或如何报告安全违法行为的信息，请登录 http://www.OSHA.gov

此处将使用拆弹机器人作为例 1。拆弹技术人员使用操作员工作站控制系统。机器人的任务是处理商场里有嫌疑的简易爆炸装置。警方已清理了商场，并建立了一个完整的周界，设置"禁止穿过"的胶带，由官员强制执行，保证每个人都在这个范围之外。在红色胶带之外是安全区。接着，拆弹技术人员和他装满设备——他的防护服和机器人的卡车进场。他穿戴整齐，并准备好机器人处理疑似炸弹。他在那里建立一块警戒区域：它比外面的红色胶带区域更接近危险区，但远离爆炸装置，这是机器人将在其中工作的地方。拆弹技术人员穿着安全设备，以减少潜在飞行碎片造成的伤害，因为在他的位置那里仍有一些潜在的危险。设置完毕后，他派出机器人来到爆炸装置上方开始解除危险。机器人可以达到，相互作用并施加影响的区域是危险区。在这种情况下，危险区作为机器人移动到的位置在地理学意义上发生了变化，大小也发生了改变，取决于机器人正在执行的任务。当机器人在接近该装置的过程中，危险区域只是这片机器人可达到的区域。一旦到达炸药附近开始工作之后，危险区增大，包括潜在的爆炸区域。在一些独特的情况下，就像这种情况，危险区域大于机器人的工作范围。这就是为什么有必要了解不同分类区域所有可能涉及的危险。

对于例 2 来说，我们将返回到工业取放机器人。这种机器人适用于几台机器，并在指定的区域内移动零件，周围由金属网笼封闭。操作员在工作站中监视操作，检查部件，并根据需要进行调整。工作站附近有一个明确标示的主通道。距机器人工作行程 15ft 之外有一个通道。该通道任何人都可以使用，对人来说是一条安全道路或安全区。操作员工作站位于警戒区，在这里有一些潜在的伤害；然而，对于到这儿的人来说它是安全的，只要他们具有适当的训练和安全设备。在笼子中，如图 2-3 所示，一个人会暴露在该系统所有的危险中；因此，这里的任何地方都被认为是危险的区域。任何人进入这个领域必须有紧急停止设备，遵守 OSHA 的规定。请记住，遇到了紧急停止的要求时，拿起随身携带的示教器，这给了我们控制机器人并在第一时间防止不好的事情

图 2-3 3 台机器人在笼子隔离区域处理零件（注意一下危险区域的占地面积，即机器人背后白色金属笼子的指示的区域）

发生的能力（见图 2-4）。

这些例子有助于表明每个机器人系统是独一无二的，因此需要对它具有的风险进行单独评估，确定它的边界地带。记住，功能更强大的系统会因此而造成更大的伤害或死亡的可能。未尊重警戒区或危险区域的要求，能让你快速亲身体验任机器人摆布的恐怖感觉。

防护

在危险区域的讨论中，简要地谈到了机器人系统防护。**防护**对我们而言，是设计用来保护我们免受系统伤害的设备，接下来将探讨这两种类型的防护装置，直接在设备上安装的防护装置和那些位于距设备有一定的距离的防护装置。不管哪种情形，防护的主要目的是让人们安全，只有很少的情况下，他们也提高了设备的操作能力，事实上，大多数情况下，防护将限制该设备的动作和 / 或使之更难以掌控。

防护装置保护我们免受运动的零件的伤害（如直接安装到机器人上的链、滑轮、传动带、齿轮，它们是系统的一部分）。通常这种防护以机器人的外部结构的形式由制造商提供（见图 2-5）。这种防护往往会被做成一个坚固的塑料或轻金属，在修理和预防性维护时将允许被去除。有时有必要将机器人移动到特定位置，移除某些零件，这取决于防护是如何组装在一起的。如果您无法取出一块防护装置，应寻找隐藏的螺钉或其他可能用于固定的零件。若尝试用力拿下一块防护装置，很有可能会打破它，并有可能损坏下面的部件。要及时修理或更换损坏的防护，以确保该系统正常运行以及一起工作的人们的安全。

围绕工作区域和机器人工作行程的防护隔离，如前面提到的，可以由各种材料制成，膨胀金属或金属网最常见。**膨胀金属防护网**是把金属片穿孔，然后拉伸产生

图 2-4　一个操作员在危险区内手持示教器处理程序

图 2-5　这台机器人有一个相当复杂的外壳，能够让很多零件实现无阻碍的移动，但是又能让外面的人远离危险

菱形孔，（参见图 2-6）；**金属网**由粗丝焊接和 / 或交织在一起，建立一个强大的屏障，视线很容易透过（见图 2-7）。我们把这些焊接到角铁块组成金属框架上，形成机器人笼子的面板，这将创建一个强大的防护系统，视线很容易穿过，但它强大到足以抵抗抛出的零件，来自机器人的碰撞，以及人摔倒或倚靠在上面。添加了几个感应设备，这是我们接下来要讨论的，你还要有一个 OSHA 认证的系统设备保证工人在警戒区的安全。

膨胀金属防护网

把金属片穿孔，然后拉伸产生菱形孔，周围是 1/8 英寸的金属片，用来围住设备，提供一个界限清晰的区域。

金属网

由粗金属丝焊接和 / 或交织在一起，带有小的开口，能够进行视觉检查，保护人们远离潜在的危险。

图 2-6　一个膨胀金属网防护旋转零件的例子

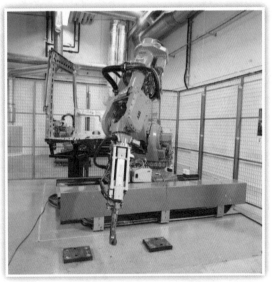

图 2-7　ABB 机器人后面是金属网笼子，用来
保护人们远离危险区域

铁笼不是我们可以防护机器人工作区域唯一的方法。一种系统迅速获得普及，这是一个基于摄像头的系统，安装在上方的天花板上，当检测到人们穿过危险区时，触发机器人做出相应的反应。此系统通常具有一个投影仪来定义监视区域，用清晰可见的白线标示，使操作人员可以看到危险区域。有摄像系统，易于调整来监控被定义的危险区，并根据需要扩大保护的区域范围，节省了移动和制造金属笼相关的成本和停机时间。

巴克斯特机器人通过头部的 360° 相机检测人类是否处在危险地带，来执行危险区防护任务。当它感觉有人在范围之内时，放缓机器人移动到 RIA 认为是安全的速度，OSHA 和 ISO 同时还监测敏感的碰撞检测系统，如果检测到冲击该系统将停止机器人所有的运动。安全性能的结合使巴克斯特可以工作在笼子外，而不像这么多的机器人被限制在笼子里。由于这种风格的机器人互动变得更受欢迎，你也会遇到其他工业机器人系统使用类似的保护方法。

我们还没有介绍完所有现有的防护形式，但你应该了解了防护是什么东西，为什么我们使用它。巴克斯特机器人和 Tecnalia 的 Hiro 机器人表明，工业界渴望将栅栏后面的机器人解放出来，让他们与人并肩共事。在机器人产生变化的背后是工业需求的强大驱动力，所以这种把机器人移出笼子的渴望将会迎来新的和令人兴奋的方式在危险区域保护人们。很难预测未来的机器人防护是什么样的，但我们可以期望它继续改变和扩展，为我们改进现有的技术和发明新的系统，以确保用户的安全性。

安全装置

现代机器人使用大量的各种传感器和设备，以尽可能确保工作在周围或进入危险区的人是安全的。如果没有这些设备，有很多情况下在机器人周围执行任务将大大增加人身伤害或死亡的风险。我们想用机器人来提高我们的生活水平，而不是产生伤害。本节将分析使机器人变得安全的设备，保护位于或接近危险区的人们。

图 2-8 显示了使用一个常见的装置以确保那些工作在机器人周围的人们的安全性，即指挥机器人作业的**接近开关**（或 "prox" 开关）。该设备产生一个区域电磁场，感应在本领域因各种材料而引起的变化，以代替物理接触。我们在许多应用中使用接近开关，如感测什么时候零件出现，或什么时候机械到位，以及跟踪传动带上的物品。当涉及安全性时，我们倾向于使用接近开关，以保证在操作之前物品处于一个特定位置。包括零件放置位置，机械门是打开还是关闭，抓取零件的设备是打开还是闭合，确保危险区域周围的防护门是关闭的，或其他任何至关重要的条件，以确保正确操作和安全性。

接近开关的近亲是**限位开关**，它通过附连到该单元的端部的可动臂接触检测，看材料或物品是否存在（见图 2-9）。我们使用限位开关的方式与接近开关大致相似。但主要的区别是，限位开关实际上与它监测的物体是接触的。因为是物理接触，而不是依赖于领域探测，我们可以通过简单地增加一个较长的手臂来扩展限位开关检测的范围。这些开关常用来确保防护门关闭，机器人运动时避开某一点的移动物体，防止碰撞，并且通常还提供关于机器人周围世界的物理信息。

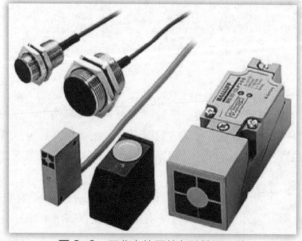

图 2-8 工业中使用的各种接近开关

图 2-9 限位开关的一个例子

很多时候，我们用接近开关和限制开关作为**安全连锁装置**。如果在设备的操作期间的任何时间点，这些开关打开或失去连接，系统则自动进入手动或报警条件，许多系统两者都进行。通过把这些传感器安装在机器人笼子的入口处，任何打开笼子入口的动作都会自动将机器人置于对人类安全的状态。在机器人笼子门上使用连锁装置的缺点是，有人可能打开门，进入，关门，然后用示教盒重置任何警报，并再一次起动机器人。为了解决这个问题，我们还可以使用**存在传感器**：前面提到的摄像系统以及压力垫或光帘（两者下文均有讨论）等传感器的例子，都可以用来增加另一层保护。

> **安全连锁装置**
> 一个系统，所有安全开关必须关闭或"设置"为设备在自动模式下运行。

> **存在传感器**
> 当检测到一个人处于已经绑定到系统的危险区域内时，这种传感器就会禁止设备自动操作。

一个**压力传感器**检测预定或设定的一定水平的力是否存在。安全起见，这些装置被安装在垫子里，可以检测操作者的重量和并做出相应反应。这些设备防止操作者进入危险区域，防止在他或她身后关闭笼子，创造机器人可以自动运行的条件，并将操作者置于受伤或死亡的危险中。

许多机器人还可以告知，当感应到电动机需要增加电力时会遇到什么意外。由于电动机遇到阻力，它自然开始用更多的能量去努力克服这个力。发生这种情况时，驱动电动机的机器人部件会识别附加的功率，并能够关闭机器人，同时发送警报到示教器，让操作者知道发生了故障。在过去，机器人主要用这种方法来检测碰撞；但是，现在它是机器人安全系统的一部分，像巴克斯特，从传统的笼子里解放了一些较新的系统。使用旧的技术，只有相当大的阻力才能引起足够大的能耗，此时系统才会响应。随着新的编程和传感技术的进步，机器人可以寻找产生的重大影响，并识别没有人在危险区域时产生的能源消耗，以及人们在机器人附近或进入危险区时引起的功耗波动，提高安全性。

我们也有使用广泛的基于中断或反射光的工作原理类似于照片眼的安全装置。**照片眼传感器**发射的红外光束碰到光泽的表面或反射器，其反射光返回到装置中的接收器（见图 2-10）。这些装置通常具有一对触点：一个允许电压通过（当光束被接收器检测到），一个允许电压通过（当没有检测到光束）。照片眼的不足之处在于它是一种短距离传感器。为了解决这个问题，可以将发射光束的部分（发射机）和接收光束的部分（接收机）分开，或者可以将红外光变成激光。**激光照片眼**的工作原理和红外线照片眼相似，除了激光照片眼发出的是集中光束，能够发射到更远处，避免返回用于检测的信号之前变得过于扩散。当我们将发射器和接收器分开，通常把这种传感器叫作**光幕**。光幕可能有数量更多的发射器和接收器，使它们能够覆盖和保护大的区域（参见图 2-11）。光幕在加载和卸载零件的区域保护劳动者，检测对象，以及在大面积的空间里创建隐形传感壁。不利的一面是光幕需要发射器阵列和接收器阵列的精密对准。极少量的对准误差都会导致红外线发射到另外一侧被其他的接收器接收，从而未建立起完整的传感路径，设备就会解读为有东西在危险区域中。

图 2-10　一个标准的照片眼和它的反射器

照片眼传感器

该装置发射的红外光束碰到光泽的表面或反射器，其反射光返回到装置中的接收器，用来探测物体是否存在。

激光照片眼

该传感器使用集中光束即众所周知的激光来感应物体是否存在，激光束通常在跨越远距离之后通过反射器返回至接收器。

光幕

该传感器把发射器和接收器分开，建立红外线感应屏障，通常用来检测人们是否进入危险区域。

图 2-11 图中开放空间两侧的黄色立柱便是光幕。在笼子里，机器人不运行时，操作者可以自由进入工作区域，更换零件（或做其他任何事情）；但是，当操作者穿过无形的障碍，而系统正在处于自动模式时，机器人就会立刻停止操作

停止和紧急停止（E-停止）按钮是安全回路另一个重要组成部分。停止或暂停按钮，使我们停止系统正常工作并为我们提供了系统运行时的转换控制。在许多现代系统，"停止"或"暂停"是示教器上的选项。有时候，我们需要一个更快、更果断的反应，对于这些情况，我们有紧急停止（E-停止）按钮。E-停止按钮连线到机器人的多个系统，提供了比停止按钮更直接的和全系统的反应（见图 2-12）。当我们按下了紧急停止按钮，机器人将尽快停止其运动，并且常会关闭许多电源和驱动系统，以努力防止或减少损伤和伤害。这是我们可以告诉机器人停止的一个方法，停止和中止，冻结，退出，不再做了（但是你会认真思考这一点）。

图 2-12 一个 FANUC 控制面板，在右下方有一个的红色 E-停止按钮，上面还有打开、关闭、循环开始和错误重置按钮

让机器人停止时，一般会让它完成其当前运动或缓慢停止。紧急停止像大喊"不许动！"。工业机器人有示教器（将稍后详细讨论工业机器人），此设备上安装有一个急停的 E-停止按钮。记住 OSHA 规定，你需要持有示教器，让你有机会在进入危险区后随时随地使用 E-停止功能。

本书将在第 6 章中深入研究这些安全装置的操作，描述其他传感器系统如何发挥作用。在此期间，我鼓励你自己对安全装置做研究。

电力和你

无论机器人使用什么样的动力，你都必须给予应有的尊重。液压动力可产生让人粉身碎骨的力量，并能释放出高压热流体。气动动力可以产生足够大的噪声损伤耳朵，将碎片和灰尘吹入眼睛，或挥舞破裂的软管，造成混乱和危险。电力可以停止你的心脏跳动，麻痹肌肉，停止呼吸，从内到外地烧伤你！将在本书的后面探讨液压和气压动力的危险；不过，我希望你能特别早点意识到电力的危险。因为有很大概率，你执行任何机器人实验都将涉及电气系统，我真诚地希望，你会重视这一节，认真细致地对待周围的所有电气系统。

电力是我们生活中每一天都在使用的东西，是现代世界的一个重要组成部分。人们用它来加热和冷却我们的房屋，带来光明驱散黑暗，做饭并保存我们的食物，驱动多数现代的娱乐设备。一旦停电，就会提醒我们，在生活中的许多方面我们是多么依赖电力。正如我们在很大程度上依赖于电力，所以电力也是现代机器人的重要组成部分。我们发现电力作用于控制系统、驱动器、传感器和机器人的外围系统，因此很有必要知道如何与电力一起安全的工作。

之前，我们太深入于用电安全方面，我们需要定义一些术语：

电压——让电流通过系统的驱动力；电压越大，驱动力就越大。人们用伏特（V）作为衡量单位。

安培——安培是测量有多少电子或多少电流流经一个系统。人们用安培（A）来衡量。

电阻——这是阻止电子流动的力，衡量单位为欧姆，用希腊字母 Ω 来代表。

电流——电子从具有更多电子的地点流向具有更少电子的地方。人们经常控制这种流量，利用其力量做有意义的工作或任务。

在典型的电力系统中，人们使用绝缘线和正确的连接控制电子的流动，将这种力导入具体的系统，执行所需的工作。在正常情况下，电力是一种安全可靠的动力。然而，当我们变得粗心或不顺心的时候，我们便可能成为**电路**的一部分，成为电子流过的路径。这是使用电力尤其危险的地方。当一个人**触电**或变成电路的一部分，电流从与电力系统的接触点进入他或她的身体，穿过身体，然后从**接地点**或以某种方式连接到大地的点出去。确定电击严重程度的三个主要的因素是：

1）穿过身体的电流量。

2）电流通过身体的路径。

3）电击的持续时间。

穿过身体的电流量决定了患处受到了多少损伤。请记住，电流是电子通过系统的数量。电流量将取决于电压所提供的驱动力，以及所通过材料的电阻。表示此关系的公式称为欧姆定律。命名来自于德国物理学家乔治·西蒙·欧姆的名字（1787～1854 年），它指出通过导体两个点之间的电流，与两点之间的电位差成正比，或 $I = V / R$，电流等于电压除以电阻。V 是电压，代表以驱动电子的电压或电势差的量，I 是电流或流动电子的数目，R 是欧姆电阻，给定系统中电子流动的阻力。我们也可以用代数的规则变换这个公式，计算电压或电阻，得到：$V = I \times R$ 或 $R = V / I$。

例 1　120 V 电压加载到 100Ω 的电阻上，系统会产生多大的电流？

$$I = V / R$$
$$I = 120/100 = 1.2\,A$$

例 2　3 A 电流通过 100Ω 电阻，需要多大的电压？

$$V = I \times R$$
$$V = 300V$$

例 3　系统的电阻是多少？系统在 120V 的电压下通过 4A 的电流。

$$R = V / I$$
$$R = 120/4 = 30\,\Omega$$

被电击时，通过人体的电流越多对他或她的伤害就越大。如果你看一下表 2-1，你可以看到这 0.003～0.010A 的电流能够造成痛苦的冲击。这类似于，穿过房间时自己撞在门把手上。然而，如果电流增加到 0.100~0.200mA，有很大可能性造成**心室纤维性颤动**。只要一部分电流就能够让你的心脏停止工作！另外，2 ~ 4A 的电流可以完全停止你心脏的跳动，损害你的器官，并可能导致你的身体出现不可逆的损害。许多工业机器人系统使用的电压在 220 ~ 480V，电流强度从 30~100A。大多数 110V 插座（比如课堂上的那些），有 15 ~ 20A 的断路器保护系统。这意味着如果你成为电路的一部分的话，这些系统中有足够多的电流造成严重和不可弥补的损害。

心室纤维性颤动
心脏一种颤抖的情况而不是在泵送血液。

表 2-1   电流对人体的伤害

电流 /mA	人体受到的伤害
1~3	被忽视到感觉温和
3~10	痛苦震荡
10~30	肌肉收缩和开始呼吸困难，可能会失去肌肉控制
30~100	严重休克，呼吸麻痹的可能性很高
100~200	极有可能心室颤动
200~300	严重烧伤和呼吸停止
2000~4000	心脏停止跳动，出现内脏器官的损害，不可逆的身体损害

电击严重程度的第二个主要因素是，电流通过身体的路径。如果电流从手指顶端进入你的身体，然后从同一个手掌中心流出，你的心脏等内脏器官将是安全的。可能会烧伤你的手指或手，你甚至可能会失去你的手指和部分手掌，但你更有可能存活。如果同样的电击从你的手指或手进入，穿过你的身体，然后从你的脚（这是一种常见的路径）出来，你的肺、心脏和任何其他器官，都因为通过电流产生电灼伤和伤害的危险，这将是致命的。

影响电击严重程度的最后一个因素是该电击的持续时间。损害的发生确实用不了多久，因为 0.1A 穿过心脏 1/3s 就可引起心室颤动，电流持续时间越长，将会带来更多的伤害。最坏的情况是，当一个人变成电路的一部分，失去肌肉控制，以使得他或她无法获得自由，并没有足够的总电流通过熔断装置并断开电路。在这种情况下，损害继续直到受害者肌肉痉挛断开连接，对身体的伤害破坏了导电通路，或电流终于足够大，保护装置断开电路。除非有人在附近或立即有所反应，这种情况下，几乎意味着必死无疑。

思想食粮

2-3 **电流附近穿戴金属的危险**

我想在此补充的注意事项是，金属是电的良好导体，任何金属与你的皮肤接触，如眼镜架、项链、戒指、穿孔等，均提供了一个最佳的电击初始路径。皮肤直接接触金属大大降低了皮肤的电阻系数，见表 2-2。

想象一下这可怕的感觉，您的金属框架眼镜或面部穿孔将电能引入你的身体，使之成为电流进入你头部的初始点。任何情况下电流穿过脑部，都会损坏身体的控制中心。虽然这不是一个普遍的现象，但这条道路比通过整个身体更危险，见表 2-2。

如果你有穿孔，或你不能将之去除，工作时，你将需要采取额外的预防措施。您可能需要在上面覆盖一些绝缘材料，或者请务必保证你身体的那部分远离任何电流。如果不这样做，可能会导致不必要的脑部电击。

表 2-2 材料电阻和通过的电流

材料	电阻 /Ω	施加 120V 交流电压时的电流 /A
干木,厚度 1in(1in=0.0254m)	200000 ~ 200000000	0.0006-0.0000006
湿木,厚度 1in(1in=0.0254m)	2000 ~ 100000	0.06 ~ 0.0012
1000ft 的 10AWG 铜线(美国线规)	1	120
干燥的皮肤	100000 ~ 600000	0.0012 ~ 0.0002
潮湿的皮肤	低至 1000	高至 0.12
湿的皮肤	低至 150	高至 0.8
手到脚(身体内部)	400 ~ 600	0.3 ~ 0.2
耳朵到耳朵(身体内部)	100	1.2

如果你看一下表 2-2,你可以看到在 120V 电压下一些常见材料的电阻值和通过的电流,例如,1000ft 铜线将有 120A 的电流通过($E = IR$ 或 120V = 120A × 1Ω)。如果看一下皮肤,你可以看到,干燥皮肤会勉强允许任何电流通过;然而,潮湿的肌肤可以让足够的电流通过,这是危险的。潮湿的皮肤有可能是轻轻出汗的肌肤,洗净但不充分干燥的手等。湿的皮肤是一个巨大的风险——任何时候皮肤上有明显的一层汗水或水就可以了。从表中,我们可以看到的最坏的情况之一是,电流从耳朵到耳朵时,1.2A 电流将直接伤害到大脑。

无论电压和电流的水平如何,你均应该始终重视电流。很多时候,当我们在赶时间或者不再考虑电的危险时,悲剧就发生了。在下一节中,我们将讨论如何应对别人遭到的电击或触电事件。

处理突发事件

不幸的是,我们生活在现代世界,往往会出现所谓的紧急情况。**紧急情况**是一种需要立即采取行动,并经常涉及(或有潜在可能)人员伤亡和 / 或造成财产造成严重损坏的情况。我相信,大多数读这本书的你都在生活中经历过某种形式的紧急情况,并明白这些情况有可能多么紧急。通常情况下,我们必须以最快的速度做出反应,可能这些情况下没有时间坐下来想想去做什么。考虑到这一点,我们将着眼于一些处理紧急情况的好的通用规则,然后深入到各种具体情况。

一般规则

一般规则 1:保持冷静

如果让你的情绪占据了上风,尤其是恐惧,任何情况下有效处理的可能性都会被大大降低。恐惧会遮蔽判断能力,阻碍逻辑思维模式。恐惧可以阻止人的思考、言谈和 / 或行动。恐惧也具有传染性。如果一个人受伤并感觉到你的恐惧,只会增加个体自身的消极反应。例如,下列说法中,你认为哪些会更有利?"我有急救培训经验,我是来帮你"或"你流了很多血!我应该怎么办?!"对于大多数人来说,第二条语句只会让情况变得更糟,让受害人的心灵集中在局势的消极方面。

一般规则 2:审时度势

仅仅因为有人已经受伤,需要帮助,并不意味着这种情况下你来帮助他们是安全的。很多时候,救援人员必须首先考虑危险情况,再去担心如何帮助伤者。盲目地跑过来很有可能成为另一个受害者,或更糟的是,因为别人的错误失去你的生命。不幸的是,历史上满是那些受伤或死亡的人们，原因是试图去帮助别人。这是保持冷静的另一部分；行动之前，你要想想，会让你更明智地采取行动，而不是非理性的或情感冲动。如果你是唯一一个可以寻求医疗帮助的人，如果你成为牺牲品二号？谁将会再去寻求帮助呢？

一般规则 3：表现出你的训练水平

当你应对紧急情况，你需要确保你会使事情变得更好，或者最起码，没有出现恶化。如果你不确定该怎么做，您需要联系培训水平较高的人给你建议。另外还有很多丰富的资源，如 911、疾病控制中心（CDC）的热线电话、急救人员、医生等，还有更多发生状况时你可以寻求帮助的人。可能还有人在您附近，可以帮助你处理这些情况。不要尝试你在电影中看到过的，或随便听说过的，以及随意在互联网上发布的东西！通常，这只会使情况变得更糟，并可能把你的生命置于危险之中。

一般规则 4：状况结束后，讲出来

紧急情况都是高压力、高情感的情况。即使没有人受到伤害，很有可能你的肾上腺素就会加速分泌，你可能已经被吓坏了或心烦意乱，你的心脏可能会怦怦直跳，你会发现，它已经在更深层次困扰你。这些都是常见的反应，没有什么可担心的，但你应该与人交谈有关情况。在哪里发生的，是什么，怎么样，紧急情况中有谁将决定谁是最好的谈话对象，但你应该在合适的时间与合适的人谈论它，尤其是在紧急情况下已经涉及严重人身伤害或死亡。对于较小的事件，朋友和家人都是好的倾诉对象。对于糟糕的事件，你可能要与那些参与进来的人或与辅导员交流。在工作场所发生意外，协议细节往往规定你应该与谁交谈，以确保受害人个人信息的保密，同时提供支持。

应急响应的具体细节

出血

也有很多情况会发生割伤、损坏或破坏皮肤，所有这些都可导致出血。正因为如此，我们将深入了解如何处理这些紧急情况。对于轻微割伤和擦伤，方法简单。清洁伤口，应用某种抗菌软膏，并覆盖不粘绷带。对于严重的出血，第一步是止血。要做到这一点，我们需要干净的绷带、布或纱布，直接牢固地压在伤口上。这项将有可能造成伤害，但使用这种方法几乎所有的出血都可在 5~15min 停止。如果你在伤口上使用的材料被鲜血浸透，你只需要用另一个覆盖上而不用拆除原有的。拆除原来的覆盖有可能撕裂已经凝固的伤口，并造成伤口再一次流血。如果可能的话，你也可以提升身体损伤部分，使之高于心脏，因为这将有助于减少对伤口的压力和加速凝血，这反过来又帮助停止出血。

当直接施加压力不能止血时，止血带可能是必需的。因为止血带会停止它的位置下方的血液流动，它也可能破坏它影响区域的组织。止血带可能会导致严重的组织损伤，甚至截肢。它们可以挽救生命，但是当一切都失败时只能不得已而为之。它们只能由那些经过适当的培训的人来使用。如果您想了解更多关于止血带的信息，我强烈建议您学习一个有信誉保障来源的急救课程。

> **止血带**
> 一种收紧带，限制动脉血液流向手臂或腿部的伤口，停止严重出血。

烧伤

烧伤是另一种常见的损伤，因而值得更深入的了解。烧伤按照规模和程度分为从轻度（一度烧伤），到重度（四度烧伤）。一度烧伤是容易辨认的，皮肤发红，外观干燥；会疼痛，并在一个星期左右治愈。二度烧伤是更严重的，通常包括皮肤起泡连同发红，具有白色的外观；可以看起来是干燥或潮湿的；该范围的一些感觉可能会丢失；它可能需要长达三个星期的治疗，最严重的，需要医疗援助。三度烧伤是一个非常严重的烧伤；它经常被熏黑或在外观上呈现灰白色，皮肤可能是坚韧的；往往存在开放性伤口；它并不疼痛，因为所有的神经都被破坏；它需要几个月才能治愈；需要立即就医。四度烧伤经过皮肤进入受害者的肌肉和骨骼，和具有第三度烧伤相同的特征。

当处理没有开放性伤口的烧伤，如一度和二度，你要将烧伤区域淹没在冷水中 10 ~ 15min 或直到疼痛消退，然后包上干的、不粘的、无菌绷带。不要挑破应该会出现的水泡，如果烧伤的是一个敏感的区域或疼痛持续，要寻求医疗帮助。请勿将有开放伤口的烧伤，如严重的二度，三度，或第四度烧伤的部位放在水里，不要试图撕掉可能被卡在烧伤部位的衣服。应盖上一个凉爽、湿润、消过毒的不粘绷带或布，并立即寻求医疗帮助。感染是烧伤处理的头号敌人，所以最重要的是让医疗专业人员应对破损的皮肤灼伤情况。

钝力外伤

钝力外伤护理（或没有穿透皮肤的冲击）取决于损伤的程度。损伤程度通常取决于击中人的物体的大小，撞击有多大的力，并且影响的是人身体的哪一部分。对于轻微的撞击伤，可能要敷上冰袋，监控持续的肿胀，不消退的不舒服，或其他严重伤害的迹象。对于剧烈的撞击伤，敷上冰袋并寻求医生的帮助，因为有增加内部损伤的可能，从外观是看不出来的。在骨折的情况下，尽你所能从您的急救箱拿出夹板装置固定肢体。如果你没有夹板，可以使用一些材料，比如木材、卷起的杂志，或任何刚性的东西，放在断骨的一面和通过外套围巾缠绕固定在那里。重点是固定受伤的肢体运输到有医疗帮助的地方。如果担心头部外伤或内伤，让受害人冷静，并让他或她尽快获得医疗帮助。

> **钝力外伤**
> 没有刺透皮肤的创伤。

休克

我希望把重点放在最后的情况是休克或触电。前面您学习了当有电流通过一个人的身体时会发生什么，但我们没有学习如何处理这种情况。如果对方仍然休克，你需要切断电源电路，或使用不导电的物体（如木扫帚把或干绳）让触电的人不与电路接触。千万不要接触触电的人！如果你这样做，你也将成为电路的一部分，并同样会被电击。如果确认对方已经触电，在你检查对方之前，确保你不会触电。一旦受害者明确脱离了电路，检查受害者的反应，这样做是安全。如果受害人有回应，你应尽快让他或她得到医学专业救助。如果受害人没有反应，请致电请求帮助，或让其他人拨打急救电话，如果你知道心肺复苏术，按步骤执行和应对，否则尽量找经过心肺复苏术训练的人，严重电击经常导致心脏停止跳动或引起心室颤动。

当然，这整个列表不是你可能会面对的所有可能的情况，我们也没有时间来覆盖所有的紧急情况。如果您还记得本节中的一般规则，并保持你的智慧，你有很大的可能，很好地处理大多数你可能遇到的紧急情况。如果你担心自己进行急救的能力或希望获得更深入的了解这些话题的机会，那么我鼓励你去接受额外的培训。一些雇主有相应计划，员工可以自愿参加培训应对突发事件，这可能是一个让你了解更多的途径。经过更多的训练，你能更好地应对任何紧急情况下你可能会遇到的问题。

回顾

现在，对于如何才能与机器人安全工作你应该有一个更深入的了解，以及如何处理任何可能出现的紧急情况。机器人的环境是不断变化的，我们不断采用新设备和新的标准，以确保我们能安全的与机器人工作。当你与机器人一起选择你的道路，你会了解更多有关安全的细节并应用到你的领域。

这是我们本章主题内容的快速回顾：

- 机器人需要尊重！本节讨论了如果当你不再害怕机器人会发生什么，以及如何安全地与机器人工作。

- 危险地带。本节列出了围绕一个机器人的各个区域，以及谁可以出现在这些区域。
- 防护。本节谈到如何保证人们在危险地带之外。
- 安全装置。讨论了一些用于确保机器人周围人的安全性的设备。
- 电力和你。本节描述了电可对身体产生的影响，以及如何安全的使用电力。
- 处理突发事件。谈到了一般的紧急情况，继续研究如何对您可能会遇到一些伤病进行急救。

关键术语

安培	膨胀金属防护	局（OSHA）	安全区
钝力外伤	防护	照片眼传感器	安全连锁
警戒区	接地点	取放操作	休克
电路	激光照片眼	夹点	示教盒
危险区	光帘	存在传感器	止血带
电力	限位开关	压力传感器	心室颤动
紧急情况	金属网	接近开关	电压
紧急停止	职业安全与健康管理	电阻	工作行程

复习题

1. 什么是机器人 3R？
2. 什么是停止机器人的三个条件？
3. 当涉及一个机器人系统时，什么是安全区、警戒区、危险区？
4. 让人们走出机器人的危险区一般方法是什么？
5. 谁规定了在任何时候你进入机器人的工作行程都需要拿着示教器，主要有什么好处？
6. 我们用接近开关执行哪些任务？
7. 当谈到机器人安全时，什么时候会使用压力传感器？
8. 安全联锁和存在传感器的区别是什么？
9. 描述当一个人休克时会发生什么。

10. 确定电击的严重程度的三个因素是什么？
11. 欧姆定律的公式是什么？
12. 什么是心室纤维性颤动？多大电流通过身体时会很有可能产生这种情况？
13. 当涉及工业机器人系统时，电压和电流的常见范围是多少？
14. 什么是处理紧急情况的一般规则？
15. 我们如何制止严重出血？
16. 我们如何对待轻微伤？
17. 我们如何治疗重度烧伤？
18. 骨折时我们要做什么？
19. 当一个人触电，什么是你必须做的第一件事情？

机器人零件

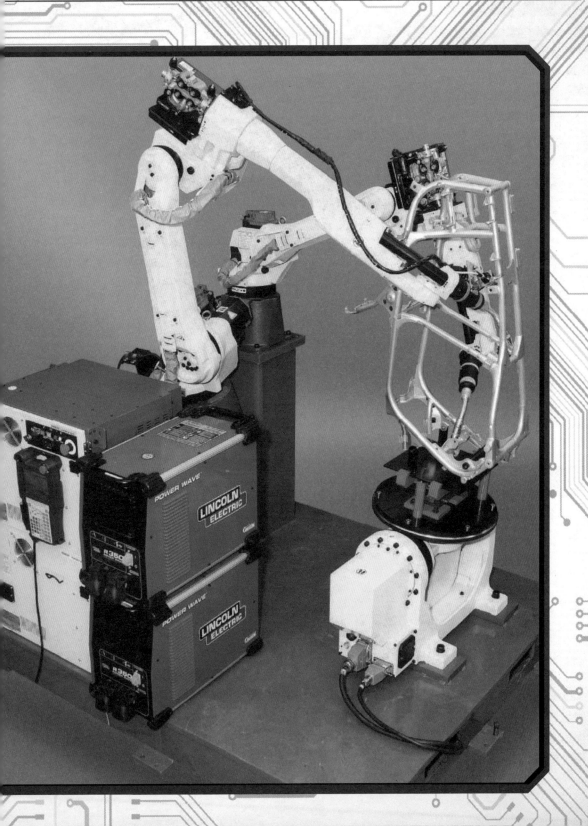

第 3 章

知识要点

- 液压、气动、电动之间的区别。
- 液压和气动的历史。
- 机器人控制器的作用。
- 了解示教器的使用方法和功能。
- 机器人手臂与人体的关联。
- 长轴和短轴的区别。
- 机器人轴数的计算。
- 机器人的安装方式和选择。

概　述

　　它是由各子系统组成的整体，机器人具有广泛的用途和功能。在本章中，我们将认识每个子系统以及它们在机器人功能单元中所起到的作用。一般情况下，机器人越复杂，它所使用的零件和系统就越多。对机器人零件和子系统了解得越深入，使用机器人就越容易，无论是操作、设计、维修，还是在系统上设定一项新的任务。为了帮助你更好地了解子系统，本章将包括以下主题：

- 动力供应。
- 控制器 / 逻辑功能。
- 示教器 / 接口。
- 机械手、自由度（DOF）和轴数。
- 基座的类型。

动力供应

　　无论是复杂还是简单的机器人，都需要动力来驱动。机器人的动力驱动方式取决于机器人用来做什么，机器人的工作环境，以及现场有什么动力。我们可以使用现有的任何动力来驱动机器人，但是现代机器人主要使用电力、液压和气动动力。现在来进一步研究这些动力源，探讨一下它们各自的优缺点。

电力

　　如前面所讨论，电子从过剩的位置流动到缺少的位置形成电流。电流通过连接系统的组件（称为电路）来执行某种类型的工作。在电气系统中，电压是电势差的计量单位，即两点之间的电子不平衡，导致电子流动驱动力。计算电流强度的单位是安培或安培数：1A 等于 1s 内有 6.25×10^{18} 个电子通过一个导体横截面。电阻在电路里阻碍电子的流动，并且导致电气系统在正常运转中产生热量。电子可以只向一个方向流动，我们称之为直流电（DC），也可以在电路里做向前和向后的运动，我们称之为交流电（AC）。电力公司提供给家庭或商业使用的电力均是交流电，电池和太阳能面板等电源产生的是直流电。机器人的类型和功能决定了它需要多大的电流强度，无论是交流电还是直流电，都需要一定的电压来推动足够的电流通过系统。移动轻负载的小型机器人所需的电流强度要小于那些移动重负载的工业机器人。

安全须知
　　必须时刻注意使用电源的安全问题，只需要少量的电流通过人体即可造成严重伤害。请记住在1/3s 内只需要 0.1A 电流通过人的心脏就能造成心室颤动，从而危及生命安全。

　　直流电是电子在恒定电压下只朝一个方向流动。直流电系统的每一个组件都有固定的**极性**（正极或负极），遵守零部件的极性是非常重要的，否则会导致电流逆向流经零件，引起一些设备不工作或反向操作，甚至陷入紊乱，严重时会导致很多零部件永久性损害。因此，如果打算更换零件或自己组装机器人时，要特别注意系统的极性，恰当操作交流电源组件。

　　最初，科学家认为从电池的正极流出，通过电路流到电池负极，我们称之为**经典电流理论**。后来的实验证明，实际上，电子从电源负极流出，通过电路流到电池的正极，我们称之为**电子流动理论**。其实，在使用交流电路时，并不用在意两种电流理论的区别。许多部件都有正负极的标识，从而简化了操作。仔细观察图 3-1 所示的电路实例，要特别留意每个零部件的极性。

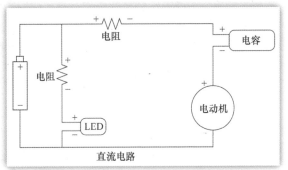

图 3-1　显示了电路每个组成部分的极性，
请注意极性是零部件特有的

电流
电子从过剩的位置流动到缺少的位置形成电流，并驱动元器件执行工作。

电压
电位差的计量单位，即两点之间的电子不平衡，导致电子流动的驱动力。

安培 / 安培数
1s 内流经导体横截面的电子数的计量单位。

电阻
在电路里阻碍电子的流动，并且导致电路产生热量。

直流电（DC）
恒定电压下电子在电路中只朝一个方向流动。

交流电（AC）
恒定电压下电路中电子可以向前或向后流动。

极性
在直流电情形下，零部件有确定的极性——正极或负极，必须保持在电路中的正常运行。

经典电流理论
正电荷从正极流向负极。

电子电流理论

负电荷是从电源负极流向正极。

对于小型机器人来说，例如罗伯史宾（Robosapien）、乐高（LEGO NXT）和 NAO 机器人，电池组是常见的电源系统，电池组能提供一定数量的**安培小时（Ah）**，安培小时是指一段时间内产生的安培数，例如，10Ah 的电池能够提供持续 10h 的 1A 电流，或 5h 的 2A 电流。两种情况下都可以获得电池所有的电量，但第二种情况下，系统只能保持工作 5h，是第一种系统工作时长的一半。为了解决这一问题，你可以增加另一组电池，或连接电源以追平第一种系统。这样操作之前务必保证两个电池的正极引线连接在一起，负极引线也同样如此（见图 3-2）。此外还有重要一点，安装此类电源装置要使用完全相同的电池，否则电压和电流强度较高的电池将会为向电压、电流强度较低的电池充电消耗一部分电量。最严重时可能会导致电池破裂。当我们这样连接电池组时，每块电池的电量相加就是总的安培数，请看例 1。

例 1   如果并联 3 块电池，每块有 5Ah 电量，那么总电量是多少安培小时？

总安培小时 = 电池 1+ 电池 2+ 电池 3

（或者有更多的电池并联加入进来）

总安培小时 =5Ah+5 Ah +5 Ah =15Ah

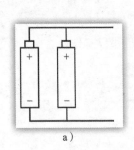

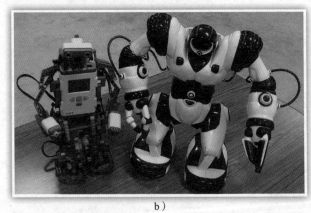

a)   b)

图 3-2 a）两个并联的电池，共同分担电路对电流量的需求，扩大安培小时数

b）两个电池驱动的机器人实例

使用电池时还有另外一个问题，就是要使用正确的电压。例如，AAA、AA、C 和 D 型号的电池均提供 1.5V 的直流电压，但是通常使用的电源需要达到更高的电压。那么，你也许会问，如何得到 4.5V 的电池组呢？答案是将 3 节 1.5V 的电池串联起来。当串联电池时，增加的是电压，而不是安培小时数。串联是把一个电池的正极和另外一个电池的负极连接到一起（见图 3-3）。如果不小心把一个电池反向放置，两个电池的正极或负极接触，此时反向电池的电压要从总电压中扣除。所以请小心，请看例 2 和例 3。

例 2   3 节 AA 电池串联后的总电压是多少？

总电压 = 电池电压 1+ 电池电压 2+ 电池电压 3

（或者有更多的电池串联进来）

总电压 =1.5V+1.5V+1.5V=4.5V

（注：记住每节 AA 电池的电压是 1.5V）

例 3　当 3 节 AA 电池串联，最后一节电池反向放置，即负极与负极相连时，总电压是多少？

总电压 = 电池电压 1+ 电池电压 2– 电池电压 3

（记住，我们要扣除最后一节电池的电压，因为它是反向放置的，

即从正确串联电池总电压中减去它的电压）

总电压 =1.5V+1.5V–1.5V=1.5V

因为反向安放一节电池，本来应该产生 4.5V 电压的电源实际上只剩下 1.5V 电压。

许多高要求的电池组需要将一堆电池先串联再并联到一起，以达到电压需求并延长供电时间（见图 3-4）。在小型系统中，经常有 AA、C 或 D 型号的电池组成。更大型的机器人系统，通常会使用多节 12V 深循环电池。深循环电池和汽车电池之间的区别在于，深循环电池能够充分放电，并能多次充电，而汽车电池不能做到完全放电。另外，深循环电池能够长时间提供低强度电流，汽车电池能够在短时间内提供高强度电流来发动汽车，见例 4。

例 4　3 节 12V 的电池串联组成电池组或单元，然后 5 个这样的电池组再并联到一起，每节电池有 150 Ah 的电量，总电压和总安培小时数是多少？

总电压 = 电池电压 1+ 电池电压 2+ 电池电压 3

总安培小时数 = 电池 1+ 电池 2+ 电池 3

总电压 =12V+12V+12V=36V

总电流安培数 =100Ah+100Ah+100Ah+100Ah+100Ah=500Ah

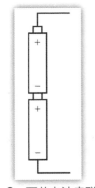

图 3-3　两节电池串联实例

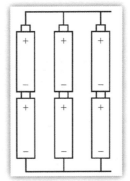

图 3-4　这个电池组由 3 组串联电池并联到一起，以增加安培小时数，同时保持一个较高的电压水平

尽管这一系统包含了 15 节电池，但是任何一点都不超过 3 节电池串联得到的电压，所以最多使用 3 节电池计算总电压。3 节串联的电池同时释放电子，增加电压水平，总额记为 1 Ah，所以我们使用电池组的数目来计算安培小时数，而不是电池的数目。在这种情形下，一节电量不足或连接不到位的电池都会对整个电池系统产生影响。这就是为什么在组建这一类型的电源时要使用相同类型和相同品质的电池组的原因。

交流电源没有固定的极性，因为电流在流经电路时方向是持续改变的，这意味着使用交流电源时不用在意零部件的正极和负极。交流电源和直流电源的另一个区别在于电压或电流强度是不断改变的。当比较直流电和交流电的曲线图时，直流电是一条恒定的直线，显示电压是恒定不变的；交流电是正弦波形，表示电压是变化的（见图 3-5），交流电源从 0 开始，升到正值，回落到 0 点，再降到负值，然后再回到零点，开始下一个循环。一个完整的波形，从 0 到正值，回到 0，到负值，再回到 0，称之为一个**循环**。在美国，使用 60 **赫兹（Hz）** 电源，表示每秒钟有 60 个正

弦波形循环。因为交流电的特性，我们用**方均根值（RMS）**来计算，即正弦波形的有效值。当你测量一个插座口的 110V 电压时，你是在测量正弦波的波峰和波谷的有效值。这是有效的**电动势（EMF）**或系统的电压。

循环

交流电的一个完整的波形，从 0 到正值，回到 0，到负值，再回到 0。

赫兹（Hz）

每秒钟的正弦波形循环数。

方均根值（RMS）

正弦波形的有效值。

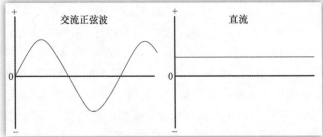

图 3-5　可以看到左边的交流电源的波形变化，右边的直流电源电压是稳定不变的

电动势（EMF）

衡量两点之间的电势差，导致在电路中产生电流。

在有稳定电源供应的环境中，交流电是机器人系统的很好选择，而且更适合工业使用。使用交流电源不必考虑安培小时数，而且可以减掉电池占据的空间和重量。使用交流电不必担心电池是串联连接还是并联连接。但是，要确保知道所需要的电压，还有是单相还是三相电源。下面将花些时间来研究一下单相和三相交流电源之间的区别。

 思想食粮

3-1　单相 VS 三相

当在课堂上和大家一起讨论三相电源和单相电源的区别时，我喜欢举下面这个例子。想象一下，如果你的汽车耗完了汽油，你必须把它从山脚推到山上的加油站。因为你要把车推到山顶，期间必须得有一些短暂的停顿，借机喘口气。这些暂停导致汽车停止向前的运动，虽然不必从山底重新推车上山，但是必须耗费更多的能量来让汽车重新开动。这和单相交流电源很相似。

现在，使用同一个例子。现在有 3 个人推这辆车上山。你开始推车上山，这次一位路人停下来帮你，当你休息的时候他继续推车前进。当这位帮忙的路人需要休息的时候，第三个人加入进来继续完成任务。有时，只有一个人真正推车前进，有的时候可能有两个人，至少部分时间是这样的。关键是，汽车一直被推动前进，这样重力和摩擦力一直没有机会真正停止汽车向前的运动。最终汽车到达山顶的加油站，3 个人不会像独自一人完成这项任务那么累。这与三相交流电源很类似。

你们中如果有谁想了解更多关于电的知识，我鼓励你自己去研究，这是一门迷人的学科，包含大量的信息和资料。

单相交流电源是指交流电源通过相线向系统提供正弦波形电流，并通过中性线返回。标准的 110V 电源插座提供的是单相交流电源。此时，你可能会问，如果只有一根相线传送一个正弦波形，为什么使用的插头上有 3 个插脚？事实上，确实只有一根线向系统提供电力，但另外两根线同样重要。附连到两个插脚的较大的第二导线，被称为**中性线**，中性线是电流的返回通道，从而形成一个完整的电路。没有这根线来完成完整的电路，即使插上插头，设备根本不能工作。插头上的第三个插脚接地。我们接地电路的主要原因是保护人免遭电击，另外还有保护设备和防火。

三相交流电源是具有 3 个 120° 电角度间隔的正弦波的交流电源。这是大多数工业设施的主要动力来源，因为它可以执行大量的工作，事实上它也是非常有效的。单相交流电在循环中有些点因为系统中没有电流流动，因此就不会做功，当然这只发生于很短时间内，但是很短时间相加就会导致效率降低，三相交流电能避免这一点，因为这三相中总有一相供给电源，因此没有损失的动力或浪费（见思想食粮 3-1 所举的例子，它可能有助于理清单相和三相交流之间的差异）。三相交流电源有三根相线，电压波形两两相差 120°。和单相交流电路一样，还有一根接地导线，提供了如前所述同样的功能。可有可无的是中性线，因为三相电源是 120° 间隔的，一根或两根相线可以作为返回线路，这就是为什么许多三相系统没有中性线。在三相系统中中性线提供额外的安全性，但也增加了零件、电线、生产、时间等成本。图 3-6 比较了在单相和三相交流电源之间正弦波的差别。

液压动力

　　液压动力使用给定速度的不可压缩的液体，然后通过管道到某处做功。当人们第一次开始研究这种动力媒介时，使用的液体是水，而且往往速度或运动速度来自于流动的溪流或水从一个更高的位置下降到一个较低的位置，利用这种动力驱动工具或为需要的地方直接供

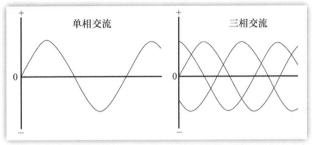

图 3-6　左侧是单相，右侧是三相，注意三相如何始终为系统供电，而单相有几个零点，此时没有电流流动

水。然而，帕斯卡在 1653 年的实验真正开始了液压动力的探索。他发现施加到密闭流体的压力被均等地并且不受减损发送到所有方向上，所得到的力垂直作用在容器的表面。帕斯卡的发现极大促进了液压领域的发展，以及一些令人激动的新设备的出现，如液压机，以及所有基于水的液压驱动系统。

　　对于那些拥有液压设备使用经验的人来说，你可能会问自己：为什么我们在当今世界使用油代替过去的水，尤其是考虑到成本？答案是水在流体液压系统中使用时有一些缺点，其中一个主要的问题是腐蚀或使黑色金属部件生锈。如果你曾经看过一块放在外面的生锈的金属，你就会明白，当水被用于液压动力时，它在机器的系统内部在做同样的事情；另一个问题是，水在 0℃ 冻结，这意味着要为设备保暖；另外还要在一年中比较冷的季节不使用它的时候，将其排干。使用水的另一个主要问题是，如果以某种方式使用过但没有清洗，随着时间的推移水中会滋生细菌。细菌的生长会堵塞出口和阀门，对工人造成健康风险，并发出腐烂的气味。由于这些缺点，当电流在 19 世纪面世之后，液压动力只能在动力来源领域排在次席，这种情形一直持续到 20 世纪初。

　　1906 年，美国弗吉尼亚州在轮船的液压系统中使用了油，用来抬升和旋转大炮。流体的简单变化使液压动力重获新生，迎来了另一个时期的增长和应用领域的扩张。这种变化不仅解决了腐蚀问题，而且，系统也变成了自润滑！油也具有比水低得多的冰点，并且不容易滋生细菌，所以另一大阻碍也解决了。工程师试验了在液压系统中使用油，他们发现，由于流体的属性，油可以在系统中生成较高的压力，从而做更大量的工作。

　　现代液压系统所需的最终发现终于在第二次世界大战期间到来了，由于战争的影响，许多装备都需要使用橡胶，美国难以找到足够的天然橡胶来满足需求。迫不得已选择合成橡胶进行替代。虽然刚开始合成橡胶不可靠，但是美国最终掌握了合成橡胶技术，而且开发出新型橡胶品种，甚至比天然橡胶还要坚固耐用，特别是在密封领域。这些更新，与坚固的密封圈允许我们更多地增加液压系统的压力；这样，现代化的液压系统能够使机器人具备轻松产生数以吨计力量的能力（见图 3-7）。

我们使用现代液压系统以产生巨大的力量，并能利用不可压缩的流体进行精确控制。这使得机器人能够举起汽车车身，并轻松移动，在任何需要的时间和地点精确停止并保持位置。看起来这些机器人要比他们的电气同行要慢一些，但他们是工业生产真正的主力。额外力量的增加需要在机器人上增加更多的液压系统，由此会带来维护费用的增加。液压油需要进行过滤和检测，需要周期性地更换液压过滤器和液压油，以消除液压槽中的任何沉积，这一切都取决于使用的液压油的类型和系

图 3-7   一个提供液压动力的实例，可以看到中间的泵、左侧的压力计和过滤器，还有右侧各种各样的进入和返回液压系统的装置

统的工作时间。这些例行任务是液压系统日常维护工作的一部分，与电气化同行相比，这确实代表对液压机器人需要做更多额外的工作。另外一个缺点就是几乎所有的液压系统在最后总会泄漏。泄漏问题覆盖很广，从引发脏乱、容易修复的令人讨厌的泄漏，到灾难性的故障，往往会导致数加仑的液压油喷射到机器以及附近的各个地方。最危险的是针孔泄漏，能把液压油变成易燃的薄雾，产生高压射流，能够穿透金属和人体组织（见思想食粮 3-2，最坏情况案例）。

处理液压泄漏时，有几个关键点需要注意：

1）在正在运行的系统中，液压油可能会非常热，足以烫伤皮肤，所以在不能确保安全的前提下，避免直接接触液压油。

2）如果一个液压油池失去了控制，它能覆盖的面积会远远超过想象，有特殊的障碍和截流设备，能够帮助控制更大的泄漏。

 思想食粮

3-2   针孔泄漏的危险

在军队服役的那段时间，我在休伊直升机上工作。在那期间，一名军士告诉我这个故事。

Chinook 直升机是部队的主要力量，有两个主要的发动机来提升大型和重型货物。这架直升机，像许多飞机一样，其各种东西的运行很大程度上都取决于液压系统，如后部的货舱、飞行控制以及其他各种动力系统。因为直升机上这么多系统都依赖于液压系统，任何泄漏都是令人关注的问题。

在这个故事中的 Chinook 出现了液压泄漏，因为注意到液压油箱中的液体在减少，但没有人能找到泄漏点。每次飞行后，油罐中的液位就降低，促使机械师看遍直升机，寻找泄漏的蛛丝马迹。一队四人小组查看液压池、接头松动、油管，任何可能让系统失去液压

油的地方，但他们不走运。这种情况持续了几个航班，没有任何线索，显示哪里在泄漏或哪里将要泄漏。这种情况还不足以让飞机坠毁，但它引起的担忧都是一样的，因为最终泄漏会由小变大。

最后，机组决定启动 Chinook 和液压系统，停在跑道上，看看也许他们可以找到泄漏的方式。而维修人员正在进行检查，一名成员检查直升机外面泄漏的迹象，并用他的手沿机身检查，他成功地找到了它。这是一个针孔泄漏，正对直升机的外壳，将液压油排到大气中。因为泄漏是如此之小，并且系统压力是如此之高，它不但穿透了 Chinook 的外体，在战士过来检测泄漏的时候，还削去了战士的四根手指。它发生得太快了，起初那个士兵甚至没有感觉到！最后一次我们的军士看到这名士兵，他正在一架救伤直升机上，飞到医院看是否有重新连接手指的希望。

军士告诉我们的这个故事，让我们认识到液压动力是多么的强大，并确保我们会注意自己在做什么。虽然这个故事可能有点言过其实，但多年来它一直提醒我在处理液压系统时要谨慎。

3）产生的油雾泄漏可能引起火灾。大多数液压油是稳定的，除非是在空气中的雾状分散，否则需要大量热量来引燃。

4）清洗液压油通常需要使用到一些吸附介质。

5）不要把液压油排放到排水沟和下水道等任何系统，它是一种污染物，将在任何污水处理设施或任何可能达到的天然水道中肆虐。

6）当清理完毕，确保得当处理任何液压油和带有液压油的材料（请参阅安全数据表（SDS）或有关正确处置的详细信息。SDS 告诉你化学物质相关信息，它们的危险，如何妥善处理它们，如何处置它们）。

气动动力

气动动力与液压动力非常相似，主要区别是使用可压缩气体代替不可压缩液体来传输动力。公元前 420 年，意大利塔兰图姆的 Archytas，他的木鸽子已经通过蒸汽或压缩空气在工作了，人们已采用气动动力来操作各种机械。亚历山大的 Heron 在公元年代开始的时候便使用蒸汽驱动了历史上第一台发动机。此外，罗伯特·博伊尔做了布莱斯·帕斯卡为液压系统所做的工作。在博伊尔从 1627 年到 1691 年的实验中，他发现，在恒定温度下，气体的压力和体积成反比；换句话说，气体膨胀，温度下降，气体压缩，则温度升高。博伊尔还发现声音在空气中才能传播，他还建造了第一个真空泵。

> **气动动力**
> 使用空气产生力量的流体动力。

多年来，人们在发动机、能源工业装备、穿山隧道、减摩、甚至家用电源装置等领域使用气动动力。和液压动力相比，气动动力最主要的区别是使用气体代替液体，而且气体是可压缩的。这意味着，如果你把一个气缸停止在某个位置，除了完全扩展或收回，该系统还可以从你停止的地方伸缩或移动。你可以通过使用空饮料瓶和装满水的塑料瓶看到这之间的差异。将瓶子装满水，确保已经仔细拧紧瓶盖。现在试着挤压瓶子，看看会发生什么。如果你已经把瓶子完全装满了水，应该只能略微弯曲瓶子，因为瓶子的所有部分均衡地受到水的抗压缩力。现在，倾倒出所有的水，盖紧，然后再试一次。这时候你应该能够以远远超出之前的程度压缩瓶壁。这是因为气体分子组成，它们之间有很多的空间，所以我们可以压缩它们至更小的区域；对于液体的高密度分子，则做不到这一点。

使用气动动力的一大好处在于，当我们使用完毕后，可以将空气排回到大气中。使用电，还必须将电流沿某些路径返回，液压动力还要把液压油返回到液压槽中。但是使用气动动力，只需在方便的时候将使用过的气体排空和释放。当我们排放使用过的气体时，需要注意两点：第一，这一过程的噪声巨大；第二，必须留意能够被空气传播的小的颗粒，因为释放的空气的压力是非常巨大的。为了解决这些问题，我们使用一种叫作"**消音器**"（见图 3-8）的东西，空气通过消音器时能够放慢速度，减小声音，并且把单一、聚焦的传输方向转化为环形阵列。即使使用消音器，当使用气动系统时，还要佩戴听觉和眼镜保护装置。

> **消音器**
> 一种排放废气时，降低速度、减少噪声的装置。

由于许多生产设施配有充足的空气动力，气压动力是许多早期的机器人的驱动力。早期的系统还使用了一个简单的控制系统，用于定位，包括一个带有销钉的旋转鼓、阀门触点或制动器以及限制机器人行程的挡板。鼓上的销钉将旋转并与触点或执行器进行各种组合，以控制机器人如何移动，旋转鼓转动的速度和销钉的位置用来定时。气缸将扩大直到机器人碰到挡板，防止进一步的运动。因为气缸仍在全压，这几乎为空气系统消除了中间行程定位遇到的问题。这些早期的气动机器人强壮、快速，易于使用，但有不好的一面。该机器人常因系统撞击挡板产生噪声，而这又导致额外的磨损和损坏一些机器人零件。因为它们的操作和噪声是同时产生的，所以这些早期的机器人绰号是"梆梆机器人"，由接连撞击挡板产生噪声而得来。

今天，由于我们的控制和平衡气动方式的改进，世界上最快的一些机器人是空气动力的。这些系统移动很快，使它们的运动看起来有些模糊，零部件或材料在某一刻出现在那儿，机器人完成任务的下一刻就简单地走了。气动也是最受青睐的机器人手臂末端工具的动力源。许多夹爪、吸盘、钻头、分配器以及其他设备使用空气作为它们操作的主驱动力。有一件事是肯定的，无论是气动动力运行整个机器人或只是各种工具，在可预见的未来，你都可以把气动动力算作机器人世界的一部分。

每种类型的动力源都具有好处和缺陷，你可能会问自己，哪一个是最好的或作为设计师如何挑选使用各种动力类型，我们最好能回答 3 个问题：

1）我们想要或需要机器人去做什么？
2）我们有什么可以去用？
3）机器人将在哪里工作或操作？

例如，在必须抬起巨大的负荷，并且能在任何时候停止并保持位置的时候，我们可能就不会使用气动的机器人。液压驱动的机器人也不是清洁你家的最好选择，因为任何液体泄漏都可能弄脏或损坏地板和家具。在一个极具爆炸性的环境中，我会尽量避免使用电动系统，因为经常有产生电火花的操作。如果气动或电动动力都可以胜任，我可能会看哪种我使用的更多，或使用起来更便宜。如果你通过这 3 个问题筛选机器人应用，我相信，你会发现很容易确定哪种动力源是最好的。

前面已经研究了三种类型，其中电力似乎是目前的获胜者（见图 3-9）。电力充足，价格便宜，我们还可以将其存储在蓄电池中，可以从许多不同的来源产生它，我们对其有足够的理解，知道如何控制电流做有意义的工作。在最近几年，制造商已经开发电动伺服电动机，让液压系统在最大程度发挥它们纯粹的力量的同时，避

图 3-8　在图片左侧，你可以看到两个消音器，金色圆锥体是压力校准单元的消音器，银色的气缸是在需要的地方使用的消音器；中间是一个压力计；使用顶端黄色的把手可以控制系统的压力；右侧的黄铜接头是气源的接入点，称为歧管

图 3-9　一台发那科电力机器人系统在移动整车身，几年前这项工作是由液压机器人完成的

免所有的脏乱和泄漏的风险。曾经快速的单纯气动系统，现在加入电动系统后，创建出具有惊人的速度和精度的气动 - 电动混合系统。这就是为什么如果希望建立、维护或设计的机器人，就必须要了解电力。

控制器 / 逻辑功能

现在，你有操作机器人的一些想法了，下面将专注于控制端的事情。一个简单的事实是，如果没有某种方式来控制机器人的动作，控制这些操作的时间和顺序，机器人就只是一个昂贵的、占用空间的摆设。控制器对机器人来说是操作的大脑，负责在特定条件下执行特定的顺序动作（见图 3-10 和图 3-11）。**控制器**接收任何传感器输入，并认为是机器人可用的，并基于逻辑滤波器和命令（称为一个**程序**）系统做出决定，然后通过程序激活各种输出的指示。当我们想要修改一个机器人的操作时，常常只需要简单地改变控制器里的程序。彻底改变机器人的操作，如增加一个新的传感器或改变夹持器为一个焊枪，经常涉及添加或更改控制器的布线，还有可能是固件更新，以及改变程序。

> **控制器**
> 操作的大脑和机器人负责以特定顺序、定时或在特定条件下执行动作的部分。

> **程序**
> 由用户创建的排序和方向功能系统，用来定义各种监控输入条件下的设备操作。

图 3-10　一个 ABB 机器人控制器的实例　　图 3-11　莫托曼机器人使用的控制器

控制器有各种形状和大小，它们是控制系统的反映（见图 3-12）。许多 BEAM 系统不包含控制芯片或程序，因为这些机器人使用内置的反应和趋向与它们的世界互动。其余的机器人使用某种形式的处理器，从简单的 Arduino、德州仪器，或其他处理器芯片，到树莓派迷你计算机和智能手机，笔记本电脑，平板电脑和其他全尺寸和性能的电脑，以及为危险和严谨的工业界而专门设计的计算系统。每一种控制器在机器人世界里都有一席之地，因为对相应的系统的需求来说，都是一个不错的选择。对于远程监控机器人，你可以选择使用平板电脑，发挥扬声器、摄像头、

Wi-Fi 等功能优势。许多像我一样的业余机器人爱好者，使用 Arduino 或树莓派将电动机、传感器和其他杂七杂八的零部件组合成机器人系统（见图 3-13）。工业生产中的高温和恶劣环境，以及大量使用三相电源，导致工业生产需要大量专业的、能在这种恶劣环境下使用的控制器。

图 3-12　乐高头脑风暴 NXT 机器人中使用的控制模块

就像多数机器人离开控制器就无法使用一样，错误使用控制器的后果也是如此。如果机器人工作条件下，控制器不能正常发挥作用，机器人系统有很大的概率会失效，甚至产生不可预知的动作。想象一下，一台工业机器人在某一刻正在抓取零件，下一刻就把零件扔出了工厂。或者，你的新的四轴飞行器因为机载的控制器失灵而无视你的命令，全速地冲向你的房屋或你本人。控制器本身需要足够坚固，以应对各种工作环境和场所。还应具有足够的运算能力来跟上机器人所有的子系统，以及足够的输入和输出能力以得到需要的信息并控制系统所有的功能。这意味着你需要一台能够在严酷环境下使用的特制控制器。如果计划使用一台控制器控制两台机器人，则需要一台具有强大输入、输出和运算能力的高级控制器。如果你需要远程控制，那么你的控制器要能够发送和接收信号，而且要比预期的距离加上一个安全裕度，等等。

较早的机器人采用**继电器逻辑**来控制机器人系统的操作，继电器逻辑使用继电器来产生不同的逻辑排序情形，依次控制系统的操作。**继电器**用一个小的控制电压，以生成或打破现场设备之间的连接。继电器具有**常开触点（NO）**，即继电器断电时，不允许电源通过；**常闭触点（NC）**，即继电器断电时，电源通过。当我们在继电器通电或接通线圈的电源时，所有触点均改变状态，导致常开触点闭合，常闭触点打开。使用继电器的特定组合，我们创建了逻辑过滤器（将会在第 9 章进行

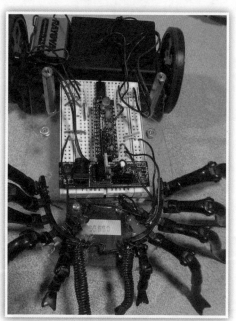

图 3-13　位于引擎盖下方的蜘蛛机器人的 Arduino 控制器

讨论）来决定设备的行为。这种类型控制的缺点是，所有的继电器占用了大量的空间，增加零件和电线成本，并且在功能上的任何变化均需要机器重新布线。由于这些缺点，在现代化设备中，继电器逻辑是一个走向没落的控制类型。但是，您可能会遇到这样的控制系统仍然在旧的工业设备中使用。

如前所述，控制器所有的形状和尺寸取决于他们所控制的机器人。当操作一台机器人时，请确保您了解正在使用的控制器的功能和限制。在你做任何修改机器人及其系统时，确保控制器可以处理变化的计算部分，以及具有任何所需的输入和 / 或可用输出。根本性的变化，如把拾放机器人改成焊接机器人，可能需要一个新的控制器处理所有的额外的控制和计算要求，或者至少是

需要软件的升级。对控制器本身及其操作的扎实的理解，是避免为那些错误付出高昂代价的最佳方式。

示教器／接口

当程序改变和进行我们期望的操作时，需要一种设备与控制器进行沟通。在大多数的工业机器人中，使用示教器来实现这一点：它允许操作员查看警报，使用手动作，停止机器人，更改／写入程序，启动新的程序，并执行任何其他所需的机器人日常运行任务。在工业环境中，处于机器人危险区的人必须持有**示教器**，以帮助确保他们的安全。此处指的是示教的人机接口设备，因为我们使用它来控制机器人或与机器人交流。通常，我们使用示教器写入全新的程序，而不使用其他软件或电脑与系统进行互动，这样在编程过程中可以节省时间和精力。（在第 9 章编程中会继续探讨这一点）

安全提示

记住，应职业安全与健康标准（OSHA）要求，操作者处于危险区域时应该时刻持有示教器，这样他们才有机会使用关闭（E- 停止）功能。

由于制造商不同，甚至同一品牌机器人的不同型号，示教器风格、操作方式、尺寸都不相同（见图 3-14）。尽管在配置上千差万别，但是在大多数示教器上你可以发现一些标准特征。第一，对于工业使用的具有 E- 停止按钮和**失知制动装置**（Dead Man's Switch）。E- 停止按钮能够紧急停止和关闭大多数机器系统。失知制动装置通常是一个扳机或保险杆形状的开关，一般位于示教器的背面，用于手动移动机器人的时候。如果释放或用力按下失知制动装置，机器人会停止移动（见图 3-15）。这是因为，当发生事故时，比如机器人击中了你的头部，你的反应通常是放手或紧紧抓住开关，这些动作会停止机器人的一切移动。示教器的另一项功能就是显示信息，一些操作和按钮组合用来移动机器人，一些操作用来记录机器人位置和程序目标。当你移动机器人时，其他选项也许是可用的，并且该数据是否在示教器上显示均取决于制造商。一般来说，可以从示教器控制和修改大多数（即使不是全部）所期望的机器人功能。看一看本节提供的图像，了解以后可能会遇到的各种不同示教器的配置（见图 3-16 和图 3-17）。

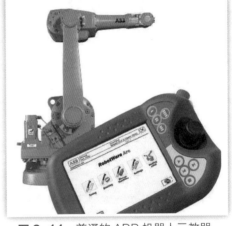

图 3-14　普通的 ABB 机器人示教器，注意红色的 E-stop 按钮就位于右上角

失知制动装置

通常位于示教器背部的开关，当释放或用力按下时，系统进入手动模式，或停止一切运动。

图 3-15　两个黄色的扳机就是松下焊接机器人的失知制动装置。无论哪一个被按下，并且至少一个一直被按下，机器人均切换到手动运动模式

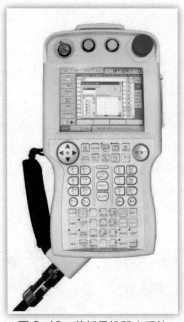

图 3-16　莫托曼机器人系统
使用的 DX 示教器

图 3-17　发那科机器人系统
使用的示教器

　　一些新的工业系统，像巴克斯特机器人，正在抛弃传统的示教器，转而使用特殊模式——机器人传感器结合人工智能来学习新的任务。有些系统使用特殊的软件，有线或无线数据连接，使用一台计算机改变其操作，以及监测系统中的变化。在业余爱好者的世界，正在普遍使用手机、无线电控制器，甚至是 Xbox / 游戏机控制器指挥机器人和改变飞行器的姿态。不管是什么工作系统，你都需要一些方法来沟通或与控制器交流使机器人根据需要执行命令。毕竟，正是改变系统功能的能力区分开机器人是玩具还是机器。

机械手、自由度（DOF）和轴数

　　机器人拥有了控制器作为大脑，电力供应作为肌肉，但是如果没有与机器人系统周围世界交流的能力，操作就会受限。这时就需要引入操作器。**操作器**有各种形状和尺寸，机器人用它来与周围世界交流并影响周围世界（见图 3-18 和图 3-19）。对于工业系统，操作器通常是机器人手臂，或者具有一系列高架系统，用于移动工具到各个位置。有时候这些复杂系统的组成与人类和动物的骨骼系统类似。其他系统在功能和用途上是单一的，这就很难对机器人零件进行鉴别和分类。为了更加清楚地表达，在这节里我们以手臂类型的操作器为例，因为对于初学者来说，他们更容易理解。随着知识和经验的增长，你会将学到的东西应用于遇到的多种多样的、复杂的系统。

图 3-18　一个机器人手臂实例，
由莫托曼生产

操作器

可提供各种形状和尺寸，机器人与之相互作用，并通过激活和定位手臂端的工具来影响周围的世界。

操作器是可移动零件组成的系统，机器人控制运动的部分称之为一个"**轴**"，每一个轴使机器人具有一个**自由度（DOF）**，或使机器人能够增加一种移动方式。机器人的自由度越多，就可以做出更加复杂和自然的动作。例如，很多工业中使用的龙门机器人只有 3 个轴，它们可以升降，即 Z 轴；前后运动，称为 Y 轴；手臂端工具旋转，称为 A 轴。可以想象，这种系统的运动是直来直去的，很受限制。大多数工业机器人手臂具有 5~6 个轴，六轴的更加普遍。六轴机器人手臂（6 自由度）能够模仿大多数人类动作，使机器人系统具有更多的柔性。

图 3-19　两台发那科的 Delta 机器人

轴

控制机器人运动的单独部分。

自由度（DOF）

机器人的每个轴赋予机器人一个能够运动的方向。

当需要确定具体是哪个轴的时候，一般从基座开始往外数。机器人**基座**是用来安装或螺栓固定机器人的装置，是不可移动的，也有用来安装机器人的移动型平台基座。从机器人基座开始，到手臂端的工具，机器人的轴数从 1 开始数。图 3-20 显示了 ABB 机器人轴的计数过程，当操作器是位于移动基座上时，通常认为这是机器人系统的最后一个轴，是额外附加轴或可选轴。如果我们举例的机器人位于移动基座上，基座会被称为第七轴。轴数是检修机器人失灵时的重要因素。警报通常会告知哪个轴出现故障，但是如果你不能判定机器人的哪个物理轴有问题，这种信息基本是无用的。

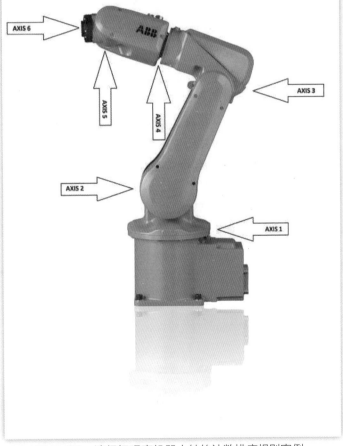

图 3-20　请仔细观察机器人轴的计数排序规则案例，从基座开始，直到安装附加工具的腕关节

基座

用来安装到固定安装表面或移动单元上的部分。

机器人的轴通常分为两类：**主要轴**和**次要轴**。主要轴负责获取工具，并进入需要执行任务的空间区域（见图 3-21），而次要轴负责该工具的定向和定位。如果将机器人与人体相比较，主要轴相当于躯干和手臂，而次要轴则相当于关节，与手一起代表了工具。从轴数来看，主要轴一般是 1~3，次要轴一般是 4~6。我们通常定义

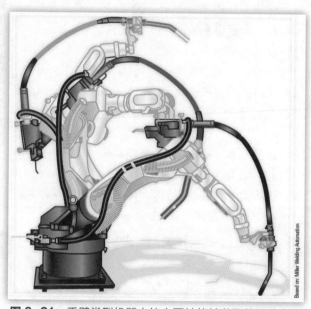

次要轴为：定位轴（轴 4），控制关节的上下方向；摇摆轴（轴 5），控制关节从一侧到另一侧的方向；旋转轴（轴 6），关节的旋转方向。当两个系统结合起来，就会得到现代的六轴机器人，在执行任务时。主要轴模仿人类的躯体运动，次要轴模仿人类的关节运动。

主要轴

机器人的主要轴用来将工具和次要轴伸入执行任务的空间区域，通常是机器人的前 3 个轴。

次要轴

机器人用来定位和控制工具方向的轴，通常是第四至第六轴。

图 3-21　手臂类型机器人的主要轴能够获取的运动类型

关于轴这一主题，还有必要了解"**外部轴**"的概念。外部轴是指经常进行移动工件，定位工具或快速切换，或者以其他方式帮助机器人执行任务的轴。它们不属于操作器的一部分，也不属于机器人的主要轴或次要轴。这些轴同样受机器人控制器的控制，通常被列入机器人的运动，但却是与机器人操作器分开的。许多机器人企业在打包机器人系统时把外部轴作为其中一部分，以便于客户选用。因为外部轴不属于机器人操作器的一部分，所以我们不将之计入自由度。但是他们确实增加了运动选项，并因此而增强了整个系统的柔性。

外部轴

不属于机器人本体的一部分，通常用来移动工件，定位工具或快速切换，或者以其他方式帮助机器人完成工作。

六轴手臂型操作器是工业系统的最爱，具有不同自由度的机器人系统是非常常见的。莫托曼生产了一种机器人，具有和人体躯干类似的基座和两个手臂，看起来很像人类的胳膊，使这台机器人具有两个标准的六轴手臂（见图 3-22）。在撰写此文的时候，NAO 机器人退出了标准的 25 自由度的类人机器人型号（见图 3-23）。马文·明斯基的触手机器人发明于 1968 年，具有 12 个关节或自由度。从另一方面讲，还有简单的三轴或四轴的龙门机器人应用于很多工业领域。PLANETBOT 在 1957 年成立了行星公司，生产五轴液压动力机器人。无论在这一领域你遇到什么样的配置，只要记住关于轴数的规则，你应该能判定这台机器人具有多少个轴，以及每个轴的数字编号。如果两者都失败了，将机器人调到手动模式，移动一个轴，看看机器人的哪一部分发

生了移动。继续这种方法，直到你鉴别出该机器人所有的轴。

图 3-22 莫托曼的双臂机器人

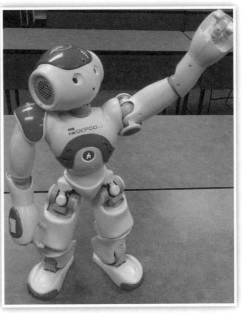

图 3-23 NAO 机器人展示了 25 个自由度

基座的类型

在前面的章节中我们简单地提到了基座，不过还需要继续深入了解在此领域可能遇到的不同结构和配置。我们可能不会覆盖世界上所有类型的基座，但是常见的和经常使用的都会覆盖到。基座可以大体分为两类：固定的和移动的。

固定安装基座

对于工业领域使用的机器人系统来说，固定安装基座是首选的方式。包括使用螺栓或其他紧固件将机器人牢牢固定在地板或其他结构上（见图 3-24）。坚实的基座可以让系统保持在一个非常具体的坐标上工作，这反过来又使工业企业充分利用机器人系统的精度。工业应用的多数时候，机器人位置的任何改变都会导致系统位移，甚至需要改变所有的机器人程序，因此需要坚实的、不变的基座。基座一般固定在混凝土地板上、坚固的建筑物墙壁上，以及空中高架结构上，甚至是有安全保障的机器系统的内部，这取决于具体的工作需求。

固定安装基座

不可移动的基座，机器人被螺栓或其他紧固件固定在工作位置上。

无论基座如何安装，有一些关键点需要牢记：

图 3-24 两台 ABB 机器人：右侧的平行安装于地面上方，左侧安装在墙壁类型的台座上

- 无论以何种方式固定机器人，均要足够强壮保证能够承受各种力和系统的重量。螺栓、螺母、固定板等零件，都有可承受的力的范围的限制。
- 确保安装机器人的位置能够承受系统的重量以及任何可能的负载。
- 务必做到定期检查所有安装硬件的安全性和气密性，特别要注意所有可能的磨损。
- 机器碰撞条件下，机器人会承受意想不到的力量，所以一定要确保检查基座，特别是墙壁或空中的基座。

如果你遵循这些简单的指引，你应该能够在很大程度上避免最坏情况的发生。由于每个安装程序都会有自己独特的情况和要求，您可能需要逐个根据案例的情况添加这些基本规则。

移动基座

就像名称所指的那样，**移动基座**是可以将操作器移动至不同位置来执行任务。有一些是限定在直线轨道上，机器人可以在一定范围内前后运动，还有一些可以给予机器人系统更大的机动性和自由度。通常使用基座的类型取决于机器人的类型，以及其工作的环境。例如，一个带轮子的基座，对于设计用于从架空位置精确地输送部件进入机器的机器人来说，不是一个最佳的选择。就像机器人的许多其他方面一样，基座应该符合任务的要求。

我们经常会涉及直线基座，比如有限定范围的**龙门基座**（见图 3-25）。名字来自于它与龙门机器人的相似性，运动方式也是如此。许多此类系统覆盖几 ft 至 30ft，但也有覆盖更大区域的，并允许多个机器人工作于一个移动基座。在这种情况下，必须特别注意轨道的安装精度和强度，以及机器人如何共享轨道的长度。轨道未对准可能导致机器人报警或改变其基准位置。不正确的编程或机器人管理可能会导致机器人影响彼此，并可能造成损害。

图 3-25　此单元由一个标准的固定基座机器人和一个上悬的龙门基座机器人共同完成任务

> **移动基座**
> 这种安装基座能够使机器人按照某个方向移动，通常是轮式或轨道形式的。

> **龙门基座**
> 在一定范围内运动的直线基座。

另一种常见的移动基座是轮式或履带式系统。这些系统使机器人能够大面积覆盖，甚至具有穿越困难地形的能力。我们使用这些系统输送物料、收集信息、处理有害物，和一般的人类空间航行。著名 Robonaut 系统采用轮式基座导航空间站（见图 3-26），而巴克斯特带轮子的基座也应用于工业中。事实上，这些基座功能强大且能够克服障碍，使它们受到许多机器人业余爱好者的喜爱。

还有一类移动基座近来受到大家的关注，这就是腿式基座系统。这种基座使用两条或两条以上的腿来移动系统（见图 3-27）。当使用两条腿时，它们工作起来类似于人类的双腿；然而，平衡是一个问题。看来，两条腿走路的难度比人们想象的要大，特别是系统在除水平表面以外的条件下移动时。多腿系统趋向于模仿各种动物的动作，但有些是在自然界无法发现的独特的设计。这并不是什么新技术，拉尔夫·墨瑟在 1968 年为 GE 制作了一种步行系统，但似乎最近科学界才开始真正征服自然运动的行走机器人。

还有很多特定的移动基座用于机器人，取决于使用要求（见图 3-28）。天空中有各种航空系统，水中有不同的船舶，大海的阴暗深处还有耐压的潜水装置，甚至还有扩大我们对宇宙的认识，而专为其他行星设计的系统装置。随着我们继续寻找创新的方式来探索不同的环境，你可以期望机器人使用不同的专业化的移动基座，去做我们人类不愿去做的枯燥、肮脏、困难和危险的工作。

图 3-26　置于移动基座上的 Robonaut2 机器人，著名的半人马座号（Centaur）

图 3-27　NAO 机器人，它的脚可以支撑躯干的运动，尽管所有的发明和先进的程序都应用于该系统，但是它依旧因为运动惯性，或因为环境因素，比如地毯或不平的表面等，一次又一次地摔倒

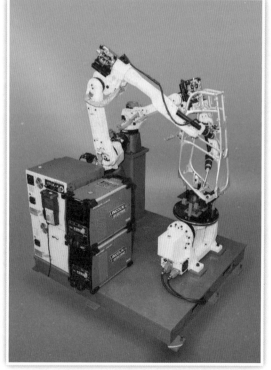

图 3-28　固定基座机器人系统所有的零部件组合，控制器、示教器以及左前方的焊接电源。操作器在后方，如果你仔细观察，就能发现有两个机械手臂。右侧的黄色单元是我们所说的外部轴，它的任务是移动工件。这一整套系统被设计成地面安装类型，能够以一个整体直接运送到客户现场

回顾

现在，你对现代机器人的系统基本组成应该比较熟悉并对系统每一部分的角色和作用有所了解了。本书稍后会进一步学习机器人使用的不同传感器系统向控制器发送与周围世界交流所需要的信息。随着机器人世界的进化和发展，适用于不同种类机器人的各种设备同样也在改变。本章我们对机器人的研究，包括以下主题：

- 动力供应。本节介绍了驱动机器人的几种常规动力，以及每种动力源工作时的基本信息。

- 控制器/逻辑功能。学习了机器人的大脑和它的重要性。
- 示教器/接口。本节学习了如何与机器人交流，如何直接或改变操作。
- 机械手、自由度（DOF）和轴数。学习了如何计算轴数，如何移动机器人，什么是自由度。
- 基座的类型。本节介绍如何安装机器人，以及其他需要注意的事项。

关键术语

交流电（AC）	失知制动装置	主要轴	程序
安培数	自由度（DOF）	操作器	继电器
安培小时（Ah）	电力	次要轴	继电器逻辑
轴	电动势（EMF）	移动基座	电阻
基座	电子电流理论	消声器	方均根（RMS）
控制器	外部轴	中性线	单相交流电
传统电流理论	龙门基座	常闭（NC）	固定安装基座
接地线	常开（NO）	示教器	循环
赫兹（Hz）	气动动力	三相交流电	直流电（DC）
液压动力	极性	电压	

复习题

1. 交流电和直流电的区别是什么？

2. 1A 等于 _____ 电子在 1s 内流过导体的截面。

3. 如果颠倒直流分量的极性会发生什么情况？

4. 经典电流理论和电子流动理论有什么区别？

5. 怎样连接一组电池可以提高电压和安培小时？

6. 描述 AC 电源在一个完整的周期的变化。

7. 单相和三相交流电的区别是什么？

8. 布莱斯·帕斯卡在 1653 年发现了什么？

9. 使液压动力重获新生的事件是什么？

10. 列出处理液压泄漏时至少要记住的三件事。

11. 罗伯特·博伊尔发现了什么？

12. 当气动动力通气时，我们必须要小心谨慎做什么，如何避免哪些危险？

13. 描述由旋转鼓控制的气动机器人的操作。

14. 机器人控制器的功能是什么？

15. 继电器逻辑系统如何工作？

16. 我们可以使用示教器做些什么？

17. 为什么失知制动装置在释放或用力按下时会停止机器人的手动操作？

18. 机器人拥有更多的自由度有什么好处？

19. 如何计算机器人的轴数？

20. 轴的两个主要分类是什么？每个轴的功能是什么？

21. 为什么固定安装基座是工业中的首选类型？

22. 固定安装机器人时要记住的关键点是什么？

23. 在 DOF 计数中计算外部轴吗？为什么？

第 4 章

机器人的分类

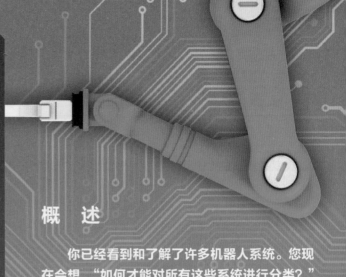

知识要点

- 如何根据动力源对机器人分类？
- 如何根据工作行程和可达性对机器人分类？
- 如何根据驱动系统进行机器人分类？
- 传动带系统如何工作？以及涉及的数学问题。
- 链条系统与传动带系统的区别。
- 齿轮驱动使用的不同齿轮的区别。
- 齿轮系统涉及的数学。
- ISO 如何分类机器人？

概　述

你已经看到和了解了许多机器人系统。您现在会想，"如何才能对所有这些系统进行分类？"与机器人领域本身一样，答案是不同的。当涉及机器人系统，人们进行分组时有很多选择来划分或归类机器人。在早些年，许多销售机器人的公司提供分类系统，作为消费者对有哪些选项可用知之甚少。然而，由于场机器人技术已经成熟，用户和制造商都已经开始就常见的方法来进行分类的机器人达成共识。在过去 10 ~ 15 年，国际标准组织（ISO）已开始固定常见的分类方法为一组标准分类，以简化机器人的世界。对机器人进行分类的主要问题是，该领域发展是如此之快，很难跟上不断的变化。我们来看看进行机器人分类的各种方式，我们将涵盖以下内容：

- 机器人是如何分类的。
- 动力源。
- 工作行程的几何结构。
- 驱动系统：分类和操作。
- ISO 分类方法。

机器人是如何分类的

如果你读完本章的主题列表，便会掌握分类机器人的一些线索。就像在概述中提到的那样，有许多选择来进行机器人分类。可以通过机器人的动力供应、编程方式、用来做什么工作、内置系统、移动方式，或者认为重要的其他标准。我们进行分类的最主要原因是为了使决策更加容易，以及传达系统信息。例如，如果某项任务需要液压机器人，那么就会在液压驱动的机器人中寻找，或者先把机器人按照动力来源进行归类。也许负责项目的工程师有几年关于发那科机器人的工作经验，他可能会首先按照生产商筛选机器人。终端用户的需求以及他们对机器人的理解导致了机器人分类的多样性。

你也许会注意到，机器人分类是把品质相似的机器人分为一组。人们能按照很多因素分组，但是目的是为了分类机器人进行比较对照。另外一种看待机器人分类的方式，就像在商店中购物一样。我们一般找不到一整排货架上只有通用磨坊（公司名）的产品，另外一个货架只有 3M 公司的产品；通常只会发现面包、牛奶、奶制品、纸质物品、宠物食品等的单独分区。商店倾向于按照物品属性、用途或类型分类，而不是按照谁生产了它们。当把面包集中放在一个位置时，能够容易看到这个商店关于面包的所有选择。与此相对应，如果按照公司分类，还要去看这个公司是否生产面包。关于机器人分类同样如此。与其花费大量的时间在所有可能的机器人选择上面，不如聚焦在机器人系统本身，来选择我们需要或想要的系统。

本节将会介绍机器人分类的几种常见方式，给出每一种分类的信息。在你研究这些分类的时候，可以思考按其他方式分类机器人。要始终明白机器人分类的目的是按照相似性分组，便于系统间的相互比较，便于用户第一时间按照需求决定选用哪一类机器人。因为机器人世界在不断发展和变化，机器人分类也会随之变化。你今天的想法也许会成为未来机器人最新分类方法的种子。

动力源

通过动力源来进行机器人分类是简单和显而易见的。顾名思义，该组由使用相同类型动力执行其功能的机器人组成。这种分类方法适用于本体以及手臂终端工具相似的机器人，因为任何物体做功都需要某种类型的动力来驱动。本节我们将学习主要的分类，以及其中的次一级的分类。

电力

电力机器人使用电能来驱动各种形式的电动机，使机器人移动并且执行设定好的任务（见图 4-1）。谈到电，有交流电（AC）和直流电（DC）两种选择（如果你忘记了它们之间的不同，请参见第 3 章内容）。直流电动机可以提供更大的转矩，但是因为使用电刷，使得需要更多的维护（见图 4-2）。**直流电刷**由碳和铜组成，用于将电流从电源线导入到电动机中，驱动电动机旋转。随着时间的推移，电刷会磨损，并产生电火花，在合适的条件下，比如易燃空气中，有可能发生火灾。也有无电刷的直流电动机，能够避免这一问题，但是价格更高。直流电是很多机器人的选择，因为各种电池组和可再生能源能够产生直流电。

图 4-1 一个 FANUC 机器人在托盘上堆放巧克力袋子。带有红色帽子的黑色物体是伺服电动机，机器人下方的红色电缆和灰色方块是机器人的交流电源

交流电因为容易获取，是工业机器人系统的常用选择，维护成本低，可以驱动步进电动机和伺服电动机。电源每作用一次，**步进电动机**旋转一个固定的角度；每旋转一圈需要的步数越多，位置控制就越精细。步进电动机是早期机器人的常用选择，直到现在，在使用其他方式保证位置精度的前提下，依然应用于很多场合。**伺服电动机**是连续旋转类型的电动机，具有内置的反馈装置，称为**编码器**，能够提供电动机的旋转位置反馈。高端的编码器能够提供速度和旋转方向，以及电动

图 4-2 你可以在教室里建立几个较小的全直流机器人

机转子移动的角度等信息（见图 4-3）。机器人控制器使用编码器的反馈来判定什么时候停止电动机，以保持合适的位置，并且保证系统处于正常状态。

> **编码器**
>
> 安装在电动机轴上的装置，提供电动机运动信息，例如方向和速度，并通过将一个圆周划分为特定数量的可测量单位，以提供电动机转子的旋转位置。

图 4-3 一个小型精密电动机的盖被拿掉，显示出内部的编码器。这种类型的编码器用于高精度的业余和小型机器人系统

液压动力

液压动力机器人使用不可压缩的液体，通过速度驱动运动部件来产生动力。这种分类方式可以忽略，因为依然还需要电力，主要是液压泵和阀门控制、系统控制，以及附加的传感器。人们称之为液压动力机器人的主要原因是液压动力驱动机器人并产生巨大的力量。改进后的交流伺服电动机侵蚀了液压机器人的使用份额，但是在工业机器人领域，依然有液压动力的一席之地。液压动力机器人的强大动力也导致了以下成本：

- 液压泄漏。
- 液压油的成本。
- 火灾危险。
- 增长的维护成本。
- 噪声。

显而易见的事实是，液压系统早晚会出现泄漏。泄漏发生时，最好的情况是清理起来比较困难；最恶劣的情况是潜在的火灾风险和设备损坏。产生的维护成本主要包括：由于正常操作磨损而造成的机械部件的更换；检测液压油保证不出问题；6 个月或 1 年更换 1 次液压油，这取决于液压系统的运行时间和使用液压油的类型。最后，但不容忽视的是，液压泵和任何冷却系统都会给环境造成额外的噪声。

 安全提示

针孔泄漏是液压系统中最危险类型的泄漏，因为它可以把油变成易燃雾气，并且能够产生的力量大到足以切割穿过金属。

气动动力

气动动力系统工作方式与液压系统相类似，唯一不同的关键点是，气动设备使用可压缩的空气代替液压系统中不可压缩的液压油。气动系统最主要的问题是定位。因为气体是可以压缩的，保证固定位置的唯一方式是处于行程极限，或使系统处于恒定受力状态下。你可以关闭气动系统，而不产生任何损害，但是气动动力一旦停止，电动机就会产生漂移。气动机器人适用于具有物理停止的领域，但是如果没有额外的设备，很难保持位置精度。

气动系统也会产生噪声。但是，运行起来比较便宜，因为很多企业都有压缩空气供应。很多早期的工业机器人使用气动系统作为主要动力，但是依然让路于交流伺服电动机。气动系统真正适用的领域是工装夹具（见图 4-4）。大多数夹持器具有两个位置状态，打开或关闭，气动动力被证明能够完美符合这种需求。正因为如此，很多电力驱动的机器人也需要空气来操作工具和夹具。

气动系统确实需要额外的维护，但是不如液压系统那么多。主要注意事项包括：保证空气管线免受损害，空气的可压缩性，系统产生的噪声。因为多数气动系统的管线是薄壁的橡胶和塑料管线，不需要太大的力量就会遭到破坏。任何小孔或泄漏都会在压力下放大，产生飞行的碎片，如果某条管线被切断，会抽击周围，产生危险的情况。因为我们不会将压缩空气返回到储气罐，使用过的空气要排放出去。这意味着在系统的某个点，空气要返回到大气中去，通常是加压状态下。释放的压缩过的空气会产生巨大的噪声，即使有消声器也是一样，这是使用气动动力需要注意的事项。

核动力

当谈到核动力机器人时，人们讨论的是系统自己携带有核反应堆来产生所需的电力。几个 NASA 机器人项目，包括好奇号火星探测器，都使用核反应堆作为主要的动力来源。这项技术在很多年前就应用过，人们曾成功地将其应用于潜艇和其他船舶上，这些装备需要长期的动力供应，却得不到燃料补给。对于太空遨游来说，核动力是再完美不过的选择。如果我们向太空派遣更多的机器人进行研究、建设或开采工作，这项技术会发挥更大的作用。

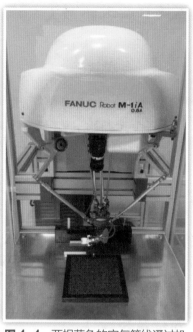

图 4-4　两根蓝色的空气管线通过机器人的夹爪，为夹持动作提供动力

绿色动力

直接生成的绿色动力也许不是工业机器人的选择，但是有很多其他机器人领域会投资并使用这种动力。**绿色动力**来源于可再生能源，不会或很少对环境产生影响。在第 1 章中，简单提及了一种旨在破碎有机材料的机器人，是食草动物的机器人版。尽管处在研究阶段，但研究者们正在寻找能够进行深海探测的机器人系统。太阳能是另外一种发展中的绿色能源，也许是未来"lawnbot"项目的主要驱动力。BEAM 机器人倾向于选择太阳能，因为它能提供长时间的能量供应，虽然有时不太稳定。绿色动力属于新兴领域，目前主要存在于业余爱好者和机器人研究中，但是未来有可能成为机器人动力供应大家庭中的重要组成部分。

任何新的动力来源都会成为机器人的标准，并且增加动力来源分类的数目。每一种分类都有潜力继续细分，这建立在机器人系统需要大量的动力供应，而且系统本身还会产生大量的动力。根据动力进行机器人分类是一种非常概括的方法，在选择执行具体任务的机器人时，这只是缩小选择范围的第一步工作。下面我们将学习机器人分类的下一种方法——通过它们的工作行程。

工作行程的几何结构

通过机器人工作的可达范围进行分类是流行的一种方法，称之为"工作行程"。这也是目前工业机器人最常见的分类方法，因为它能向用户传达机器人如何移动，如何与周围的世界交流。在这里，对立方体、圆柱体、球体以及其他几何形状的了解派上了用场。

笛卡尔坐标机器人

　　笛卡尔坐标机器人的工作行程是立方体或者矩形。许多龙门机器人都属于这一类，一般沿直线运动。这种机器人通常具有两到 3 个主要轴：X 轴从前到后，Y 轴从一侧到另一侧，Z 轴从上到下（见图 4-5）。当只有两个主要轴的时候，通常是 X 轴被忽略。这种机器人适用于工件装卸，以及高架在它们所服务设备的上方用于长距离运送原材料，可以节省地面空间。

图 4-5a　龙门机器人焊接一个大型的罐子

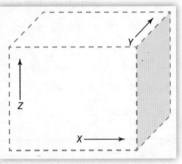

图 4-5b　笛卡尔系统的机器人运动会产生方形的工作行程

圆柱体机器人

　　圆柱体机器人，顾名思义，具有圆柱体工作行程（见图 4-6）。在很多方面，它们是笛卡尔坐标机器人的可旋转的"表亲"。这种机器人通常有在基座上的旋转轴用来旋转机器人，另外还有两个线性轴移动工具进入工作区域，以及另外两到三个次要轴控制工具方向。笛卡尔坐标机器人的 Y 轴被替换为圆柱体机器人的旋转轴。这种系统适用于深入机器设备内部，节省空间，具有刚性结构，满足大负载的需求。唯一的缺点是没有 Y 轴行程，不过可以通过附加的移动基座来解决这一问题。

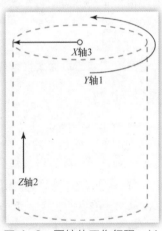

图 4-6　圆柱体工作行程，X、Y、Z 轴与运动以及各轴的关系

球体机器人

　　可以想象机器人位于球体的中间，而不是圆柱体的中间。球体或者球形坐标系，在定位方面，这种几何形状让用户的选择范围非常大，但是因为机器人的结构和安装表面的限制，却不能涵盖整个球体的范围（见图 4-7）。得到这种几何结构，要在圆柱体机器人的基础上，将第 2 轴的 Z 直线方向替换成旋转轴。该机器人具有圆柱体机器人扫描和运动的范围，通过增加角度定位，完成手臂的主要运动。圆柱体和球体机器人之间的主要区别在于，球体机器人以较小的尺寸具有范围更大的可达性。这种几何形状更多的是进化中的一步，因此今天并不经常看到在使用。

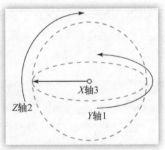

图 4-7　球体机器人的 X、Y、Z 轴与相关轴（请注意底部接近机器人安装的地方是如何被切掉的）

关节机器人

　　关节机器人具有受机器人结构约束的球形行程。在各轴中，多关节机器人将直线运动放在旋转运动之后。这种机器人以接合

臂、旋转副，甚至**拟人化**而著称，因为在许多情况下，它的运动看起来很自然，栩栩如生。该机器人设有最常见的几何结构，它的设计和灵活性能够模仿很多人类运动。工作范围比球体机器人的区域稍微小一点。不能达到的地方是由于基座不能旋转 360°，机器人的零件防止某个轴的全回转（见图 4-8）。在工业界，这些系统需要最复杂的控制器，使它们的系统成本最高。有时它们具有主要轴和次要轴之间的额外轴，在机器人编号系统编号为 4，这增加了旋转或伸展能力，以及另一个自由度。

> **拟人化**
> 类似于人类或动物的运动方式；本文中，意指机器人运动看起来很自然，栩栩如生。

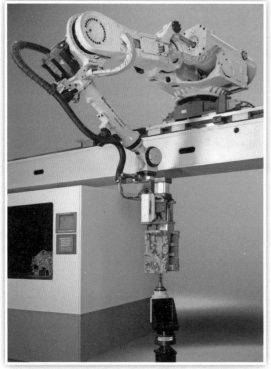

图 4-8a 这台 FANUC 关节机器人手臂安装在龙门基座上，结合了关节机器人的工作行程优势和龙门系统在距离方面的多功能性

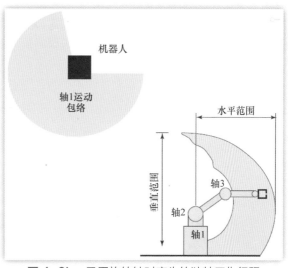

图 4-8b 只用旋转轴时产生的独特工作行程

平面关节机器人（SCARA）

选择顺应性装配机器手臂（SCARA）（又称平面关节机器人，或水平多关节机器人）的独特性在于结合了笛卡尔直线运动和关节机器人的旋转运动，创造出新的运动类型（见图 4-9）。SCARA 的轴 1 和轴 2 的旋转运动以及轴 3 的直线垂直运动方式使它具有圆柱体几何结构。施加力后能够操纵工具到位，轴 1 和轴 2 的方向提供水平旋转，相对于我们所讨论的其他系统的垂直旋转，与关节几何体的轴 1 的方式类似。另一个区别是，腕关节（或次要轴）即旋转轴通常只有一个。水平多关节机器人在电子工业领域非常流行，对于所需执行的任务来说，他们的运动和优势似乎是一个不错的选择。

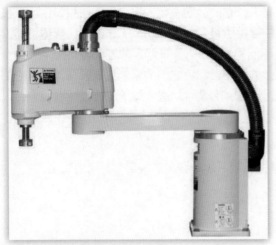

图 4-9a 拥有圆柱体工作行程的 SCARA 机器人

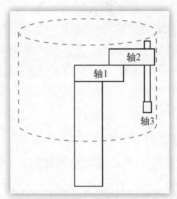

图 4-9b 圆柱体的本质使 SCARA 机器人的工作行程受限于第 3 轴的行程深度，以及工具的可达范围

水平基本关节臂机器人

这是 SCARA 系统的改编版本，轴 2 为直线轴，而不是轴 3。与 SCARA 相比，不是工具上下升降，而是系统移动整个手臂向上和向下（见图 4-10）。这种机器人一般有两个或三个普通的次要轴作为补充，相对于传统的水平多关节机器人只有单个旋转轴。这种配置提供了 SCARA 机器人在垂直方向上的力量，以及在工具方向上的灵活性，不亚于任何我们已经了解的其他系统。

Delta 机器人

过去的几年，由于它们的速度和独特的设计，Delta 机器人在工业和 3D 打印行业中流行起来，并因为独特的设计而具有一个独特的几何结构。和笛卡尔坐标机器人一样，Delta 机器人安装在工作区，但是这是相似之处。如果你看一下图 4-11，可以看到，该系统是由 3 个垂直臂组成一个金字塔形，下面是工具。3 个主要轴仍带动工具运动，3 个次要轴为工具定向，但工作范围与那些我们已经讨论过的机器人系统不同。这种结构的结果，由于 3 个主要轴的扫描运动，类似于一个橡树果或锥形火箭的鼻锥。大部分工作行程更靠近机器人的基座；行程变窄因为工具从头顶单元移动到了远处（见图 4-12）。这些系统牺牲了一大部分工作行程，赢得了速度和安装在工作区的好处。Delta 系统加上机器视觉已经成为零件分选的热门选择。该系统的机械速度给控

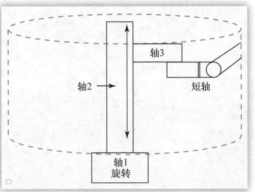

图 4-10 水平基本关节机器人具有与 SCARA 机器人同样的几何结构，这种设计能够给机器人更大的工作区域，并且让工具有更多的方向和弯曲选择

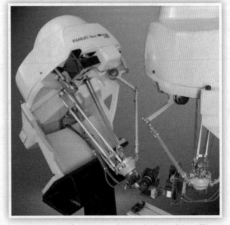

图 4-11 两台 Delta 机器人在一起工作，工具上附加有视觉系统（请注意正是由于这种手臂结构，才能产生独一无二的运动方式）

制器更多的时间来处理图像，并确定必要的补偿，而不牺牲周期时间或总时间量，它需要一个机器人完成其编程操作（见图 4-13）。

图 4-12 Delta 机器人结构独
一无二的工作行程

图 4-13 ABB 的 Delta 机器人，如果你仔细
看，能够发现工具使用的空气管线

随着不断完善现有的机器人系统，并建立新的系统，可以期望几何结构的列表或工作行程都会发生改变。Delta 机器人系统是一个很好的例子，因为 20 年前大多数制造商甚至没有考虑过这些机器人，而今天它们是该领域的主要参与者。看看未来 20 年如何影响机器人几何结构的变化和可用的选项，这会是一件很有趣的事情。

驱动系统：分类和操作

另一种分类的方法是通过电动机连接运动部件的方式，即**驱动系统**。这是另一种概括的分类方法（和动力来源分类相类似），会导致很多不同的机器人被划为同一类。正因为如此，按照驱动系统分类更多的是一种指定的机器人系统标准，而不是单独的分类方法。既然要学习机器人使用的驱动系统，我们还要研究一下它们是如何工作的，动力是如何参与进来的。

> **驱动系统**
> 齿轮、链轮、链条、传动带、轴和其他动力传动设备的集合，用来从电动机等动力源传递动力至执行做功的地方。

直接驱动

直驱系统具有一个将电动机和机器人运动部件直接连接到一起的旋转轴。Takeo Kanade 和 Haruhiko Asada 在 1984 年发明了这种系统。因为直驱系统能够大幅提高机器人的速度和精度，因为无论是在工业领域还是非工业领域，这种系统都非常流行。因为这种设计将机器人直接连到电动机的输出轴上，因此是 1：1 的运动。换言之，电动机轴完全旋转一周也带动机器人关节旋转一周。还需要考虑一点，这种方式没有动力的机械放大，因此在机器人的负载方面，**转矩**是一个受限因素。幸运的是，现在已经开发出能够产生足够转矩的电动机来消除这一限制，使得直接驱动适用于高达 250lb（113.4kg）的负载。还有一点需要记住，机器人本身的重量要从电动机的负载能力中扣除。要做到这一点，首先弄清楚电动机的有效载荷，以及携带的大量负载，然后检查系统的后续电动机，以确保系统的任何部分都不会过载。

直驱系统

该系统的电动机旋转轴直接和机器人运动部件连接在一起。

转矩

由电动机产生的旋转动力。

例 1 在这个案例中，机器人拥有以下伺服电动机：

轴 1——转矩 250lbf·ft（1lbf·ft=1.35582N·m）

轴 2——转矩 175lbf·ft

轴 3——转矩 100lbf·ft

轴 4 和轴 5——转矩 75lbf·ft

轴 6——转矩 25lbf·ft

为了简化这个案例，我们将忽略加速力参与做功的复杂性，以系统的纯重量代替。

零件 / 机器人部分	重量
工具	10lb（1lb=0.453kg）
从轴 5 到轴 6	15lb
从轴 4 到轴 5	20lb
从轴 3 到轴 4	50lb
从轴 2 到轴 3	70lb
从轴 1 到轴 2	70lb

（案例中所有的重量均包括机器人零件，以及任何电动机和安装在机器人上的其他设备的重量。）

首先，要确认机器人的任何部位的转矩是否足够承载重量。

对于轴 1，将所有移动重量加到一起，看看有多少：

$$10lb + 15lb + 20lb + 50lb + 70lb + 70lb = 235lb$$

看一下轴 1 电动机的转矩，还有 15lb 的盈余（250lb–235lb =15lb）。下一个是轴 2。在这一点上，可以把所有的重量再次全加起来，扣除轴 1 到轴 2 之间的重量，或简单地将刚才的重量之和减去。

$$235lb–70lb=165lb$$

然后，还有 10lb 盈余（175lb–165lb =10lb）。现在到第 3 轴了。

$$165lb–70lb=95lb$$

此时仍然处于范围之内，但这次只盈余 5lb（100lb–95lb=5lb）。下一个是轴 4。

$$95lb–50lb=45lb$$

这儿有 30lb 盈余（75lb–45lb=30lb）。下一个是轴 5。

$$45lb–20lb =25lb$$

这里有 50lb 盈余，这是很多动力（75lb–25lb=50lb）。最后是轴 6。

$$25lb–15lb=10lb$$

还有 15lb 动力剩余，所以是不是我们的工具负载只要不超过 15lb 就可以了？

错！回头看看轴 3 的盈余重量是多少？再减去机器人重量和 10lb 的工具负载，只有 5lb 的盈余。换句话说，如果工具负载过重，机器人的轴 3 就会因为过载报警或其他类似原因停止运动，另外还有可能损坏电动机。

再次说明，计算过程没有考虑惯性或更深层次的数学概念而引起的力的增加，但是这解释了为什么看起来很好的机器人的一个轴会发出报警。对于那些愿意深入研究该类数学问题的人们，一门物理学课程是一个好的开始。

减速驱动

减速驱动系统通过机械方式改变电动机轴的输出。作为一项规则，这些系统减慢旋转轴的速度，以便增加系统的转矩或力，但它们也可以改变旋转方向或将旋转运动转化为直线运动。这些系统往往需要更多的维护，因为它们具有附加的移动部件，以及系统越复杂，某些部件需要修理的概率就更大。最起码，与直驱系统相比，它们需要更多的预防性维护。鉴于有多种方法可以减少电动机的输出，机器人系统进一步分类时，可以根据减速驱动器类型分为几个亚组。

传动带驱动

在该减速驱动系统，电动机以及系统里我们希望与电动机共同移动的部分，均附有带轮，并通过传动带连接。通常使用 V 带，它的形状像一个 V 平带，是平面的传动带；而同步齿形带，沿其长度方向设定有间隔的齿状物（见图 4-14）。平带和 V 带依靠摩擦防止滑脱，同步齿形带用齿状物保持位置稳定。滑轮是指一些时候连接到电动机的带轮（称为驱动带轮）的旋转，没有传送至连接到系统的带轮（称为从动传动带轮）。平带最容易出现滑轮现象，其次是 V 带和同步齿形带。V 带磨损或传动带张力松弛，以及传动带开始时没有被设置为适当的张力的时候，更容易滑脱。同步齿形带是最不容易打滑的，但经常受到损害而必须更换，比如设备撞车或计划外停机的时候。（参见图 4-15 以一个 V 带系统为例，图 4-16 为同步齿形带。）

图 4-14　斜角朝外的 V 带和带有防滑齿的同步齿形带

图 4-15　我的工作室的空气压缩机，这不是一台机器人系统，但是具有同样的零件和功能（左边小的带轮是驱动带轮，右侧大的带轮是从动带轮）

还有一些与带轮系统相关的有趣的计算方法，能够确定所涉及的力，传动带速度和带轮的比率。对于那些去建立自己的机器人或有设计各种机械系统的人们，这些知识会派上用场，请记住，机器人并不是唯一使用带轮和传动带的系统，如图4-15所示。这些计算还可以让你去探索带轮直径变化或系统中正在使用电动机速度的影响。

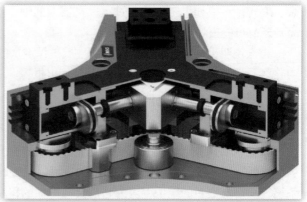

图 4-16　你能分辨出驱动机器人夹爪系统的传动带吗？注意剖面图底部白色传动带上的齿

V 带

使用铁丝或纤维增强的橡胶带，形状是 V 形，带有切断点，用来传递动力。

平带

使用钢材或纤维增强的平的橡胶带，用来从驱动带轮传递动力至从动带轮。

同步齿形带

皮带上有固定间隔的齿，用来传递动力，防止打滑。

滑轮

驱动和从动元件之间的转动失效，特别是指传动带驱动系统的失效。

驱动带轮

附加在电动机或系统动力上的带轮。

从动带轮

附加在系统输出或负载上的带轮。

传动带驱动系统的转矩

转矩的基础公式是 $T=Fd$，T 是转矩，F 是力，d 是距离。我们可以将计算转矩的公式用在以下旋转情形中：

$$T = FR$$

式中　T——转矩；

　　　F——力（注意：驱动带轮的力等于从动带轮的力）；

　　　R——带轮的半径。

例 1　在第一个案例中，假如系统需要移动 10lb（4.53kg）的物体，需要多大的转矩？皮带轮直径为 6in（0.1524m）。

首先，计算半径，直径 6 除以 2，即 3in。

接下来，代入数值并计算。

$$T = FR$$
$$T = 10\text{lb} \times 3\text{in}$$

即需要系统需要 30lb·in 完成正常运行。

例 2　如果知道系统需要多少转矩，力的数值或涉及的重量，可以使用同一个公式计算出需要皮带轮的直径。在这个例子中，将使用 15lb 的重量和需要 60lb·in 的转矩。

$$T = FR \text{ 或 } R = T/F$$

$$R = 60\text{lb·in}/15\text{lb（15lb 抵消了 60lb）}$$

$$= 4\text{in}$$

例 3　如果知道涉及的力和驱动、从动带轮的直径，可以比较每个力产生的转矩。例如，使用 10lb 的力，驱动带轮直径为 4 in，从动带轮直径为 8in。记住，由于皮带连接了两个带轮，传送的力是一样的，所以两个轮子上的力是相等的，减去摩擦力和其他力的损耗。为了更清楚地表达，该案例中不考虑摩擦和其他力的损耗。

$$T = FR$$

对于驱动带轮，T=10lb × 2 in =20lb·in

对于从动带轮，T=10lb × 4in =40lb·in

可以看出，从动带轮的直径翻倍，系统得到两倍大小的转矩；但代价是从动带轮的速度只有驱动带轮速度的一半。

传动带驱动系统中带轮的比率和速度

下面，看一下如何驱动带轮和从动带轮的比率，以及使用该比率得到从动带轮的速度。因为驱动带轮连接到电动机，驱动带轮的**每分钟转数**（r/min）是由电动机决定的（见图 4-17）。

图 4-17　驱动带轮连在电动机上，从动带轮固定在自己专用的轴上，电动机和从动轴安装到位，并设置好用来执行工作

每分钟转数

通常用来衡量系统的旋转速度。

$$R_s = D_2 / D_1$$

式中　R_s——速度比率；
　　　D_1——驱动带轮直径；
　　　D_2——从动带轮直径。

同样，R_s=RPM$_1$/RPM$_2$，这里 R_s——速度比率；RPM$_1$——驱动带轮每分钟转数；RPM$_2$——从动带轮每分钟转数。

例 4　在这个例子中，将使用直径 4in 的驱动带轮和直径 8in 的从动带轮，电动机施加在驱动带轮上的转速为 1250r/min。首先，我们在方程式中代入数字，减去最小的项。

$$R_s = D_2 / D_1$$

R_s = 8/4 或 2/1（这就给出了 2：1 的比率或驱动齿轮转 2 周，从动齿轮转动 1 周）

$$R_s = \text{RPM}_1 / \text{RPM}_2$$

如果代入已知的数值，可以得到

$$2/1 = 1250\text{RPM}/\text{RPM}_2$$

如果简化后，得到

$$2 = 1250\text{RPM}/\text{RPM}_2$$

两边同时乘以 RPM$_2$ 将会得到

$$2RPM_2=1250RPM$$

除以 2 会得到

$$RPM_2=625RPM$$

RPM_2= 从动带轮每分钟旋转 625 转，或是驱动带轮速度的一半。这证明了例 3 中转矩翻倍的数学关系，代价是系统输出的速度降为了一半。

传动带驱动系统中的速度

速度是衡量物体运动快慢的物理量（在这些案例中指传动带的运动）。当计算系统需要使用多大力的时候，需要进行这种计算。在这里，我们将使用以下方程式：

$$BDV（ft/min）= \pi D_1 \times RPM \times （1/12）（ft/in）$$

式中　　BDV——传动带驱动速度，单位为 ft/min

　　　　D_1——驱动带轮直径；

　　　　π——3.14；

　　　　RPM——驱动带轮每分钟旋转周数；

　　　　1/12——ft/min 的转换因数。如果你想用 in/min 作为传动带驱动速度，或传动带直径已经是用 ft 来衡量的，把该因数从公式中移除。

　　例 5　在这个例子中，将会计算系统中传动带的速度，驱动带轮直径为 4in，转速为 1250RPM。

$$BDV（ft/min）= \pi D_1 \times RPM \times （1/12）（ft/in）$$
$$BDV（ft/min）=3.14 \times 4in \times 1250 \times （1/12）（ft/in）$$

式中　　BDV——1308.3 ft/min 或 15700 in/min。

传动带驱动系统的功率

功率是衡量做功的物理量，可以使用功率的计算公式找到失去的信息。对于传动带驱动系统有几个公式可以计算功率，例如，$P=Fv$，即功率 P 等于力 F 乘以线性速度 v，$P=2\pi T \times RPM$，这里功率 P 等于 2 乘以 π 乘以转矩 T 乘以每分钟转速 RPM。但是，该公式中最感兴趣的是：

$$HP=T \times RPM/5252$$

式中　　HP——功率，单位为 hp，1hp=745.7W；

　　RPM——每分钟转数；

　　　　T——转矩，单位为 lb·ft；

　　5252——转换常数，转矩转换为 lb·ft 的常数；

　　例 6　在这个案例中，使用一台 1.5hp 的电动机，具有两个速度选项：1250r/min 或 1750r/min。在这个案例中，使用公式来确定系统的转矩

$$Speed_1=1250r/min$$

首先，变换公式

$$HP=T（lb·ft） \times RPM/5252$$

因为

$$T（lb·ft）=5252 \times HP/RPM$$
$$T（lb·ft）=5252 \times 1.5/1250=6.3（lb·ft）$$

$$\text{Speed}_2=1750\text{r/min}$$
$$T(\text{lb}\cdot\text{ft})=5252\times1.5/1750=4.5(\text{lb}\cdot\text{ft})$$

你可以看到，速度随着转矩的增加而增加。

例7 我们还可以通过功率公式来确定系统电动机所需要提供的功率。在这个例子中，使用例 1 中的转矩 30lb·in，使用例 5 的 RPM=1250r/min，来计算系统所需要的功率。

$$\text{HP}=T(\text{lb}\cdot\text{ft})\times\text{RPM}/63025$$

注意：使用 63025 代替 5252，因为转矩单位是 lb·in，而不是 lb·ft。

$$\text{HP}=30\times1250/63025$$

HP=0.60hp 或 3/5hp 电动机。因为 3/5hp 不是电动机的标准马力数，我们将使用一台 3/4hp 或 0.75hp 的电动机代替。注意：当需要面对选择非标准马力电动机的需求时，总是要选择大一点的电动机，这样可以减轻电动机的负担，电动机也能工作得更加持久。

还有，如果将马力（hp）转换为瓦特（W），则 1hp=745.7W，我们可以将系统需要的 0.60hp 转换为 W，并弄清楚消耗的功率。

$$0.60\times745.7\text{W}=447.42\text{W}，即消耗了 447.42\text{W} 的功。$$

这项计算对于电池驱动的系统来说至关重要，因为能计算出在充电之前系统可以运行多长时间。

链条驱动

很大程度上，链条驱动工作方式和传动带驱动非常相似，只有少数例外。这些系统使用**链齿轮**代替带轮，上面有专门设计的齿用于啮合链条。链条通常由金属做成，把驱动链齿轮与从动链齿轮连接在一起。链齿轮看起来很像齿轮：具有分得很开的齿，而且比标准齿轮的齿更长（见图 4-18）。就像同步齿形带一样，链条不会滑脱，但是确实会磨损。随着时间的推移，链条会变长，因为施加在链条上压力的缘故，而且会由于与链齿轮的接触而磨损。这会导致链条长度的改变，同时也会影响驱动链齿轮和从动链齿轮之间的关联；情况严重时，链条可能会跳出驱动或从动链齿轮上的某个齿。产生的影响就如同传动带滑脱一样，但这通常发生得比较缓慢，是随着时间的推移，而不是立刻发生。链条驱动系统与传动带驱动系统另一个主要的不同在于维护保养。我们不会润滑传动带，因为会增加滑脱的概率。但是，大多数链条需要润滑以更好地工作。链条驱动结合了齿轮系统的刚性和力的传递，以及传动带系统的灵活性和宽容性。

图 4-18 驱动链条，左方远侧的惰轮，从动或驱动用的链齿轮在中间，最右方是齿轮箱减速器，可以用来驱动链条或被驱动

> **链齿轮**
> 类似于齿轮的圆形金属装置，带有隔开的齿，和链条相匹配，用来传递动力。

齿轮传动

虽然很难确定什么时候第一次开始使用齿轮，其实千百年来一直是用现在的齿轮传递动力。齿轮有许多形状、尺寸和品种，但它们都有齿状突起或齿，这些突起与其他齿轮相类似的突起相**啮合**来传递力。我们称与动力供应部分绑在一起的齿轮为"驱动齿轮"，和输出部分绑在一起的齿轮为"从动齿轮"，类似于在传动带系统中标记带轮的方法。我们称两个或更多个齿轮连接在一起形成一个**齿轮组**或**传动链**，作为它们连接输出端的主要驱动力。

> **啮合**
> 齿轮齿之间的紧密配合，通过物理接触传递动力。

> **齿轮组**
> 两个或更多的齿轮连接到一起，用来传递动力。

> **传动链**
> 一组齿轮，通常包含混合的齿轮和不同的齿轮比率，用来传递动力。

由于齿轮的连接方式以及它们传递力的方式，从动齿轮旋转方向与驱动齿轮相反（见图4-19）。如果这是一个问题，我们可以使用一个被称为"**惰轮**"的齿轮。惰轮是添加到系统的额外齿轮，安装在专用轴上，以改变旋转方向，而不是一个输出轴（见图4-20）。如果在驱动齿轮系统齿轮总数是偶数，最后的齿轮的旋转方向将与输入齿轮相反。如果齿轮总数为奇数，那么最后齿轮将与输入齿轮的旋转方向相同。相同的原理适用于在齿轮组中间的齿轮，如只要从驱动齿轮开始数，一直到有问题的中间的齿轮，包括您正在试图确定旋转方向的齿轮。例如，如果存在有7个齿轮的传动系统中，你想知道第四个齿轮如何旋转，你会从第一齿轮数到第四齿轮。答案是4，这是一个偶数。这意味着，齿轮4旋转的方向与驱动齿轮相反。

> **惰轮**
> 安装在专用轴上，以改变输出齿轮的旋转方向，和/或把两个距离较远的齿轮连接到一起。

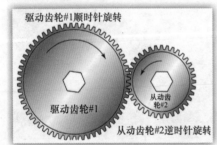

图 4-19 无论何时你有一个偶数的齿轮，最后一个齿轮都会在第一个齿轮的相反方向上旋转

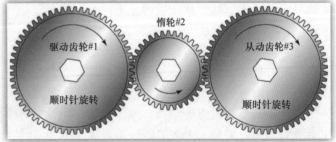

图 4-20 要获得输出，或齿轮组的最后一个齿轮旋转的方向和驱动或输入齿轮相同，那么系统齿轮组的齿轮数目肯定是奇数

人们常常把多种齿轮结合在一起形成复杂齿轮组，拥有**复合齿轮**和多个输出点，每个输出点均拥有各自的转矩和速度。复合齿轮是两个或更多的齿轮在同一轴上，通常由一块固体材料制成（见图4-21）。复合齿轮中的某个齿轮是从动齿轮，另一个将会是驱动齿轮；复合排列中超过两个齿轮的系统将会有一个或两个复合。这是因为，一个或更多的齿轮在复合排列中起到全新齿轮

组动力源的作用，这样它就成为整个传动系统的驱动齿轮。当试图弄清使用复合齿轮的齿轮系统旋转方向时，有两个需要注意的事项。第一，在同一轴上的复合齿轮旋转方向相同；第二，当数齿轮数来确定它们的旋转方向时，要从驱动齿轮开始。推荐首先要弄清楚复合齿轮中从动齿轮的旋转方向，因为驱动齿轮将会沿同样的方向旋转（因为它们在一个轴上）。将每个驱动齿轮作为一个新的齿轮组的开始，以确定它的旋转方向。

　　齿轮有很多种类，但是最常见的，最熟悉的是**直齿轮**，机械师和产业工人通过圆的或圆柱形的材料在边缘处切割以形成齿形。齿不是方的，而是锥形，并且在末端有圆弧过渡，当与其他齿轮啮合时，以减少摩擦和其他压力。齿轮运行时，它们与轴是平行的。直齿轮之间只有平行啮合（见图 4-22）。

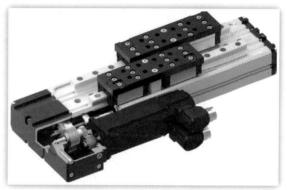

图 4-21　这套复合齿轮在一个轴上有三个齿轮，为动力传输提供了一组选择

图 4-22　左下角是一套直齿轮，用来传递动力至机器人工具（如果仔细看，还可以在中间发现复合齿轮形成的两个独立的齿轮组）

　　螺旋齿轮与直齿轮是相似的，但是它们的齿与齿轮的轴不平行；相反，它们与边缘呈一定的夹角，使它们有部分**螺旋线**或空间曲线（见图 4-23）。因为，这种独特的形状，两个齿轮能够与它们的轴平行啮合，或互相呈 90° 角，这也是为什么它们又被称为**斜齿轮**。因为它们的形状，螺旋齿轮啮合比直齿轮更慢一些，相比之下也更加平滑和安静。

图 4-23　这对伞齿轮因为维护不当而有一层锈（如果你没有给机器人的齿轮进行油或油脂润滑，齿轮最后就会变成这样）

　　伞齿轮的齿沿着锥形边缘成形，如果不是末端修平，将形成一个尖锥形。我们经常在机器人的手腕处发现锥齿轮，使力呈 45° 或 90° 旋转，但在适当的结构下，它们能够以介于 0° 和 180° 的任意角度旋转。当伞齿轮有相等数量的齿，并和轴成 90° 角时，它们被称为**等径伞齿轮**。通过方形齿设计变化，可得到不同的具有新特性的伞齿轮。为了减少噪声和平滑操作，把齿形弯曲，

得到**螺旋伞齿轮**。**零度锥齿轮**使用相同的弧形齿，没有成角度的侧面。这些齿轮具有平坦面，而不是锥形，是另外一锥齿轮的锥形形状（见图4-24）。**准双曲面锥齿轮**类似于螺旋伞齿轮，但如果从轴组以一个角度画一条线，它不会与其他或配对齿轮的轴相交。这些齿轮几乎总是设定在90°角，可以产生60：1的齿轮比，并且如果设计得当，可以比螺旋锥齿轮更安静。

蜗杆齿轮是一个齿切围绕的圆柱体，类似于螺丝和螺栓，但要大得多，称这种零件为蜗杆。我们完成了一套具有直齿轮和螺旋齿轮配套的蜗杆（见图4-25）。这些系统像上面提到的伞齿轮系统那样把力旋转90°，但结构更简单，并可以产生可达500：1的转矩。这意味着，每lb·ft的力量输入，你会得到500lb·ft的力的输出！蜗杆一直是驱动齿轮，直接与电动机连接在一起；然而，在一些构造中，螺旋形或直齿轮不行。在这些情况下，非蜗轮根本无法克服系统的摩擦，并且齿轮组锁定到

图4-24 右侧的齿轮，最靠近中间的是螺旋伞齿轮，外侧一点的是带有标志性扁平面孔的零度锥齿轮，这套齿轮被剖成两半以用于展示

位，这有利于保持系统的位置。当作为打断或锁定使用时，必须有足够的力量作用在直齿轮或螺旋齿轮保持系统处于一个位置，但蜗轮不用施加这么多的力，系统也不会再一次移动。

图4-25 这套蜗杆齿轮与你在很多动力传动齿轮箱里发现的齿轮相似，特别是呈90°角旋转输出

齿轮齿条系统由一个直齿轮和沿长度方向具有齿切的一个杆或棒组成（见图4-26）。该系统将旋转力变成线性力，很受长距离移动系统的青睐，如龙门系统或移动机器人。你会在各种各样的机器人的工具中发现这种类型的齿轮系统，它需要有一个大的行程量，例如，具有广泛的运动的夹持器。

谐波传动是一个专门的齿轮系统，利用椭圆波发生器的圆形花键啮合柔性花键，有齿轮齿沿内部固定（见图4-27）。圆形花键是典型的系统从动部分，并且柔性花键仅在两个点接触圆形花键，呈180°分开。

图4-26 齿轮齿条系统为机器人工具系统而生产的长距离冲程，请注意左手侧剖面图的齿轮组

波发生器在柔性花键内，但通常是通过滚珠轴承从柔性花键分离。柔性花键齿比圆形花键少。此系统可产生可达 320 : 1 的转矩，并且没有间隙！**间隙**是从驱动齿轮齿的背部到从动齿轮齿的距离，它表示系统的运动损耗。大多数齿轮系统需要一定量的间隙，以保证正常工作。这就是为什么谐波驱动器是独一无二的。

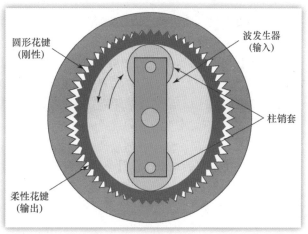

图 4-27　谐波传动系统的各种零件，以及它们如何协同工作。这是许多六轴机器人使用的齿轮传动装置

现在，你了解了驱动齿轮是如何工作的，可能遇到各种类型的齿轮，让我们看看一些参与这些系统运算的数学公式（见图 4-28）。有几种计算方法是有益的，尤其是当你试图找出转矩、速度，或其他重要的齿轮组的物理量。首先看一下**节圆直径**，这是用于设计齿轮的假想圆的直径。这个圆由齿轮齿中间剖开，其中该光滑侧开始向顶部逐渐变细，并被设计成接触另一个齿轮的节圆，当它们啮合时。用下面的等式表示节圆直径：

$$D = N/P$$

式中　　D——节圆直径；

　　　　N——齿轮上齿的个数；

　　　　P——齿轮径节或齿的尺寸。

节圆直径

　用来设计齿轮的虚构的圆的直径。

径节是每节径齿数之比，用以描述具有较小比率齿轮齿的大小，表示大齿之间具有更多的空间。

例 8　在此案例中，我们将计算一个具有 30 个齿的齿轮的节圆直径，径节是 20。

$$D = N/P \qquad D=30/20 \qquad D=1.5in$$

一旦知道了节圆直径，就可以使用它计算两个齿轮应该距离多远才能正常啮合。这是重要的，因为齿轮太近会导致咬死（齿轮不正常转）或使之无法安装齿轮，而将它们放置相距太远，可能导致齿轮损坏、

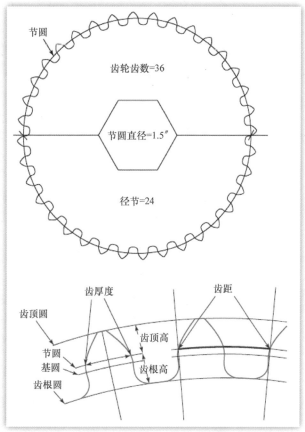

图 4-28　仔细看这两种图，因为它们显示了在齿轮计算中，我们从哪里得到信息

电力的损耗和过度的磨损。当你啮合两个齿轮，径节和压力角必须与按照正确的操作相匹配。**压力角**是指两个齿轮之间的力以什么样的角度相互作用，并确定一个齿轮齿是圆形或其他形状。提到压力角，有两种选择，一是 14.5°，这是多年来的标准角度，并且仍然适用。第二是 20°，

这时能够传递更大的负载，因此是新宠。如果混搭节圆直径或齿轮组的压力角，会导致系统效率低下，甚至是彻底失败。

为了找出两个齿轮中心到中心的距离，使用下面的方程式：

$$CCD=(D_1+D_2)/2$$

式中　CCD——中心到中心的距离；

　　　D_1——齿轮 1 的节圆直径；

　　　D_2——齿轮 2 的节圆直径。

例 9　在这个例子中，将计算两个齿轮的中心到中心距离，使用例 8 中的信息作为齿轮 1；对于齿轮 2，将使用一个 60 齿的齿轮，径为 20。首先，必须找出齿轮 2 的节圆直径。

$$D = N/P=60/20=3in$$

下面，将节圆直径代入中心到中心距离的等式

$$CCD=(D_1+D_2)/2=(1.5+3)/2=2.25in$$

因此，通过计算，知道了正常操作情形下，齿轮 1 轴的中心到齿轮 2 轴的中心的距离应该是 2.25in。对于那些设计他们自己的齿轮组或修改现有系统的人们来说，这是非常重要的信息。

就像在传动带驱动系统中使用不同尺寸的带轮来增加转矩或速度一样，通过增加或减少齿轮的齿数，可以用齿轮来做同样的事情。我们使用**传动比**以确定从动齿轮在参照所述驱动齿轮下发生哪些变化，比如转矩和速度的变化。使用下面的等式来确定这个比率：

$$GR=N_2/N_1$$

式中　GR——传动比；

　　　N_1——驱动齿轮齿的总数；

　　　N_2——从动齿轮齿的总数。

例 10　将确定案例 9 中两个齿轮的传动比。记住，齿轮 1 有 30 个齿，齿轮 2 有 60 个齿。

$$GR=N_2/N_1 \qquad GR=60/30 \qquad GR=2:1$$

你可以看到驱动齿轮旋转两整圈才等于从动齿轮旋转一圈。这意味着从动齿轮的速度只有驱动齿轮的一半，但是具有两倍的转矩。

例 11　这次，看一下如果我们有一个 48 齿的驱动齿轮，和一个 24 齿的从动齿轮，将会发生什么？

$$GR=N_2/N_1 \qquad GR=24/48 \qquad GR=0.5:1$$

可以看到驱动齿轮旋转半圈，从动齿轮旋转一整圈。在这种情况下，从动齿轮的转矩是驱动齿轮的一半，但是从动齿轮的速度是驱动齿轮的两倍。（记住，速度的减少意味着转矩的增加，更快的速度等于转矩的减少。）

就像传动带驱动系统，在设定的时间周期内，连接在一起的所有齿轮的速度或移动距离将是相同的。如果这是不正确的，一个更快速度的齿轮将会撕裂掉另一个齿轮的齿。这正是当一个齿轮组中一部分突然停止会发生的情况，如在机器人撞车的情况下。（有些系统可能具有足够的灵活性，其他人可以足够快地停止，以减少损失。）我们用速度来计算一个系统移动得多快，通过以下方程：

$$V= 节圆周 \times RPM$$

式中　　　V——速度；

　　　节圆周——$D \cdot \pi$，D 为节圆直径；

　　　RPM——齿轮每分钟转数。

例 12　在此案例中，我们将计算 40 齿的齿轮速度，径节是 20，转速为 50r/min

$$D = N/P$$

式中　D —— 节圆直径；

　　　N —— 齿轮总齿数；

　　　P —— 径节或齿轮大小。

$$D=N/P \qquad D=40/20 \qquad D=2in$$

节圆周 $=D \cdot \pi =2in \times 3.14 = 6.28\ in$

$V=$ 节圆周 $\times RPM = 6.28in \times 50r/min = 314in/min$

滚珠丝杠

在机器人有可能遇到的另一种常见的驱动器类型是**滚珠丝杠**。滚珠丝杠包括一根沿边缘刻有连续齿的大轴，和一个能够沿轴的长度方向上下移动的螺母或移动块。主要的动力经由一个耦合器连接到轴，或者直接通过传动带、链条或齿轮驱动系统与轴连接，创建所有选项。该移动块或螺母沿滚珠丝杠通常通过滚珠轴沿齿运动。从本质上说，这些系统是蜗轮和齿轮齿条系统这两个世界最佳的组合。滚珠丝杠高度高效，每英尺精确到千分之一英寸或更小，使之最受精密运动青睐。滚珠丝杠确实会发生反弹，像齿轮系统一样，但只有当它们改变方向时才会发生。方向变化的一小部分产生反弹，但从该点开始，反弹不再是问题。假如移动块携带重物时，系统可具有一个导向杆，以确保该移动块直线移动，不会被绑定。

在进行机器人分类时，关于减速驱动的选项十分丰富，而直接驱动是几乎全有或全无的类别。请记住，这两个机器人主要的驱动器类型是减速或直接驱动，减速驱动具有多个子类别。正如你在本节开始时读到的那样，驱动器类型是一种找到适合您需要的机器人更好的筛选方式，而不是一个完整的分类。这种类型的分类对于机器人工具非常有效，所以这些东西要牢记。

ISO 分类方法

国际标准组织（ISO）是一个开发、更新和维护世界工业中使用的成套标准的组织。一项 ISO 认证保证公司使得其产品按照规定的规格质量、安全性和可靠性进行生产，为消费者提供保障。一个公司要经过大量的准备工作以获得 ISO 认证，然后定期检查，以确保它仍然满足已经拥有的任何证书的要求。这不是一个免费的服务；然而，花钱进行 ISO 认证会成为一个性价比很高的营销工具，以吸引新客户和维护当前客户。

ISO 标准中机器人分为三大类：工业、服务业以及医疗。工业机器人的分类是 ISO 中时间最长的，另外两个是新的。让我们看一下分类。

ISO 标准的工业用机器人的定义是在一个"可启动的可编程的、具有两个或两个以上的轴、有一定程度自主权的机构，其移动环境中，要完成预期的任务"（Harper 2012）。最初，ISO 只涉及工业机器人，所以目前的定义进行了更新，以应对新类型的机器人。自 2004 年以来，ISO 已经通过其机械结构划分工业机器人。类别如下：

- 直线机器人。
- 关节机器人。
- 并联机器人。
- 圆柱机器人。

- 其他。

希望你能明白 ISO 机器人分类方法和本章中根据工作行程对机器人进行分类的相似之处。ISO 把笛卡尔坐标机器人和龙门机器人列为直线机器人；Delta 和并联机器人是同样的机器人；ISO 定义关节机器人分类包括本章中提到的球形机器人。另外的 ISO 分类包括了新兴的工业机器人，他们不适用于其他任何类别；除非新的分类方法被创造出来，这些都被列为其他机器人。

ISO 标准定义服务机器人为"为人类执行有用任务的机器人，但不包括工业自动化应用。"（Virk 2003）。从定义可以看出，ISO 明确将工业机器人从这一领域中排除。这个主要的分类有一大类和三个子分类组成。

- 个人护理机器人：
  - 移动服务机器人。
  - 物理辅助机器人。
  - 人员输送机器人。

由 ISO 定义的个人护理机器人，是指那些可以接触人或帮助人执行可改善他们生活质量的机器人。这些都不是普通业余的机器人，而是高端系统，可以协助生活并完成一天天的工作，特别是对那些身体损伤的人们而言。子分类让我们更好地了解 ISO 确定的该领域中机器人系统的类型。移动服务机器人是设计用来在一个空间中移动有关携带对象，并与环境相互作用（机器人管家，如果你愿意）的。物理辅助机器人用来提高人的能力。外骨骼属于这一类，因为它们帮助弱者或残疾人行走；然而，他们还可以帮助一个正常的人携带更多的负重。人员输送机器人是把人从 A 点运送到 B 点的设备，机器人轮椅和自驾驶的车辆属于此子类别。

ISO 定义医用机器人为"用来作为医用电气设备机械手或机器人设备"（Virk 2013）。直到编写本书时，该标准仍处于开发阶段，但我们可以从服务机器人的分类和类别进行预测。我确信如达·芬奇手术机器人将影响那些新的类别以及其他复杂的目前在这一领域正在使用的设备。看看 ISO 如何确定医疗机器人与 ISO 已经认可的帮助患者恢复的服务机器人之间的差异，这将是有趣的。

由于机器人的不断发展，ISO 标准的定义也同样如此。就像 ISO 工业机器人定义的演变，并已扩大到正在使用的新的系统中一样，我们可以预期这些定义与机器人使用范围共同成长。我怀疑是否有那么一天，当 ISO 会对普通业余的机器人或娱乐系统进行类别划分，但我相信这是一场公平的游戏。正因为如此，你可能要检查 ISO 的机器人相关信息，会不时看到它的定义和分类是如何发展的。

回顾

很明显，还有其他的机器人分类方法，当你探索机器人世界时，很有可能会遇到这些方法。因为机器人世界正在变化和发展，很有可能新的机器人系统不适用于目前任何分类方法，从而导致新的机器人分组或分类方法的产生。通过本章的学习，可了解了以下主题：

- 机器人是如何分类的？这一节讨论了为什么要分类机器人，以及一些概括的分类方法。
- 动力源。验证了这一种机器人分类方法，并且学习了每一类的优势和缺点。
- 工作行程的几何结构。这一节展示了如何根据他们的工作行程进行分类，并探讨了轴的运动。
- 驱动系统：分类和操作。本节一部分是分类，一部分是驱动系统，还研究了驱动系统涉及的数学问题。
- ISO 分类方法。通过本节学习了 ISO 分组机器人，发现工业机器人是通过他们的工作机械类型进行分类的，与在几何结构部分描述的分类方法相似。

公式

$$T=Fd$$

式中　　T —— 转矩；
　　　　F —— 力；
　　　　d —— 距离。

$$T=FR$$

式中　　T —— 转矩；
　　　　F —— 力；
　　　　R —— 带轮的半径。

$$R_s=D_2/D_1$$

式中　　R_s —— 速度比率；
　　　　D_1 —— 驱动带轮直径；
　　　　D_2 —— 从动带轮直径。

$$R_s=RPM_1/RPM_2$$

式中　　R_s —— 速度比率；
　　　　RPM_1 —— 驱动带轮每分钟转数；
　　　　RPM_2 —— 从动带轮每分钟转数。

$$BDV=D_1 \times \pi \times RPM \times (1/12)$$

式中　　BDV —— 传动带驱动速度，单位为 ft/min；
　　　　D_1 —— 驱动带轮直径；
　　　　π —— pi，为常数 3.14；
　　　　RPM —— 驱动轮每分钟旋转周数；
　　　　1/12 —— ft/min 的转换因数。

$$HP=T \times RPM/5252$$

式中　　HP —— 马力，单位为 hp，1hp=745.7W；
　　　　RPM —— 每分钟转数；
　　　　T —— 转矩，单位是 lb·ft；
　　　　5252 —— 转换常数，转矩转换为 lb·ft 的常数。

$$D=N/P$$

式中　　D —— 节圆直径；
　　　　N —— 齿轮上齿的个数；
　　　　P —— 齿轮径节或齿的尺寸。

$$CCD=(D_1+D_2)/2$$

式中　　CCD —— 中心到中心距离；
　　　　D_1 —— 齿轮 1 的节圆直径；
　　　　D_2 —— 齿轮 2 的节圆直径。

$$GR=N_2/N_1$$

式中　　GR —— 传动比；
　　　　N_1 —— 驱动齿轮齿的总数；
　　　　N_2 —— 从动齿轮齿的总数。

$$V= 节圆周 \times RPM$$

式中　　V —— 速度；
　　　　节圆周 —— $D·\pi$，D 是节圆直径；
　　　　RPM —— 齿轮每分钟转数。

关键术语

拟人的	平带	节圆直径	直齿轮
滚珠丝杠	传动比	压力角	步进电机
伞齿轮	齿轮组	齿条齿轮	同步齿形带
复合齿轮	绿色动力	减速驱动	转矩
反弹	谐波驱动	每分钟转数（RPM）	传动
直流电刷	螺旋齿轮	平面关节型机器人	V 带
径节	螺旋线	（SCARA）	速度
直驱系统	准双曲面伞齿轮	伺服电动机	螺杆齿轮
驱动带轮	惰轮	斜齿轮	零度伞齿轮
驱动系统	国际标准组织（ISO）	滑脱	
从动带轮	啮合	螺旋伞齿轮	
编码器	斜接齿轮	链齿轮	

复习题

1. 为什么进行机器人分类?

2. 直流无刷电动机和有刷电动机之间的区别是什么?

3. 液压机器人是否不需要任何电力?

4. 使用液压机器人的费用有哪些?

5. 液压系统和气动系统的主要区别是什么?

6. 使用气动机器人的主要问题是什么,我们怎么解决呢?

7. 什么是核动力机器人?

8. 笛卡尔坐标机器人工作行程的好处是什么?

9. 圆柱体机器人的优点和缺点是什么?

10. 关节机器人的工作范围是什么?

11. 在机器人中哪些几何结构是最常见的,为什么?

12. 一台 SCARA 机器人和水平基座接臂之间的区别是什么?

13. 什么是 Delta 机器人工作行程的折中?

14. 描述一台直接驱动机器人的操作。

15. V 带、平带和同步齿形带之间的区别是什么?

16. 在例 3 中,使用的从动带轮的直径是驱动带轮的两倍,好处是什么? 会付出什么代价?

17. 在不考虑带轮的比率时,什么是驱动带轮的速度?

18. 链条驱动和传动带驱动系统之间的区别是什么?

19. 在具有偶数个齿轮的变速器中,以及在具有奇数个齿轮的变速器中定义最后一个齿轮的运动。

20. 如何在相同的轴上复合齿轮系统驱动和从动齿轮?

21. 在旋转复合齿轮参与的情况下,我们如何确定齿轮的旋转方向?

22. 与直齿轮相比,螺旋齿轮的优点是?

23. 谐波传动的好处是什么?

24. 当把齿轮放置太近会发生什么? 或距离太远会发生什么?

25. 滚珠丝杠如何工作?

26. 什么是工业机器人的 ISO 定义?

27. 工业机器人的 ISO 分类使用了哪些类别?

28. ISO 认为个人护理机器人应该包括哪些内容?

29. ISO 如何定义医用机器人?

- 机器人工具和使用它的方法是什么？
- 机器人中遇到的常见工具类型。
- 夹持器常见的品种。
- 夹持器需要产生力的数学运算。
- 机器人如何使用多种工具？
- 工具收缩并抓取零件移动位置的方式。

概　述

前面的章节简要地提到手臂末端工具（EOAT），但在这一章将深入研究对于 EOAT 来说，什么是重要的，同时研究 EOAT 这些设备执行的不同任务。本章将着眼于通用工具类型、专用工具、一些协助工具更换和其他任务的特种设备。本章的目标是让你了解机器人世界中可用的各类工具的知识，让你明白以后工作中会使用到哪些工具。为此，本章涵盖以下内容：

什么是 EOAT？
可用的工具类型。
　　夹持器。
　　夹持力。
　　有效载荷。
　　其他夹持器。
　　其他类型的 EOAT。
多种工具。
EOAT 的定位。

什么是 EOAT

手臂末端工具（EOAT）由装置、工具、设备、夹持器和其他在机械手末端的工具组成，机器人使用它与周围的世界相互作用并产生影响。EOAT 执行机器人的"做"部分，与系统的定位部分相结合。EOAT 附加到机器人的腕关节末端或短轴上，并在很多情况下都是与机器人分开单独购买。通常是先购买一个机器人，然后花几百到几千元美元，根据设备，以获取必要工具来执行任务。有的公司，如雄克（SCHUNK）和 SAS，专门为机器人系统提供工具。其中一些公司也生产机器人，但工具公司往往主要专注于为其他公司的机器人生产工具。机器人工具是一个蓬勃发展的领域，新类型和配置在不断发展，以满足行业不断变化的需求。

虽然工业上由于生产需求，需要开发的工具范围非常广泛，但工业领域不是工具市场的唯一玩家。研究人员、业余爱好者、军事和娱乐产业的机器人系统也需要工具与世界互动；因此，他们也对工具有需求。虽然大多数工业用的工具是从已在使用中的设备演化而来的，但是一旦摆脱生产设施的桎梏，只有"天空"才是极限。许多机器人的 EOAT 类似于手或其他生物操纵器。好莱坞把相机平移、倾斜和陀螺稳定仪安装在它的机器人上。军队和警察使用机器人来收集罪犯数据，寻找爆炸材料，并且，在一些情况下，解除任何可能存在的威胁。在爱好者的世界，工具仅受人类的欲望、想象力和创造力所限制。事实上，源自这些不同领域的机器人工具创新，一旦解决了技术上的问题，常常会找到它们进入工业世界的道路。当提到 EOAT，好像总有一些强大的、更轻、更好的东西走出来解决问题或替换目前正在使用工具。当你开始进行自己研究机器人，相信你会发现工具的世界是如此的丰富多彩。即使整本书都是在写工装，也只能简单描述工具世界有什么、如何工作的。在下一节，将讨论一些常见类型的工具，但还没有覆盖所有类型的工具。

可用的工具类型

如前所述，EOAT 是非常多样化的领域，持续在扩大，因为人们不断为机器人寻找新的应用和任务。在第 1 章中，讨论了机器人的历史，证明了机器人系统的存在早于其工业用途的历史。但是，它是当工业界开始购买机器人、现金开始流动，机器人的时代才真正开始初具规模。正因为如此，大量的机器人的各种工具都是与工业相关的，比用于其他领域的工具设计上更加严格。接下来将开始探索一种比工业机器人历史更悠久的工具类型，但它后来已成为工业的最爱。

夹持器

当早期的机器人专家处理他们的作品时，他们用的工具，往往具有人手的形状和 / 或类似功能（见图 5-1）。我们将此工具称为**夹持器**：它是 EOAT 的一种类型，施加一些力量，以确保操纵零件或物体。这是一个简单的定义，这个复杂的工具组几乎是所有领域的机器人的工作主力！如果你有机器人领域的工作经验，看过机器人的电影，或在家里建造过任何机器人手臂，将有可能看到或使用过夹持器。C-3PO、阿西莫及机械宇航员 Robonaut 都有夹持器作为手部。《星际迷航》中的 B-9 环境控制机器人有一个爪式夹持器，而《禁忌星球》中的机器人罗比有一个三手指的夹持器。当你回顾第 1 章的事件时间表，看看这本书的图片，在互联网上搜索图像，或注意任何地方的机器人，你会发现广泛使用中的夹持器。

大多数夹持器目前使用两个运动类型中的一种来启动或打开和关闭工具。**平行夹持器**的手指向零件中心或外侧做直线运动，以靠近和夹紧，或沿直线朝工具外侧移动，打开并释放零件（见图 5-2）。**角度夹持器**的手指有一个铰接点或关节，指端向外移动来释放零件，或向内移动夹持零件（见图 5-3）。夹持器的**手指**，有时也被称为**钳口**，用来移动夹持零件，而与机器人手臂连接在一起的**工具基体**，内有移动手指的机械装置。

手指

夹持器的金属凸出部分，用来移动和抓住零件；经常被加工成特定应用所需要的形状。

钳口

工具手指的另一个名称。

工具基体

工具连接到机器人并且固定移动机构的部分。

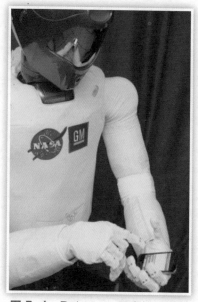

图 5-1　Robonaut 用它的手型夹
持器操作一部手机

图 5-2　FANUC 机器人正在使用一组 SCHUNK
平行夹持器来完成工作

　　角度夹持器非常适合于夹持大小一致的零件；平行夹持器能够夹持的零件范围更广，这取决于手指的移动范围。通过前面提到的电力、液压或气动等标准动力来驱动这些运动。手头的任务、现有的动力源和环境都在为夹持操作选择动力种类时发挥作用。液压和气动夹持器适用于潮湿、多尘或易爆炸的环境；液压动力通常用于重型零件。电力驱动夹持器在改进转矩和减少尺寸后开始流行起来。夹持器的两个动作，打开和关闭，可以由上述的方式提供动力，但为了减少重量和成本，夹持器的一个动作可由动力驱动，另一个可以采取被动控制方式如弹簧压力、机械张力，甚至是重力。对于被动控制的方式，只要你移除动力源，弹簧张力或一些其他的力将引起夹持器返回到其无动力状态。当使用任何类型的夹持器时，要特别小心，以确保在关机或意外断电时不发生损坏零件和伤人的情况。否则可能会发生一个机器人开始向人口密集的地区投掷 100 磅重的零件的事情！

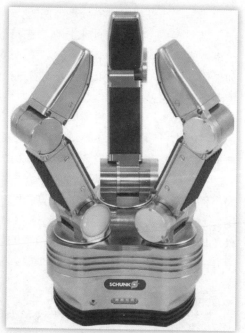

图 5-3　这组角度夹持器在每个手指上都有
一个额外的接头，使其更像人的手指

　　许多面向工业应用的夹持器，手指上都有一个表明属类的坚固的金属片。这使得该行业或公司购买的夹持器，其手指能够满足零件的形状。工具供应商将按照客户的要求加工手指；然而，这增加了夹持系统的成本，这就是为什么很多公司都喜欢通用手指的原因。有内部机加工车间的公司有时会只订购夹持器基座，然后自己生产手指。无论是修改或新生产的手指，最终用户都必须确保他们的手指有足够的材料以支持零件，承受住参与运动的力量，以及提供足够的摩擦力以防止零件滑脱。稍后将深入研究这些因素。

从手指的数目，可以判断夹持器在抓握零件时是如何定位的。二指夹持器采用一侧到另一侧的定心，没有别的方式。使用这些系统，有些其他手段是必要的，以能够沿着长的或奇怪形状零件的长度方向进行定心。三指和四指夹持器适用于圆形或其他标准几何体形状的零件，因为他们的零件定心在两个方向上一致（见图5-4）。这也说明了为什么他们在行业中比较通用。四指夹持器和具有 5 个或更多手指的夹持器非常适合于具有 **异形零件** 和具有独特形状和比例的零件（见图5-6）。这些夹持器高度专业化，比普通三指或四个手指的品种更昂贵。类似于人手的夹持器很少谈他们是如何进行零件定心的，更多的是考虑如何像人一样的操纵零件（见图5-5）。这些夹持器往往是万能的，但都具有很高的价格，负载能力比较低，控制和操作比较复杂。我们通常使用这种夹持器处理复杂的任务，比如零件装配或使用为人设计的工具和装置，而不是进行普通的零件托举这些普通的原始的工作。

图 5-4　三指平行夹持器对中零件，这样更容易精确地移动和放置

异形零件

具有独特形状和比例不匀称的零件。

图 5-5　另外一种人手风格的夹持器

图 5-6　一个四指系统在夹持轮圈。这个夹爪能够一次处理两个工件，并且有一个四指系统对中轮圈。请注意手指如何专门应对这种工作，而不只是一块有角度金属

此时，你可能会问自己："我怎么知道该使用哪些夹持器？"答案取决于你想要用它做什么事和你在使用的系统。在业余爱好者和娱乐界的圈子里，夹持器通常只是用来拿起或移动东西，所以几乎所有简单夹持器都可以胜任。工业领域的需求更加严格。正因为如此，工业用这些规则进行筛选：

1）工具必须能够握紧、定心和在一定范围内操纵机器人需要处理的零件。

2）必须有一种方法来检测当夹持器闭合时，是已经抓住了零件，还是夹持器中仍然是空的。根据系统的不同，这可以在夹持器的内部或外部。较新的夹持器可确定施加在零件上的力，对于一些精致材料这是非常有益的（见图 5-7）。

3）夹持器的重量应保持尽可能轻，因为这些重量要从机器人的有效总载荷中减除。

4）对于夹持器工作的环境和处理的零件，必须有适当的安全功能。（例如，即使当电源中断时，夹持器也必须能够夹持住零件，在易燃环境中，手指材料要保证不会打出火花。）

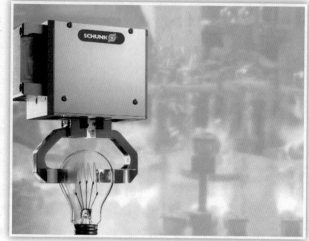

图 5-7　过大的力可能会将这个灯泡变成一堆玻璃碎片；这证明了力度控制传感器的作用

满足这四个标准的最便宜的夹具通常是我们的选择。一个常常被忽视的事实是，EOAT 是一个成长和不断发展的领域，因而今天最好的解决方案可能在短短三到六个月以后就落伍了。当你查看这些行业准则时，随时根据需要，按照具体的应用需求对 EOAT 进行修改。如果你今后一直在工业与机器人领域工作，请记住，你可能需要不时地重新评估你的工具，以确保对你的应用来说，你使用的是最好的选择而不是采用的几年前过时的选项。

夹持力

无论多么专业或高级的夹具，如果它不能产生足够的力量在正常运行期间夹持住零件，均会导致任务的失败、停工和提高成本。在本节中，我们将着眼于研究选择机器人工具时涉及的数学问题。对于进入工程领域的你们来说，要明白这只是数学冰山的一角：为机器人设计工具需要掌握动力源的转矩、力矢量、力的杠杆乘法以及在此过程中要考虑的大量其他方面的注意事项。是的，那才是你需要花费几年来学习（或在某些情况下，回避）的真正的数学应用。

在确定夹紧所需的力时，我们需要看几个因素：零件的尺寸和形状，我们移动零件的方向，摩擦、夹持器的大小，以及任何我们要内建的安全因素。零件尺寸和形状是相当简单的，但你必须记住，任何时候如果重心在握持区域之外，该零件将表现得像个杠杆，运动产生任何力均成倍增加。零件的**重心**是我们认为的质量的中心，如果我们在这个点支撑零件，我们认为所有的力均是保持平衡或平衡的。当我们移动零件时，如果重心在夹持器外侧或不与夹持器成一条直线，就会造成过多的力，我们需要计入这一因素。**摩擦力**是两种材料相对运动时彼此之间抵抗滑动的力，它作为阻力防止零件滑脱。该阻力或摩擦力越大，零件在夹持器内滑动就需要更大的力。但是，请记住，一旦零件开始移动，摩擦力实际上是减少的，从而使零件的任何滑动都是非常危险的。夹持器越大，所施加的力的区域就越大，在摩擦力的基础上与零件相互作用的表面积就越大。夹持器与零件的接触面积越大，防止零件滑脱的摩擦力就越大。**安全系数**是我们在过程中设置的错误裕量。换句话说，我们必须考虑零件的重量、长度的误差，数学错误，以及其他未知的力，这些我们没有计算在内。因此，安全系数越大，用于弥补计算中的错误的空间就越大；然而，对于工具来说，更大的安全系统经常等同于更高的成本。对于易碎的零件，用力过猛结果可能同样糟糕，甚至比没有足够的力量更糟。让我们来看一个两个例子，看看这一切是如何结合在一起的。

重心

我们认为的质量的中心，在这个点所有的力是平衡的。

摩擦力

两种材料相对运动时彼此之间抵抗滑动的力。

安全系数

我们在过程或系统中设置的错误裕量，保证不会出现事故或危险状况。

例 1 在这个例子中，我们将使用图 5-8 中的应用，参数如下：

- 零件重量 1lb；
- 案例使用的是平行夹持器；
- 夹持点距零件的重心 2.5in；
- 夹持表面长 0.75in；
- 零件被夹持的部位宽 0.375in；
- 零件被提升的最大加速度 2.5g，包括正常重力；
- 夹持器和笔之间的摩擦系数为 0.80；
- 主管工程师希望安全系数为 2。

由于零件被提升 / 移动至一旁，基于重心的差异，我们必须考虑计入这个动作的转矩。夹钳上的整体力矩（T）等于重量（W）乘以距离（d）。重量等于质量（m）乘以重力加速度（g），或在此情况下，1lb。距离

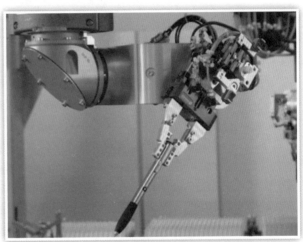

图 5-8 这是一个两指夹持器在夹持一个相当长的零件，有很大的可能性对不准重心

（d）等于 2.5in。手指的夹持宽度（B）等于 0.75in。零件宽度（p）的在钳口内等于 0.375in。

$$T = m \times g \times d$$

式中 T——转矩；

m——质量；

g——重力加速度，值为 9.8 m/s^2；

d——距离。

$$W = m \times g$$

式中 W——重量；

m——质量；

g——重力加速度，值为 9.8 m/s^2。

这意味着按照需要我们可以替换零件的重量为 $m \times g$ 部分的公式。

由于夹持器有力的中心，有两股力参与产生转矩，零件处于力的中心下面的力和零件外露在力的中心上方的力。这就将转矩方程改变为

$$T = F_2(b/2) + F_1(b/2)$$
$$T = (b/2)(F_1 + F_2)$$

代入 T 或转矩，我们可以得到下面的公式：

$$F_1 + F_2 = 2(m \times g \times d)/b$$

式中　　F_1 ——夹持器下方的力；

F_2 ——夹持器上方的力；

m ——质量；

g ——重力加速度，值为 9.8m/s^2 ；

d ——距离；

b ——夹持接触的宽度。

当我们加入 p，零件处于手指内的宽度，我们得到以下公式（因为力矢量）：

$$F_1 + F_2 = 2(m \times g \times d)/(b^2 + P^2)^{1/2}$$

式中　　p ——夹持器内零件的宽度。

接下来，根据牛顿第一定律，或惯性定律，$F_1 = F_2$ ；因为夹持器提供了这些所有的力，$F = F_1 + F_2$，这样，

$$F = 2(m \times g \times d)/(b^2 + P^2)^{1/2}$$
$$F = 2(1 \times 2.5)/(0.75^2 + 0.375^2)^{1/2}$$
$$F = 5.96285 \text{lbf}(1 \text{lbf} = 4.44822 \text{N})$$

下面，我们还有加速度的因素。将力乘以 2.5g 的加速度，等于 14.907125 lbf 的力。当考虑摩擦力时，14.907125 再除以 0.80 的摩擦系数，得到 18.63391 lbf 的力。最后，但相当重要的，我们需要前面特别提到的安全系数的因素，所以我们把摩擦力因素加进去乘以 2，得到 37.26782 lbf 的力，就是我们需要为夹持器提供的力。如果我们只是看我们例子中的笔，绝不可能想到夹持器需要的参数，系统将需要为每个夹爪施加近 40 lbf 的力！

例 2　对于第二个例子，我们将使用例 1 中笔的设置，但只在垂直方向上运动，没有侧摆动。我们将使用相同的基本数据：

- 零件重量 1lbf ；
- 案例使用的是平行夹持器；
- 夹持点距零件的重心 2.5in ；
- 夹持表面长 0.75in ；
- 零件被夹持的部位宽 0.375in ；
- 零件被提升的最大加速度 2.5g，包括正常重力；
- 夹持器和笔之间的摩擦系数为 0.80 ；
- 主管工程师希望安全系数为 2。

因为这是一个垂直的运动，我们并不需要担心零件的重心：它会在运动的直线上。我们也不需要知道夹持器与零件接触的部分有多少，也没有零件的宽度，所以我们可以忽略零件的重心距离 2.5in，夹持面长度 0.75in，以及零件厚度 0.375in。

首先，我们需要确定加速度下的零件的重量：

$$F_r = W \times g$$

式中 F_r ——需要的力；

  W ——零件的重量；

  g ——重力加速度。

$$F_r = 1 \text{ lbf} \times 2.5g = 2.5 \text{ lbf} \text{ 的力}$$

法向力是指当一个物体被施加一定的力时，物体的反作用力。如果该物体不能产生足够的法向力，物体将受到一些形式的损害，因为作用在其上的力破坏了物体的结构。摩擦力，或两个物体滑动时互相作用的阻力，也可以计入法向力。要涉及摩擦力和法向力，我们使用下面的公式：

$$F = \mu N \text{ 或 } N = F/\mu$$

式中 F ——摩擦力；

  μ ——摩擦系数；

  N ——法向力。

以前，我们计算过，零件在移动过程中施加2.5 lbf的力。由于两个夹爪拿着它，我们除以2，得到每个爪对力的需求：2.5/2=1.25 lbf。

我们用它来计算出每个夹爪所需的法向力：$N = F/\mu = 1.2/0.80 = 1.5$ lbf的力，即每个夹爪作用在笔上的力。

当然，我们不能忘记我们的老朋友，安全系数。当我们让1.5乘以安全系数2，我们发现每个夹爪需要3 lbf的力来进行垂直移动。

在第一个例子中，我们计算过，我们需要加37 lbf的力，超过12倍垂直移动所需的力量！这确实说明了了解零件的重要性，过程中所涉及的动作，以及非线性运动时涉及的力。试想一下，如果我们有一个只能产生3或4 lbf的力（对于像例2这种垂直移动是可以的）的夹持器来夹持摇摆运动（像例1一样）的笔时，会发生什么。从我们的计算上面，我们几乎可以保证，笔在摆动的时候会在某些时间点从夹持器滑脱，并成为一个抛射体！这就是为什么在购买或为机器人定制夹持器前，一定要进行数学计算。

> **法向力**
>
>   指当一个物体被施加一定的力时，物体的反作用力，用来避免对物体产生的损坏。

有效载荷

既然我们涉及数学相关的话题，这是一个很好的机会来讨论有效负载以及它对工具的影响。**有效载荷**是机器人系统的一个参数，它告知用户关于机器人可以安全地移动的最大重量。有效载荷通常以kg为单位，但也有少数国家除外（美国是其中之一）。如果机器人具有25kg有效载荷能力，则它可以安全地移动的最大重量，包含机器人的重量在内是25kg。任何我们添加到机器人的装置，如EOAT，减少我们可以用于移动零件的力。因此，该有效载荷方程看起来是这样的：

$$Ap = P - Wt$$

式中 Ap ——可用的有效载荷；

  P ——机器人规定的有效载荷能力；

  Wt —— EOAT的重量和添加的任何外围系统或除了核心系统外附加到机器人上的设备。

例 3 在这个例子中，我们将使用以下信息：

· 机器人有效载荷为25kg；

- EOAT 的重量为 5kg；
- EOAT 的附加传感器重 1.3kg。

首先，需要添加到机器人的总重量：

$$5 + 1.3 = 6.3kg$$

接下来，我们将上述信息代入我们的基础公式：

可用的有效载荷：$Ap = P - Wt = 25 - 6.3 = 18.7kg$

当然，这并没有考虑到任何关于加速度的计算；然而，作为一个规则，机器人的制造商已经提前进行了这些计算。如果你还记得前面的例子，你知道我们如何拿起零件，如何移动，这些都会影响到系统。因此，虽然你可以拿起，并慢慢移动比规定的有效载荷重的零件，但任何摆动或高速运动都具有引起系统的问题的很大可能。最好的情况是，你会得到一个警报，其中一个轴超载了；虽然系统损坏或零件滑脱也是问题的一部分。此外，以接近或达到其额定载荷时操作机器人，系统损耗要比机器人工作在 75% 额定载荷或更少的情况下快得多。这可能会证明购买一个更大的机器人，长期来看可以节省公司的成本。

其他夹持器

机器人的工业世界里，你可能不会想到，有一些类型的工具也属于夹持器的大家族，因为它们的形状和运动方式与人的手或手指夹持器没有任何相似之处。因为有一些材料的工业品是不容易用夹持器的闭合运动进行抓持的，人们想出了使用电磁铁吸引金属部件的夹持器，以及通过充气或放气的气球类型，以及通过**真空**（即任何小于周围的空气对物体所施加的力的压力状态）装置吸附来抓住零件的夹持器。请记住，如果设计的主要目的是为了要拿起和移动物体，我们通常称其为夹持器。

我们使用磁性夹持器夹持工业中的金属零件。它们的尺寸和形状各异，虽然基本操作都是相同的。铜线圈有电流通过时，会产生一个磁场。如果线盘绕在金属框架上或内部，通过电流，就生成一个可以吸引**黑色金属**（含铁金属）的电磁铁。一旦电流停止，磁力消失，夹持器就会释放吸附的黑色金属。我们在钢铁厂、垃圾场、钣金制造设备和其他地方使用磁性夹持器将铁系金属从一个地方移动到另一个地方。

吸盘或**真空夹持器**通过创建一个压力小于大气压或低压的区域。由于这种较低的压力，周围的大气压力会对物体施加一个向上的力从而附着在吸盘上。该过程类似于飞机机翼的作用过程：机翼之上的低压区使机翼下方产生升力，让飞机保持在空气中。吸附夹持器适用于重的、轻的物体，通常使用在玻璃、食品、饮料等行业。因为没有闭合机构，所以没有可能会损坏物品的压碎动作（见图 5-9）。真空夹持器适合用于移动大的、扁平的物品，如金属或玻璃的片材，用其他手段很难应对。通常情况下，使用这种方式时，将使用多个真空夹持器（见图 5-10），以创建一个提升网格。许多这种类型的网格都可以对每个真空夹持器进行单独控制，允许程序员只打开需要的夹持器，从而节省了操作和维护成本。

图 5-9 真空夹持器可以作为单独的或作为网格的一部分用来移动大 / 重的物体

真空夹持器

一种通过产生低于 14.7psi 大气压（1psi=6.895kPa）而工作的装置，用来抬起大而平或易碎的物品。

气囊式夹持器通过充气和放气来夹持零件，将泄了气的气球或柔韧的气囊放进零件的内部，然后充气，夹持器就开始发挥作用。气球会变成零件的形状，并且对零件施加力，使系统拾起零件进行操作。最近这项技术有了进展，可以在气球或气囊内填充咖啡渣或类似的物质。采用这种方法时，当系统用气囊撑住零件时，充满空气的气球允许内部的材料自由流动。当气球固定住零件后，该系统利用真空将空气吸出，将咖啡渣锁定成一个紧密的基体。其效果是夹持器牢固地夹持住零件，这与

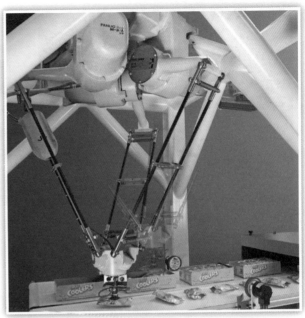

图 5-10　一个真空夹持器拾起包装袋并放置在盒子里

人手操作时的刚性和柔韧性方面很相似。较新的填充气囊系统用于硬的和软的物体已经被证明是有效的，在夹持器的世界里有特殊的地位。

销式和芯轴夹持器类似于球囊或气囊式夹持器。这些夹持器通过充气的气囊或风箱产生针对零件的压力。销式夹持器套在零件上的突起，充气使气囊膨胀，针对零件施加力。芯轴夹具以同样的方式工作，只是它适合作用在零件的内部，并向外对零件壁施加力来进行夹持。随着夹持器技术的进步，这些夹持器似乎在弱化；它们受零件类型的限定，也受零件运动范围变化的限制。

其他类型的 EOAT

夹持器是机器人使用的更常见的工具形式之一，它们绝不会是你遇到的唯一工具。任何一个用于生产的专业工具，都有很高的可能性被人制作成机器人使用的版本。（正如前面所提到的，本书不会讲述所有现有的工具，但会介绍一些常见的非夹持器类型。）

工业生产中，**焊枪**是一种流行的机器人工具。这些人或机器人使用的管状工具，使用带电的焊丝进行融合金属的焊接操作（见图 5-11 和图 5-12）。该工具需要有自己的电源，包含在或与机器人电源需求区分开，有时使用 MIG 焊接或激光焊接技术。**MIG 焊机**使用可导电的金属焊丝，通过焊枪供丝，将金属融合在一起，并使用惰性气体 [比如二氧化碳（CO_2）] 形成焊丝的 O_2 防护区域。电流在接触点形成高温，熔化金属焊丝和两片金属，形成一个新的、坚固的金属连接。**激光焊接机**利用强烈的光束，产生所需的高温，将两块金属熔化并熔合在一起，而不需要传统的焊枪。虽然它们不在接头部位添加金属，激光焊接机也需要专门的电源供应，以及其他的设备以产生强光束，并在焊接过程中消耗二氧化碳等气体。这些系统的好处是，它们是一致的、可重复的，快捷的，减少了所需的原料，并且可以达到人手难以处理的地方。

焊枪

用来控制带电的焊丝操作的管状工具，同样还有用来防止焊接氧化的保护气体。

图 5-11 松下焊接机器人在工作。注意焊接过程中的弧光是多么刺眼。你应该始终佩戴合适的防护墨镜才能观看或在焊机旁工作

图 5-12 焊接过程以及金属曲面和平面之间焊缝上的熔融金属（请注意焊缝的均匀和平坦）

喷雾器是工业中常见的另一个工具（见图 5-13 和图 5-14）。最初，这些系统在汽车工业中使用液体涂料，但该技术已经取得相当程度的拓展。如今，喷涂同时适用于液体和粉末型涂料、黏合剂、油漆，以及任何其他可喷雾、工业中需要使用的物质。因为机器人的精度，这些系统在避免浪费原料方面，每年可节约数千美元，同时提供客户需要的高质量的涂层。在许多情况下，在任务中使用这些材料，既枯燥又危险，使其非常适合由机器人系统来完成。为 EOAT 添加一个电动机，你现在可以创建一个钻孔、螺纹刀具或铣削装置来生产、修改或完成零件。在本质上，这种类型的工具将机器人变成一个非常灵活的工业机器。作者所看到的设备使用这种类型的设置，为船舶生产控制面板，允许快速改变编程，比一般的工业数控机床占地面积更小。随着这种类型工具的附件和控制的完善，很少有机器人做不到的事情！这是机器人为工业界带来的灵活性的另一个例子。

图 5-13 喷涂，就像这里看到的，这是机器人最先在工业中流行开来的领域，直到今天还是一种普遍的应用

图 5-14 这种喷涂应用中，浪费的漆料非常少

检测是常见的另一个机器人应用领域。用以检测的工具包括专门的传感器、摄像机、红外系统，或其他任何感应装置（见图5-15）。使用这种类型的工具的目的是使用机器人进行质量控制或确保人类的安全性。在作者曾经工作过的一个公司，使用一个带有专门的气体传感器的小机械臂，通过检测产品内部压缩氮气的泄漏来检测焊缝。如果机器人检测出气体，那么零件将会被踢到一旁，便于操作者进行更紧密地检查。这不过是检测工具数千种应用中的一例。

当你探索机器人的世界，你会在本章本节的讨论中发现工具的变化和适应过程，以及机器人使用全新的方法与环境进行交互。当发生这种情况，建议您花几分钟时间来弄清楚它是如何工作的，有什么样的局限性，以及在你选择机器人时它如何帮助你。你越了解有关的工具，就越有机会选择合适的系统，无论你希望机器人来执行何种任务。

图 5-15　这台机器人系统使用特别的灯和相机来检测零件的质量和形貌

多种工具

当需要在一台机器人上使用一种以上类型的工具时，该怎么办？简单的答案是，改变它，或者立刻使用多工具。一般有几个选项。为了确定哪一个是最好的，你首先必须确定需要多少种不同的工具，多长时间更换一次工具。让我们来看看这些选项的利弊。

使用多工具的技术含量比较低的方法包括，操作员或伙伴物理移除目前的工具，换上新的工具。前提是新的工具必须与机器人的安装板匹配，能够与机器人系统一起工作。如果这是首次使用的工具，工具或机器人需要进行修改，或两者都可能需要调整。这种方法适用于很少被改变的系统或用于适应机器人的新任务，这将花费很长一段时间来完成。这也是更换正常磨损或由于未编程接触而损坏的工具的常见方法。这样做的缺点是机器人会在相当长的时间内不能生产；此外，它需要有人来执行改变工具的所有工作，以及确保一切设置工作正常。这可能需要几个小时，或者情况严重时需要几天。

另一低技术含量的选择是为机器人同时安装多个工具。这防止为了需要改变工具，并提供了更多的功能；然而，价格是高昂的。首先，这降低了机器人的有效载荷，由于两个或更多的工具，而不是仅仅一个工具的重量，从而降低了用于移动零件和其他材料的力。其次，这种方法通常需要专门工具基座或工具系统，以允许完成所述的多个功能。任何时候工具只要是专门定制的，价格也相应增加。在机器人不需要移动零件并且重复执行相同的操作情况下，这种选择是值得的。这就是为什么你会在工业中发现这些装置。

接下来的一步就是使用快换适配器（见图 5-16）。对准销为工具提供一致的定位，连接系统提供了正锁定，使其易于分离目前的工具并更换新的工具。这些设置切换各种动力源以及为工具所需的任何传感器提供通信连接。系统通过在机器人上附加一个板，通常在手腕的末部；另一个在工具的基座上。当需要更换工具时，释放机构允许两板分离。只要新的工具有一个适当的适配器板，你需要做的就是附加新的工具，并输入任何需要的偏移量，使系统再一次运行。这些单元适用于需要频繁切换的系统，如每天甚至每小时切换一次。它也是自动化系统的一个关键部分，我们下面将会进行讨论。下面是连接板的成本和用于安装基板到机械手的初始设置，以及新工具的快速更换板。

图 5-16 一个机器人基座板（上）和工具适配板（下）组合成一套快换适配器

在自动系统（见图 5-17）中，机器人需要多个工具以执行其操作的每个循环。这种类型的操作有可能是机器人从传动带或箱子里拾取零件，将它们加载到一台机器里，然后将成品零件取出，去毛刺或钻螺纹孔，然后将零件放置到另一个传动带上。如果机器人只需要两个或三个不同的工具选项时，只需要将它们连续地安装在机器人上；但是，请记住，这将减少系统的最大有效载荷。更多的时候，机器人会用快换适配器（见图 5-16），只是根据需要进行切换，就像在图 5-17 中的系统那样。在图中，该工具被存储在旋转盘中，需要时旋转到适当位置；当前工具分离后放入空位，再旋转至所需要的新工具处，并使其保持在适当的位置等待机械手完成正锁（见图 5-18）。其他系统可

图 5-17 工具更换系统为机器人移除和更换工具

图 5-18 使用这个快换工具，一个附加在机器人上的耦合器连接在特殊加工的工具基座上（这种类型的工具特别适用于机器人完成所有的移动但工具保持静态的系统）

以在固定位置存储工具，让机器人做分离当前工具后的所有定位工作，然后拿起新的工具。这种类型过程的唯一缺点是，在每个周期，都有一定量的时间浪费在工具更换上。然而，相对于它带给系统的灵活性，这通常是一个很小的代价。系统的对准失误还可能会导致碰撞，即机器人的一部分碰到一些坚固的物体上或其他警报状况，因此明智的做法是添加一些类型的传感器系统，以确保在分离和连接之前保持正确的工具定位。

正如你所看到的，有多种选择来处理多工具的需求。通常，有不止一个方法都能满足工具更换的需求，最好的选择是以最少的费用获得最大的利益。当生产周期中进行快速更换工具时，某种形式的自动更换工具是必要的，因为每隔几分钟关掉机器让人来更换工具是不经济的。对于其余的条件就摆在那里，衡量利弊，以及各种方法的成本来确定哪一种最适合您的特定需求。

EOAT 的定位

如果你不能让它进入位置以执行其任务，世界上最好的工具也会变得毫无作用。有时候，由于不能移动机器人到所需的位置而遇到麻烦，而有时候还要处理零件的不一致问题。无论什么情况下，都需要确保该机器人能执行它的工作，而无须每隔几分钟就要对操作进行调整，否则干脆完全放弃机器人。本节将把重点放在如何解决工具定位的问题上。

普通的工业机器人具有六七个自由度（DOF）。你想知道为什么吗？其原因是机器人六个轴中的三个主要轴和三个次要轴允许范围广泛的定位选择，而这正是在工业生产中需要的。三个次要轴用来把工具定位在合适的位置，用以执行任务操作。从机器人的角度来看，往往只有在将工具装入位置时才会遇到问题，那就是当只有一个到两个次要轴，或是零件的位置和尺寸不一致时。当问题出在零件上时，我们有多种选择，但如果机器人根本没有自由度到达所需的位置，此时只有两个选择，更改机器人的工艺或更换机器人。让我们来看看帮助机器人克服零件不一致问题的几个选项。

远程中心服从（RCC）是工具用来解决零件不总是在相同位置问题的简单方法。RCC 设备允许工具从中心位置移动一点点距离，而不会导致机器人报警输出或在工具上施加过大的力。通过使用弹簧或可以弯曲的材料（见图 5-19 和图 5-20），系统实现被动的远程中心服从（RCC）。

图 5-19　仔细看，你能发现在工具基座和它连接到机器人上的工具固定器之间的弹簧，能够使工具无损坏地进行侧向移动

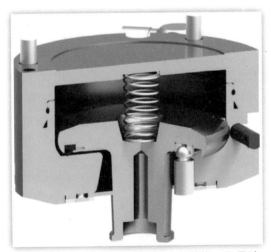

图 5-20　一类 RCC 单元的内部结构，工具腔受压缩小并移动夹住零件，一旦通过图中右面内部的销钉释放压力它就会夹起工件

通常，被动的 RCC 有额外的受剪板，在多余的侧边力的情况下会松脱，以保护工具免受损坏。RCC 适用于铰孔、攻丝，或其他需要一定灵活性的操作。在这些情况下，这些工具与工件接触，并在所需的方向弯曲来完成程序控制的任务。

许多现代 RCC 设备都是主动控制的，这意味着它们具有设备内部的传感器来检测正在发生多少侧移。虽然这些 RCC 设备更复杂，但它们确实在设备内部减少了对切变金属板的需求。如果工具被强迫处于太远的位置时，传感器检测到，停止机器人，并发送错误通知到示教器屏幕上。其中的一些系统还可以检测工具用来执行任务的转矩值，为操作者提供有价值的反馈。通过适当的编程，机器人可以提醒操作员工具变钝，没有正确进行螺纹加工的孔，或需要操作员干预的其他情况。

远程中心服从（RCC）

工具用来解决零件不总是在相同位置问题的简单方法，通过机械弯曲的方法来适应。

对于零件对准问题的一个现代化的解决方案是使用视觉系统。使用视觉系统时，机器人使用相机获取零件的图片，然后将此图像按照程序预定的条件进行筛选分类（见图 5-21）。一旦系统过滤完视觉信息，它将运行一个子程序允许它移动工具到新零件的位置。在过去的 10 年里，视觉技术获得了巨大的进步，开始成为处理零件定位差异的首选标准。视觉系统的应用增加了机器人的总成本和复杂性，但提供的通用性远远超过成本。我们不仅可以使用视觉系统调整机器人的位置，还可以按物品颜色，挑出一堆专用的零件，进行质量检查，并完成需要视觉信息的许多其他功能。

正如没有涵盖所有类型的工具一样，本章只介绍了几种简单的方法，来调整或改变零件位置或解决对准失误。虽然视觉系统和先进的编程是现代机器人世界共同的解决方案，但仍有许多机械系统在那里执行同样的功能，并获得持续可靠的结果。有一个很好的机会，你可能会发现自己使用的系统正是结合了机械、传感器和视觉系统，来应对机器人面临的特殊挑战。

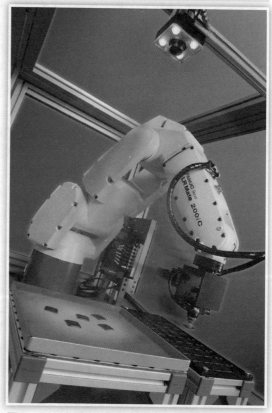

图 5-21 视觉系统辨认零件和它们的位置，这样机器人能够通过真空夹爪捡起它们并放置到机器人旁边的托盘里

回顾

　　本章没有涵盖你可能会在机器人世界中遇到的各种工具和选项，但你应该对该领域的多样性有了更充分的理解。虽然每周或每月似乎就有一个新的机器人工具系统或工艺冒出来，但是真正的系统需要经过多年的验证。建议你花费一些时间研究机器人工具的进步，并继续停留在该领域。下面是对本章介绍内容的快速回顾：

- 什么是EOAT？我们讨论了工具是什么和为何对机

器人世界这么重要。

- 可用的工具类型。本节探讨了有关夹持器、焊接、喷涂枪、吸盘以及其他各种机器人工具，以及工具涉及的数学问题。
- 多种工具。这部分内容是有关附加工具的选项，以及什么样的情况下这些选项能够最好地服务。
- EOAT的定位。本节详细地讨论了如何应对零件对准错位，以及移动工具满足手中任务的几种方式。

公式

有效载荷

$$Ap=P-Wt$$

式中　Ap ——可用的有效载荷；
　　　P ——机器人规定的有效载荷能力；
　　　Wt ——EOAT的重量和添加的任何外围系统或除了核心系统外附加到机器人上的设备。

垂直握持公式

$$F_r=W\times g$$

式中　F_r ——需要的力；
　　　W ——零件的重量；
　　　g ——重力加速度。

法向力

$$F=\mu N \text{ 或 } N=F/\mu$$

式中　F ——摩擦力；
　　　μ ——摩擦系数；
　　　N ——法向力。

转矩

$$T=m\times g\times d$$

式中　T ——转矩；
　　　m ——质量；
　　　g ——重力加速度，值为9.8 m/s²；
　　　d ——距离。

重量

$$W=m\times g$$

式中　W ——重量；
　　　m ——质量；
　　　g ——重力加速度，值为9.8 m/s²。

水平夹持所需要的力

$$F=2(m\times g\times d)/(b^2+p^2)^{1/2}$$

式中　F ——需要的力；
　　　m ——质量；
　　　g ——重力加速度，值为9.8 m/s²；
　　　d ——距离；
　　　b ——夹持接触的宽度；
　　　p ——夹持器内零件的宽度。

关键术语

角度夹持器	摩擦力	形状奇怪的零件	工具基座
重心	夹持器	平行夹持器	真空
手臂末端工具	钳爪	有效载荷	真空夹持器
（EOAT）	激光焊接机	远程中心服从	焊枪
黑色金属	MIG焊机	（RCC）	
手指	法向力	安全系数	

复习题

1. 我们将手臂末端工具附加在哪里？

2. 哪一种主要的工具类型其历史比工业机器人还要悠久？

3. 角度夹持器和平行夹持器的区别是什么？

4. 如果你需要使用零件尺寸范围广的夹持器，哪一个更好，平行或角度夹持器？为什么？

5. 液压或气动夹具适用于什么类型的环境？

6. 不考虑夹持器类型或动力源类型应该采取什么预防措施？

7. 从两个方向上迅速进行零件定心，夹持器推荐的手指数量是多少？

8. 人手式夹持器的设计目的是什么？

9. 确定使用哪种夹持器的工业规则是什么？

10. 确定夹持器所需的力，需要考虑哪些因素？

11. 本章的两个例子，移动零件时，零件重心与运动方向不在同一条直线上时会有什么影响？

12. 工具如何影响机器人的有效载荷？

13. 电磁铁如何工作？

14. 真空夹持器如何举起零件？

15. 同时在机器人安装多个工具的两个缺点是什么？

16. 快换适配器的好处是什么？

17. 描述一个自动更换工具系统的操作。

18. 主动和被动 RCC 装置之间的区别是什么？

19. 现代机器人世界中 RCC 设备的地位如何，它是如何工作的？

传感器和视觉

知识要点

- 限位开关如何工作，以及如何正确地选择？
- 电感式接近开关如何工作？
- 电容式接近开关如何工作？
- 光电接近开关如何工作？
- 触觉传感器如何工作？以及它们给机器人系统的信息。
- 检测机器人系统意外影响的不同的方法。
- 编码器的不同类型，以及机器人如何将它们用于定位？
- 机器人如何使用麦克风追踪声音？
- 机器人如何使用超声波传感器？
- 视觉系统的基本组成部分，现有机器人如何使用它们？

概　述

到现在为止，我们已经花了很多时间学习了机器人演进、动力源、分类、组件、操作和安全，但还没有真正钻研机器人传感器。如果没有传感器，机器人将无法获取关于周围世界的信息，它们因而没有真正的方法来应对环境的变化。想象一下，你正在与朋友谈话时，突然变聋了，盲了，完全麻木了。你无法看到或听到你的朋友，你感觉不到身体或有任何东西接触你，你突然停止接受有关你周围世界的任何信息。你可以将发送命令来移动你的手臂，但你不知道，如果它移动了，会不会打到沿途的对象。你可以尝试说话，但你不知道，脱口而出的是单词还是乱码。机器人如果没有传感器就会变成这样。人们把传感器装在机器人上，使它们能够确定应该如何移动，在哪个方向，以什么速度，怎么到达指定地点的，以及任何其他与它们的操作相关的数据。事实上，如果没有传感器的进步给我们带来今天的选择，使用复杂的系统来执行最尖端的任务几乎是不可能的。在本章将研究在下列几类常见的传感器的基本操作：

- 限位开关。
- 接近开关。

- 触觉和碰撞。
- 位置。

- 声音。
- 视觉系统。

限位开关

限位开关是一个简单的基本设备。正因为如此，它已经帮助机器人收集有关周围世界的信息很多年了。简单的业余爱好机器人使用微限开关进行冲击检测，到工业机器人使用限位开关以确保所有的安全门在操作之前是关闭的，这些装置帮助机器人更多地了解周围的世界。并非所有的机器人系统都使用限位开关，尤其是内置的，但它们都非常有用，用于提供关于机器人物体的状态或位置信息。

限位开关是通过接触物体而被激活的装置，物体因为接触对其施加一定量的力，从而改变了限位开关的状态。限制开关包括一个主体，用来包裹和保护电触头，和某种类型的执行器，通过物理接触而运动（见图 6-1）。执行器可以使用压力或旋转运动以改变开关的接触。许多较大单元的执行器都会作为一个独立的单元组件连接在限位开关主体上，被称为头部单元，允许执行器的方向选择，并允许一个限位开关基体提供多个功能（见图 6-2）。当改变限位开关的头部单元时，确保新交换单元所讨论的限位开关与任务相匹配。这种类型的限位开关的另一大特点是，通过移除开关头部装置相应的螺钉，能够根据需要，旋转致动器，从而使开关适用于不同情况，而

无须单独的开关来处理每种安装状况。启动开关所需要的运动和力的范围从轻微运动需要的力约
0.2N（见图 6-3），到大动作需要的力约 20N。

图 6-1　卡特拉·汉莫限位开关，
在右侧装有接触臂

图 6-2　一个 Automation Direct
品牌的限位开关，有一个较小的臂，
上面有一个轮子帮助减少连接冲击
（这种类型的开关适用于门和其他可
移动的监护场合）

当选择一个限位开关时，你需要知道必须处理接触产生的多大的电流强度，开关需要的响应速度，以及该物体接触限位开关需要生成多大的力量。标准限位开关和其较小的"表兄弟"，微型限位开关，通常可以处理多达 10A 或 20A 的电流，而"家族"中最小的超小型微动开关，平均水平为 1~7A。每个开关均需要一定的时间来使（激活）或中断（取消），因此请确保该开关响应速度足够快，可以满足使用条件。举例来说，如果你使用它来帮助机器人跟踪了解在传动带上的零件，要确保零件之间有足够的空间和时间来让限位开关复位。有些限制开关需要相当数量的力来激活，使它们成为较轻零件的糟糕选择。此外，还必须考虑到应用本身。如果使用微型限位开关防止机器人经过特定的位置，以免损坏，最好的选择可能是一个小运动、小力量的限位开关，反应很快，并可在任何机械损伤发生之前迅速关闭机器人。

图 6-3　打开盖子你可以看到两个微型限位开关
安装在蜘蛛机器人的腿后面，当腿碰到障碍物，
它们会收缩并激活相应一侧的微动限位开关，
发送信号至 Arduino 控制器

如果使用得当，限位开关是机器人和其他应用的一个有价值的信息收集工具。在早期的机器人中它们是主要的传感器系统之一，并仍然是现代机器人的常用传感器。今天，人们利用它们来防止

机器人行进太远，监视安全笼的门，确认准备装载的原始零件，验证机器人使用的设备是否到位，并回答其他是/否类型的问题。微型和超小型微型限位开关因为具有多种功能，还因为它们使用简单，坚固，可靠，在机器人爱好者社区非常流行。虽然今天在工业中有可能不会像曾经那样使用许多限位开关，但它们仍然是防护和传感系统的一个重要组成部分，直接或间接地与机器人一起工作。

接近开关

接近开关是使用光、磁场或静电场检测各种物品而不需要物理接触的固态器件。**固态器件**是由一块实心材料操纵电子流动的一个单元，没有任何移动的零部件。因为没有运动部件，固态器件能够执行百万次操作而不损耗。然而，不利的一面是，大多数固态器件没有完全停止流动的电子——尽管往往只有极少量电子泄漏通过。它们还容易受到电磁脉冲（EMP）和其他强磁场的攻击。因为接近开关（或 prox 开关）不接触检测对象，没有移动部件，而且由于其是固态部件，在只有最起码预防性维护的条件下，这些开关可以工作很多年。接近开关发送低电流信号给控制器，通常只有一个或两个信号输出，但输出有多种电压。一个常见的范围为直流 prox 开关是10~30V，交流是 20~264V。有些 prox 开关可以同时在交流或直流电压下工作；常见的工作范围是 24~240V。prox 开关损坏的主要原因是因为开关的物理结构损坏或电压超过额定电压。在作者从事工业领域的时候，看到过损坏的 prox 开关，你可以看到仍然在一定程度上工作的内部组件，这证明该传感器非常坚韧。（见思想食粮 6-1 一个强悍的巴鲁夫 prox 开关的故事）。

 思想食粮

6—1　巴鲁夫 prox 开关的韧性

人们经常听到一些公司谈论他们的产品多么伟大或如何承受恶劣的工作条件，但很多人不知道到底有多少是炒作的。虽然不能保证所有细节的真实性，但可以告诉你巴鲁夫 prox 的故事，以及我所看到的巴鲁夫 prox 是如何生存下来的。

出问题的 prox 用来检测一个抛光机砂光带上的运动。该系统在两个方向抛光零件，并且 prox 的目的是为了确保适量的砂纸随着每个方向的变化而推进。砂纸是成卷的，螺旋通过一些辊子，包括有一块金属嵌入内部的塑料辊。该 prox 设置用来监视此胶辊，并在金属片旋转通过时记录，从而给系统指示该砂纸已推进。如果 prox 没改变状态，系统会出故障，错误/报警灯就会亮起。为了解除报警，操作人员不得不按一下复位按钮，然后重新启动系统。

事发当天，操作者遇到了麻烦，系统出现间歇性故障。不当的卷/安装砂纸卷是这种操作一个常见的问题，在排除系统故障的时候我通常会首先看那里。这一次，我发现操作者不仅没有卷好砂纸，他还把砂纸粗糙的一面横跨在用来保证砂纸正确前进的巴鲁夫 prox 开关上。所述 prox 开关的整个前端一直被打磨至呈 30°～45°

角，只留下很少部分的平头。充其量，只有 1/16in 的平坦端面留了下来，最让人吃惊的是：prox 开关还能用！操作者只是操作一个具有间歇性问题的机器，这意味着该 prox 开关大部分时间还在工作。事实上，我还通过手动推进一些砂纸和观看指示灯来验证 prox 开关的状态变化。当然，我知道由于系统的问题对 prox 开关造成了损害，我开始从系统中移除 prox 开关。

这是那天我得到的第二个惊喜。我需要更换很多 prox 开关。在供电的条件下更换开关是常见的，由于大部分开关我们使用的是方便的螺纹式连接器，使得更换变得轻而易举。正确的方法是拧开连接器，移除电源，然后从支架上移除 prox 开关。我没有想到，开始先从支架上移除 prox 开关。正是在这时，我发现，不仅是 prox 开关的尖端有大块不见了，而且里面的相线也暴露在外，是的，我是通过一种维护人员应该避免的方式……通过被电击才知道的。幸运的是，这是一个低电压 prox 开关，电击很轻微。虽然这是我的故事的有趣部分，但它展示了巴鲁夫 prox 开关能够承受多大的损害，而且仍然功能正常，至少是间歇性的。当我意识到自己的方式是错误的，我移除了 prox 开关的连接器（同时也关掉了电源），然后从支架上移除 prox 开关。这个故事的其余部分比较沉闷，只是按照标准更换 prox 开关。

安全免责声明：巴鲁夫 prox 开关在暴露出内部元件的情况下仍然可能正常工作，所以要在移除它们之前必须关闭或断开电源。此外，记住，即使是 0.05A 的电流强度也可能是致命的，所以永远，永远，要谨慎用电。

三个主要类型的 prox 开关都有自己特定的任务和对象，以最大程度地发挥作用。现在第一组探讨的是**电感式接近开关**，它使用一个振荡磁场来检测黑色金属物品（见图 6-5）。通过振荡，指的是一个不断打开和关闭的区域。在这种情况下，这块区域产生一个波动，看起来就像 AC 正弦波电压。不像 AC 电源，电感式 prox 开关只创建波形的正向部分，并且每秒有数千个循环，以 60Hz 的美国交流电源作为对比。振荡器，prox 开关创建这种快速正向正弦波脉冲的部分，连接到 prox 开关端部的铜线圈，并从 prox 开关的端部产生磁场。磁场与有磁性的黑色金属相互作用，并允许 prox 开关工作。Prox 开关用低强度磁场可以在最大 0.06in 或 1.5mm 的距离内检测到物体。而更强的电感式 prox 开关可以在远达 0.4in 或 10mm 处感觉到金属物品。

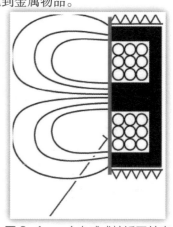

电感式接近开关

　　用一个振荡磁场来检测黑色金属物品并发射相应信号的接近开关。

　　当金属部件进入电感式 prox 开关（见图 6-4）的磁场，零件会产生涡电流，这需要从 prox 开关振荡器创建的磁场带走能量。**涡电流**是由磁场移动横跨黑色金属时产生的电子流。反过来，也会产生自己的磁场。在这种情况下磁场的移动，主要由振荡器正弦波产生的磁场每秒数千次的从增加到最大值然后收缩回零引起的。涡电流和它们的感应磁场从振荡器吸收了足够的电力，使它们不再能够创建一个振荡磁场。一个 prox 开关的单独的、被称为触发单元的装置检测到振荡衰减到一定水平，并因此激活 prox 开关的输出（见图 6-6）。

图 6-4　一个电感式接近开关产生的磁场与磁铁的相互作用

图 6-5　小型接近开关，适用于机器人系统

图 6-6　接近开关的剖面图，你可以看到内部由红色树脂包裹的固态元器件，和端部由黑色树脂包裹的线圈（线圈是黑色树脂里的铜色的元件）

技术提示　磁场的振荡是一个关键的概念，也是许多电气元件的核心。例如，变压器使用这一原理在系统中加强、降低或者清除和隔离电力，而感应电动机，是工业中的主要电动机，采用感应磁场促使转子旋转。当你了解了更多有关电力和电动机的知识，你会进一步了解感应磁场为什么在现代电气世界中是至关重要的。

电容式接近开关的工作原理和电容器一样（见图 6-7）。开关提供静电场，空气是绝缘材料或绝缘体，并且被检测的对象提供导体形成电容电路。不同于电感式 prox 开关，电容式 prox 开关能够同时与磁性和非磁性两种材料相互作用。电容式 prox 开关的工作原理与电感式 prox 开关正好相反。被检测的物体进入静电场，电路开始振荡，当物体不存在时，振荡消失。另一个重要的区别是，电感式 prox 开关的磁场不能改变，这是由于开关的构造决定的，而电容式 prox

图 6-7　请注意这个电容式接近开关的基体由金属换成了塑料（电感式接近开关通常使用金属基体，而电容式接近开关会换成塑料，但是不要认为所有的金属接近开关都是电感式的或所有的塑料接近开关都是电容式的）

开关可在开关上做出调整，允许用户改变静电场，从而改变它与对象进行交互的距离。正因为如此，才有可能设置开关用于检测内部纸板箱、盒子或其他包装材料内部的物体！

电容式接近开关

　　能够提供静电场的开关，工作原理和电容器一样，使用被检测的对象提供导体形成电容电路，并在不同距离检测材料。

光电接近开关检测不同层级的光，通过反射或阻挡光束来检测物体，并通过发射器发射特定波长的光，以及一个接收器用于寻找与外界环境交互作用之后返回的特定波长的光，以此来检测颜色。简单的零件检测单元工作原理是一样的，就像在第 2 章安全的相关知识中提到的照片眼，所以本节将重点放在光电 prox 开关的其他功能。

光电接近开关

　　这种开关通过发射器发射特定波长的光，并使用接收器检测反射器或检测物体返回的特定波长的光。

　　使用光级检测光电开关，可以调出或忽略背景，将零件与背景区分开来，甚至检测透明物体。使用简单的照片眼，光线返不返回都有可能。然而，这种方法会分析返回的接收器的光线，并且确定它是否已受到影响或以任何方式改变。光级检测 prox 开关可以通过测定返回到开关的光的差异，区分经过零件时只经过粗加工还是顺利完成加工。有了正确的校准，此开关可以监视传动带上零件之间的空白。这种类型的设置有许多选择，因此有许多方法来将这种开关整合到不同的系统中。

　　颜色检测光电 prox 开关分析了进入接收器的光，确定颜色或零件的色差（见图 6-8）。这种传感器可以找到不同颜色零件之间的边缘，因此可以给予机器人系统重要的定位信息。机器人专家用这个传感器辨别蓝球和红球之间的差异，跟随彩色的光线，并开展其他涉及颜色识别的任务。这些开关有必须要考虑的缺点。变化的环境光将改变返回到开关的光，影响识别，因此需要重新校准。例如，这就是为什么机器人在实验室

图 6-8　Alpha Rex 乐高 NXT 机器人，在背部有一个简单的颜色传感器（经过适当校准，它能够分辨出玩具自带的红色或蓝色塑料球）

可以辨别红色球和蓝色球之间的区别，但无法在科技展览会的场馆中正常工作。而且，请记住，这些传感器具有发射器，能够发出具有特定波长的光。由于取决于所发送出的光，有时可能无法使接收器检测一些颜色或某些颜色之间的差异。这就是为什么没有通用的颜色检测 prox 开关。

像电感式和电容式 prox 开关一样，光电 prox 开关也有工作范围，取决于发射器的强度和发出的光的波长。光电 prox 开关的传感范围在所有的 prox 开关里是最大的，范围从零到超过 100ft，但它们不是无限的。最长的范围主要是因为还要考虑在应用中检测零件是否存在；更复杂的应用，如颜色的检测，一般在几英寸到一两英尺的范围内。

多年来接近开关有了很大的发展。然而，它们通常只回答是或否的问题：是不是有东西在那？还是没有？正因为如此，人们得到的数据量是有限的，只能以有限的方式使用它。光电开关给予了较多的信息，这就是为什么人们可以使用它们来跟随光线或寻找图案，但电容式和电感式开关只能告诉它们是不是检测到了物体。接下来继续看看传感器，深入研究更为复杂同时提供更大的数据量的系统，可以用它来控制机器人的行动。

触觉和碰撞

对于机器人的其他传感领域，包括**触觉**或感知压力的能力；和**碰撞**，或当机器人接触预定运动路径中的物体。这些都是被动类型的传感，都与力有关，但每种传感方式的应用和技术显著不同。触觉传感是确定被施加了多大的力，零件的形状是什么，它如何被夹紧，如果零件是热或冷的，基本上等同于皮肤为人体执行的感测任务。碰撞传感专注于检测碰撞，确定向前的运动是否被阻碍或停止，也许最重要的是，关闭或修改系统的运动，以防止产生损坏，无论是击中的物体和还是机器人。在探讨检测这些力量的一些方式时，必须记住，这仅仅是很多可能性中的一部分。当你读到这一点的时候，新的传感器和新方法还在不断的开发中。

> **触觉**
> 能够感觉压力和冲击的能力。

> **碰撞**
> 一个机器人在预期的运动路径上接触到了物体。

触觉传感器考虑的是确定系统要在一个对象上施加多大的力，以及力需要覆盖的区域。这些系统，从简单的、因为被压低或释放时松脱而激活的按钮，到根据其提供的信息来紧密模仿人体皮肤功能的复杂传感器阵列。对于简单的"抓住了吗"系统，所需要的只是一个开关，以满足某些设备的需要，设备通常是一个夹持器，与物体接触时，开关能够被激活，并能承受系统施加的力。超小型微限位开关或按钮通常是这种类型操作的开关的首选。你们当中拥有机器人使用经验的人可能会问，"如果传感器只是检测夹持器是打开还是关闭，为什么不考虑触觉传感器？"答案是否定的。触觉手段需要连接触觉传感器；因此必须"触摸"需要检测的零件。否则，它就会成为一种传感器的分类。

复杂的触觉传感器使用阵列或有组织的传感元件群组收集关于物体接触的信息。阵列的每个元器件都是单独的传感器，它提供了如何与零件进行交互的信息。阵列中的元件越多和元件的尺寸越小，系统将获得的有关于零件和其操作的信息就越多。简单系统包含的元件可以进行数字型输出，无论是打开或关闭，1 或 0，使用这种类型的传感器，系统知道是不是夹持了零件，这次夹持涉及了多少元件，可以推算出是在多大表面上施加的力，但是没有数据能表明系统在零件上施加了多少力。根据不同的情况，这些信息足够用来确定零件方向或者零件的夹持是否合适。通过适当的编程，机器人可以监视到的任何新的元件，或目前运动中不断减少的元件，这表明零件正在从夹持器中滑脱。

高端复杂的触觉传感器不仅可以给出零件相关信息，还能检测到系统向零件施加了多少力。有些甚至能够测量接触零件的温度。这些关键数据的添加，能够让机器人在操作零件时，处理一些易碎物品，如一次夹持一个鸡蛋，或更重的物品，如一次一箱鸡蛋。复杂触觉传感器具有多种选项用于检测力的变化，如利用检测电压、电阻、电容和磁通量（仅举几例）等元件的变化。这些所有元件的共同特征是，形状的改变会导致该元件的输出发生改变。就是这么简单。应变计通过内置金属线的拉伸或压缩改变电阻。电容因为能够存储，其变化取决于两个电极之间距离的改变。对压电元件施加作用力能够产生电压；力越大，产生的电压就越大，尽管在毫伏范围内。不管所用元件的类型，其结果是，用一些可测值的变化来确定施加在接触点的力的大小。力越大，相对于基准信号的偏差就越大。基准信号是那些元件在非接触式的条件产生的基本信号。

触觉传感器的制造商通常提供关于力的变化和其导致的输出变化之间的比值数据，或其他利用所述数据的方法。机器人或工具自带复杂的触觉系统已经成为标准配置，需要用户进行校准。**校准**是指确保一个精密系统能够精确地执行任务、并进行任何所需调整的过程。在这种情况下，用户将使用一个经验证的精确压力计，并将其放置在机器人施加力的触觉传感器区域。然后用户比较来自压力计和机器人的读数，并确定两者之间的差异。如果该差异太大，用户将调整或补偿机器人系统来校正系统的错误。机器人安装时或进行检查期间应该校准系统，例如在更换传感器后，系统受到任何损害后，或者制造商推荐的周期性检测期间。

碰撞检测起着至关重要的作用，能尽量减少或防止损坏机器人和设备，以及避免伤害机器人周围的人（见图 6-9）。最初，所有的碰撞检测都是为了保证机器人和其他设备的安全，因为人们是不会出现在机器人的工作路径上的。事实上在工业生产中，直到 2012 年，技术的进步才让机器人从隔离笼中解脱出来，能够在人类伙伴的附近工作。实际上，检测硬性的碰撞，例如机器人为机床输送零件，要比检测轻量的、可移动的物体难度大，例如一个人。如今，代表性的做法是，通过监控电动机的电流或嵌入专门设计的传感装置来检测碰撞。常见的碰撞感应装置是放置在机器人的关节等关键点的应变计，用于检测由于运动突变而产生的力，使机器人能做出相应的反应。机器人生产商还可以用触觉皮肤将机器人本体包起来，检测机器人周围的零件是否产生碰撞，虽然这是很难实现的，因为这将需要更多的传感器，控制器还要需要处理大量的数据。

当系统根据电动机的电流消耗来监控碰撞时，需要创建一个非常精确的系统，该系统应具有高度的敏感性，但是复杂的程度是更高一个级别的。有一些涉及高层次的数学（我们不会涉及），并涉及编程的路径、行程速度、有效载荷以及执行任务的电动机的类型，以确定电流消耗。计算结果要与电动机真实的电流消耗进行对比；如果超过了规定的正负偏差限制，机器人会根据程序进行响应。潜在的问题是该方法会因为过度负载或系统的噪声而关闭系统（稍后会谈到噪声问题）。由于通过电流使用量来监测电动机的转矩输出，而沉重的零件和实际的碰撞产生的高电流消耗是没有区别的。这就是为什么有些机器人发出报警并且停止运行，表明有碰撞发生，但视觉检查显示没有东西出现在机器人的工作路径上。任何导致电动机使用过量电流的情况，如过大的负载、轴承损坏、摩擦、关节的结块污垢或需要更多的力的情况，都可能会导致碰撞报警。

图 6-9　这两幅图证明了触觉和力觉传感背后的规则（宇航员摇动机器宇航员的手，他所体验到的力量与机械宇航员举起 20lb 哑铃所用的力量是不同的）

　　上面所述的**噪声**是指，当机器人运动时，如何正确计算电动机运动开始时所需的转矩是个数学难题。电动机起动时比保持运动需要更多的电流消耗，所以我们在计算时要考虑这一点。接下来的计算还必须考虑是如何移动机器人的。例如，因为重力的原因，相对于放低手臂，电动机需要更多的电流来提高手臂。此外也不能忘记，机器人的运动速度有多快，以及当机器人加速或减速时会发生什么。所有这些因素均造成一些数学灰色地带，在这里我们必须估计会发生什么：我们称这些估计为"噪声"。如果不考虑这些估计，并严格设置报警参数，该系统很有可能会误报警。误报警的最大危险在于，无论由于噪声还是机械的问题，人们只会去改变报警参数，从而增加停止机器人所需的力，而不是根据需要解决系统故障或数学问题。这可能导致更大的力产生碰撞，损害人和机器。

　　无论我们如何检测碰撞，机器人必须做一些事情来阻止或减少所造成的损害。其中一个策略是"E-停止"机器人，将其锁定在当前位置。这样，机器人将尽可能快地停止所有动作，然后就地冻结，让操作者决定下一步该怎么做。然而，在检测到碰撞之后，到完全停止之前，机器人仍然会在较短的一段时间内移动。当然，通常是不到一秒，但如果机器人手臂恰好击中你身体的话，这几分之一秒似乎是永恒的。其次，值得关注的是，张力有可能会导致机器人内部系统的损害。想一想，如果你在路上开车，突然猛地将你的车辆抛入停车场。虽然不会对你的车辆造成致命的损伤，但肯定没有任何好处。由于这些因素，很多机器人直到完全不能运动了，才发现关节处的电动机已经松脱了。继续汽车的例子，如果不把你的车子停进停车场，而是将它放在空挡，松开油门，并用刹车把车停下来。这样会减少机器人停止所需的力，减少了冲击的能量，并减少对机器人内部系统造成的应力。要完成这类响应，需要专业的、经过特殊编程的、高级减力系统和传感器，但却使机器人脱离了笼子，能和工友们一起工作。

　　你可以期望触觉和碰撞传感器系统与机器人一起继续推进和演变，因为这些系统允许机器人在更大范围内应对各种事件的发生。触觉传感器在零件拾捡和处理方面有了较新的应用。该技术也是研究和发展的焦点，所以你可以试想今后可能会带来的改进。当谈到碰撞传感器时，我们经常使用机器人来完成困难的和危险的任务，其中关于即将要发生什么的数据对于保护机器人来说是至关重要的。很难预测在这些领域会带来哪些进步，但我认为机械宇航员和巴克斯特机器人是我们所期望的目标。

位置

机器人带来的最大好处之一就是它能够精确地反复执行一项任务。要做到这一点，控制器必须记录和跟踪机器人的位置，在空间中有某种形式的参考点来指示位置，称之为起始点或零点。为了阐明这一点，想象一下，你的朋友告诉你在 A 点与他集合，你是否有足够的信息来找到他吗？当然没有。你需要知道 A 点在哪里，是什么，什么时候在 A 点集合，以及其他相关的信息。所以，你问你的朋友。他说，"哦，对不起，A 点是在知更鸟街 1717 号。"现在，你有足够的数据了吗？没有，你仍然需要知道他指的是哪个城镇，以及何时会出现。从这个案例转向机器人，地址和机器人在空间中的位置相似，城镇的地址类似于机器人的家庭地址，时间设置类似于工具的方向。如果你没有所有的数据，很有可能你在 A 点遇不见你的朋友；对于机器人来说是一样的，没有足够的数据，则机器人再次回到同一点的机会相当渺茫。

当涉及位置的确定时，主要有两种类型的控制系统，**开环系统**和闭环系统。开环系统采用脉冲控制，无论何种情况，只是激活运动系统，使机器人按预期执行任务。这种类型的控制在早期的气动机器人中比较常见，因为运动主要依靠程控阀门，以及步进电动机，由于电动机在每次施加电压时移动一个精确的量。开环系统通常在指定点设有限位开关或 prox 开关，以检查机器人的位置，但数量不多，且彼此相距较远，使复杂的程序产生大量的位置误差，而且无法修正。因此工业中很少使用开环控制系统，尤其是当闭环系统的好处显现出来以后。

开环系统

这种系统假设所有事情都工作正常，因为只有在少数位置有受限制的信息或没有任何反馈来确定所有事情在按预期正常工作。

闭环系统发出控制脉冲，无论何种情况，均开始运动，然后接收信号反馈并进行确认，很多情况下反馈信号包括向哪个方向运动以及行进了多远（见图 6-10）。回到我们的 A 点案例，如果是开环控制，你的朋友会说，"晚上 7 点到 A 点集合。"而另一方面，如果是闭环控制，他或她会说，"当你到 A 点时，给我打电话，我要保证你不迷路。"当涉及机器人技术时，用于闭环控制的反馈传感器的首选选择是电动机编码器。**电动机编码器**是直接监控电动机轴旋转的设备，并把这些信息归纳成一个有意义的信号。机器人控制装置使用该信号来确定电动机正在做什么，以及什么时候系统已经到达期望的点。请记住，如果一个机器人可进行六轴的运动，会需要六个反馈装置以组成一个完整的闭环系统。这意味着 **6 片位置数据**，每一个用于一个轴，以找到在空间中的特定点。

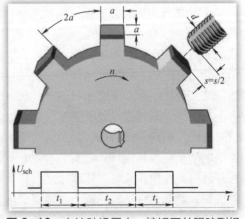

图 6-10 在这种设置中，接近开关跟踪到经过的金属凸起。这可以用来作为闭环系统反馈的基本形式，用来提供状态改变（检测凸起），这样控制器可以计数并处理成有用的数据

闭环系统

这种系统发出控制脉冲开始运动，并接受返回信号来确认运动，通常包括方向、速度和移动的距离。

电动机编码器

直接监控电动机轴旋转的设备，并把这些信息归纳成一个有意义的信号。

简单编码器使用**霍尔效应传感器**；它是基于霍尔效应，由埃德温·赫伯特·霍尔在 1879 年发现的：当电流通过磁场中的导体时，该磁场趋向于推带负电荷的原子到导体的一侧，而带正电荷的原子被推向导体另一侧，前提是磁场和导体成 90° 角。今天使用的半导体使电压通过时，传感器的磁场会排列整齐。通过附加一个磁盘，边缘有特定、间隔均匀的磁铁，用来激活霍尔效应传感器，可以跟踪电动机的旋转，从而确定该系统的位置。例 1 可以帮助理解这是如何工作的。

霍尔效应传感器

传感器使用磁场在半导体中产生电流，用以跟踪旋转。

例 1　对于这个例子，我们将讨论中的轴移动 90°，电动机直接连接到机器人的轴。该电动机具有一个霍尔效应编码器，40 个磁体均匀地定位在磁盘的边缘，磁盘安装在电动机轴上。如果电动机旋转所需 90°，霍尔效应传感器会记录有多少个脉冲？

为了确定脉冲的数量，我们需要确定轴要旋转的角度是多少，占据一个完整旋转（或 360°）的比例是多少。要做到这一点，我们将 90° 除以 360°，90/360=0.25，或一个完全旋转的 1/4。

接下来，我们将 0.25 的这一部分，并乘以检测磁盘上的脉冲或磁铁数，40×0.25=10。因此，通过我们的计算，如果电动机适量移动使轴旋转 90°，应该有 10 个脉冲发回给控制器。

这种系统的缺点是，虽然发出脉冲，但没有信息表明是在哪个方向移动。我们可以验证系统移动适当的距离，但如果方向错误了呢？这时，我们的好朋友光电编码器就发挥作用了。

增量光电编码器包含一个磁盘，上面的孔允许光线穿过，或者有反光片让光线返回，另外还有发射器、接收器，以及一些用于信号分析和发送的固态器件（见图 6-11）。工作原理很简单：发射器发出光，光要么通过所述的孔，或者反射回接收器，触发编码器的电子设备将信号发送回控制器。因为我们使用光，有可能将旋转磁盘分成非常小的部分，可以达到 1024 个分区。换句话说，我们可以将 360° 分成 1024 份，将运动精确到 0.35°，约 1° 的 1/3。编码器的分区越多，定位选项越精细。那么如何解决旋转方向的问题？通过加入第二行反光片或光窗，补偿脉冲计数偏移，以及合适的发射器和接收器，就可以通过从两个环的信号比较确定现在旋转的方向。偏移为每个旋转方向都产生一个独特的信号类型（见图 6-12）。现在看一下编码器的选择，另一种选择是增加了一个零脉冲。这是编码器盘的一个专门区域，用于建立一个零或原始位置。可以用该脉冲计算完整旋转的数目，以及确保在编码器或电动机需要调整、更换或维修时系统处于适当的位置。

图 6-11　几个附加在电动机上的编码器的例子

绝对光电编码器增加了足够的发射器和接收器，通常是四个或更多，使编码器的每个位置都有其唯一的二进制地址（见图 6-13）。二进制地址是唯一的一组 1 和 0 的组合，控制器能够理解和使用。这些编码器内部零件越多，成本就越高，而且控制器需要更多的处理能力，但是它们能够给出关于电动机的特定位置以及运动方向的精确数据。当使用这些编码器时，在任何给定点机器人都知道电动机位于哪里，而不是只知道在最后一个点之后移动了多少个脉冲的距离，运动方向取决于增量编码器的类型。由于信息水平的增加，可以使控制器更容易地检测到轴是否偏离位置，或如果电动机移动不正确，因此，有助于更精确地控制和监测。因为编码器是非接触式感应方法，具有大量的固体零件，它们是坚固的，能使用好几年。编码器最大的敌人是油、金属屑、切屑，或能够进入装置内部的任何其他污染物，以及其他污损磁盘并与光线发生反应的物质。我曾经

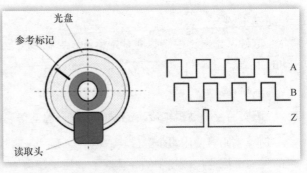

图 6-12 带有零脉冲的增量编码器设置，以及它为控制器生成的信号类型

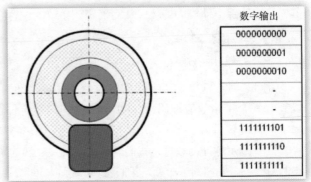

图 6-13 绝对编码器设置的案例，以及它产生的二进制数据

更换过许多编码器，把它们交给制造商进行清洁或修理，原因是装置中进入了油或机器维修时损坏了磁盘。

关于如何跟踪位置，接下来一起来看看**全球定位系统（GPS）**。此系统可确定地理位置，基于它接收地球轨道上运行的三个或四个卫星发出信号所需的时间。还有就是在长途旅行时，很可能会使用 GPS，使用电子设备进行导航。因为你需要使用 GPS 来确保行进方向正确，并获得路线规划方向，自动驾驶车辆可使用 GPS 来进行导航，通过不同的地形和道路，以完成它们的计划任务。无人机使用 GPS 以确保命中目标，并让它们的操作者，可以远在几公里之外或另一个国家，了解它们在世界上的物理位置信息。随着我们不断研究和完善的自动驾驶汽车，可以肯定，全球定位系统将发挥重要作用。通过适当的设置，例如定位系统使用仓库和其他大型建筑和设施中的设备来代替卫星，机器人材料处理器可以利用 GPS 获得它们的定位数据。请记住，GPS 一般精确到几米，只提供有关你在世界上位置的信息，所以移动机器人系统需要一套本地传感器，以保持机器人在超过了别人或撞上道路上阻挡它们的物体后，进行动作微调，完成它们的计划任务。

还有更多的方法来跟踪电动机的位置，这些都是你最有可能在行业里看到的方法。根据机器人使用的年代，你可能会遇到解析器和同步器，这是一种类型的编码器，原理类似可调变压器。这些多年以来一直流行，这解释了为什么你会在早期的机器人，甚至还有一些新的机器人系统中看到它们的身影，这取决于工作环境。不考虑你可能在这一领域遇到的定位传感器，一定要花些时间了解系统如何工作的原理和产生信号的类型。这样可以节省学习路上的遇到挫折的时间，特别是当解决系统故障或编程的时候。

声音

检测声音的能力是五大主要感官之一；如果一个人是聋子或只能听到有限范围内的声音，我们认为这是一个残疾人。考虑到这一点，毫不奇怪，我们已经想出了办法给机器人提供有关声音的信息。与许多其他领域一样，机器人的机械特性使之在声音检测和处理方面有值得普通人羡慕的选择。显然，并非所有的机器人都需要以某种方式处理声音来完成其功能；然而，加入声音传感器开辟了操作和应对新的环境的选项，增加了机器人系统的灵活性。

对于声音检测，机器人系统需要一个麦克风，适当的硬件，以及必要的程序设计，以使机器人可以把从麦克风采集到信号转变成一些有用的东西（见图 6-14）。确实就是这么简单。这些要素就位以后，就可以录制声音，并利用它们触发机器人的行动。可以让机器人监听超过一定强度或者分贝的声音，比如碰撞时可能生成的声音，并用其作为机器人的一种附加的安全特性。还可以对机器人进行编程来识别一组特定的声音或语音命令，以便系统可以基于语言命令启动或停止程序。一旦机器人能听到，便会有很多可以运用的选择。如果需要知道一个声音从何而来，且只安装单个麦克风来确定声音从哪传来几乎是不可能的，除非声音是连续的并且有机会将麦克风移动到不同的点进行声音采样。为了检测，需要在机器人上添加多个麦克风，以便控制器可以比较信号强度，并确定一个可能的位置作为声音的原点（见图 6-15）。通常，对于那些需要精确定位或跟随声音的机器人，设计师机将围绕机器人基座布置多个麦克风。设计者通常添加的麦克风呈偶数对，最少是两个；然而，通常是四个或六个不同的麦克风被集成到机器人系统中，以改善声音检测精度。

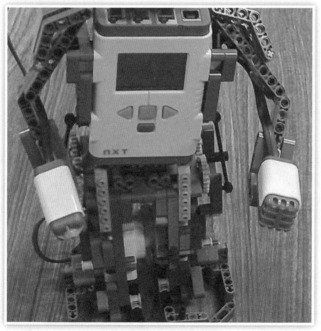

图 6-14　Alpha Rex 机器人的右手使用一个声音传感器，左手是按钮或接触传感器（从我们的角度看）

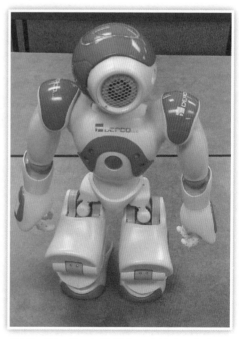

图 6-15　NAO 机器人。它的头可以向一侧转，炫耀它的黑色圆点处的微型麦克风，以及白色框架围绕的扬声器，头部两侧有同样的设置。胸部橙色部分中间的四个小点是超声波传感器，为了避开物体

到目前为止，在声音检测的世界里，还没有发现太激进的做法。但如果告诉你机器人可以听声辨物，你相信吗？是的，很像蝙蝠在夜间追逐昆虫或漫画迷所熟知的"夜魔侠"。机器人可以使用超声波传感器或通过高频率的声音反馈"看"到它们的检测对象。除了它们发射和接收是声音而不是光以外，**超声波传感器**类似于照片眼或光电 prox 开关。发射器发出的高频声音脉冲，超过了人的听力范围，击中检测对象后，返回到超声波传感器。该接收机测量声波返回需要的时间量，并计算距离。为了确定距离，人们采取声波的速度，乘以声波返回所花的时间，再除以 2，因为声波到检测对象的距离与返回到传感器的距离相等。在机器人爱好者群体中，超声波传感器已经成为大家的最爱，人们希望自己的机器人通过超声波传感器来探测并避开物体（见图 6-16）。

图 6-16　乐高 NXT 的超声波传感器，用来制作 Alpha Rex 机器人的头部，可以让机器人系统发现路上的障碍

超声波传感器的另一个用途是检测空气泄漏。人们不能听到轻微漏气发出的高频率声音，但超声波检测器可以轻松探测到。当用于检漏时，关掉传感器上的超声发射器，因为发射源头是系统正在检测的项目。为了找到泄漏，对被检查的产品加压，然后机器人移动超声波传感器按照编程移动至关键点周围。

无论有任何针孔或更细的泄漏，超声波传感器均会拾取泄漏处的声音，使机器人来确定其位置。这通常需要检测几个空间点的声音，以确定确切位置，即使那些点都只是在泄漏点前方、后方，或刚刚经过泄漏点。这对于压力容器来说是一个关键的检查，最小泄漏的地方也可以带来麻烦，甚至是灾难。

涉及声音的话题，此处想谈谈给机器人系统添加扬声器的好处（见图 6-17）。虽然人们可以使用扬声器检测声音，但这不是大多数情况下的传感器；然而，如果没有扬声器发出声音，机器人系统就是一个哑巴。在大多数工业系统中扬声器不是标准设备，但许多爱好者和研究人员利用它们让机器人系统更逼真、更具互动性。在显示屏幕上阅读信息和让机器人告诉你正在发生什么事情是有很大区别的。电影、电视和书都经常描绘先进的机器人作为一个思维分析系统，能够改善人的生活，而这经常是通过提供关键的警告信息和告知来完成的。当人们打破了机器人系统的保护笼，将它置于人们的日常生活里，它将影响我们生活的方方面面，我想到的是扬声器和语音生成编程系统将会成为普遍现象，并成为

图 6-17　这张图片截取了 NAO 机器人跳"江南 Style"舞蹈中的一个场景（它甚至还可以通过头部两侧的扬声器为表演提供音乐）

大多数机器人系统的标准配置。

许多工业机器人没有音响系统也能正常工作，能够屏蔽工业噪声和声音，但正如我们之前所提到的，声音系统在机器人爱好者、机器人研究领域以及娱乐场所是广受欢迎的。这是一个很好的机会，无论是在课堂上，还是作为实验的一部分，你都将有机会使用某种类型的音响系统，用来搭建自己的机器人，或者作为学习更高级别的机器人系统的一部分。如果这是你第一次学习声音传感器，要记得你是第一次在这里听到的。

视觉系统

视觉系统让机器人"看清"它们周围的世界，用相机拍摄图像，并使用软件处理相机拍摄的图像（见图 6-18）。罗伯特·希尔曼博士在 1982 年推出 DataMan 系统，真正开始了机器人视觉的奇妙之旅，现在这种技术已经成熟。早期的机器人视觉系统由几台摄像机组成，在一个非常可控的环境中，在特定的时间拍照，机器人将照片与样品图片进行比较。颜色不是一种选择，光线变化对辨别对象来说具有灾难性的影响，而且这些系统很容易失败，需要人工干预。早期视觉系统对某些行业和某些应用是有益的，但许多购买早期的机器人的人觉得它更是一个头痛的家伙，性价比不高。早期的系统与今天的视觉系统相比，类似于拿福特 T 型车与现在的克尔维特相比。在这几年里跟随希尔曼博士的 DataMan，我们已经学到了很多东西。由于技术的进步，现在的视觉系统对机器人来说是真正有益的。现代系统使用高分辨率相机，能够区分颜色，能够纠正机械手，以便它可以按照程序执行任务，即使它与交互的物体超出了预判的位置。对于高度可控的条件和稳定软件，我们也已经进行了很长时间的研究。

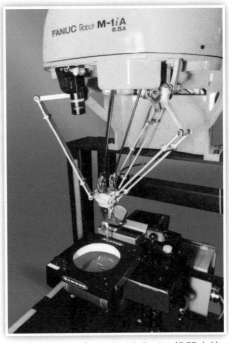

图 6-18 一个 FANUC Delta 机器人使用摄像头和一块照亮的区域来处理零件（摄像头是黑色的装置，安装在 FANUC 的 logo 下面）

视觉系统

使用摄像头和软件来处理图片并为机器人提供信息的系统。

现代的视觉系统通常包含有一个专门的光源，摄像机安装在机器人上或特定的位置，还装有机器人或视觉系统制造商开发的专业软件。对于视觉应用来说，光源是非常重要的，因为用来照亮物体的光的类型直接影响返回到摄像机的光的类型。例如，如果有人使用红色的光照亮一块区域，在该区域中的任何红色物体对于摄像头来说几乎是不可见的。有时这是故意的，以使系统忽略特定部分；但是，如果有人只是选择了错误的光的类型，这会让过程大大复杂化。一些现代照明系统能够产生可见光谱以外的光，如红外线，具有多种照明选择。摄像头技术的进步已经将图像的颗粒感和像素化进化到高分辨率的照片和锐利的细节。适当的照明加上高分辨率图像产生了对机器人有用的、丰富的数据（见图 6-19）。

现代视觉系统的另一个关键点是由图像确定零件在哪里。一旦系统知道零件处于什么位置，它可以进行必要的计算，以纠正动作。但是，它是如何知道零件在哪里呢？大多数机器人系统具有一台摄像机。这似乎把问题复杂化了，深度感知通常需要两个点的数据。答案是，我们必须将摄像机获得的图像与机器人可以理解的东西进行校准。简单地说，就从相机获得图像，然后将相关的图像与空间中机器人知道如何到达的点相关联。其基本过程是，放置一个校准图像至机器人可达到的位置，拍照，然后使用系统软件，将该图像转换成点数据。一旦完成，该机械手具有用于处理图像数据所需要的基本的知识，但是还没有准备好抓取零件或执行其他类似任务。下一步骤是拍一张零件的照片，并以此作为参考图像。完成这一步，那么就可以编程让机器人来执行所需的功能。在操作过程中，机器人将拍摄指定区域的图像，与参考图像比较，并使用所给的校准位置数据对运动进行相应地纠正（见图 6-20）。有一点要记住，如果要将摄像头安装在移动的东西上（像机器人），应确保你每次在同一位置拍摄照片。更改此位置可能要求你重新校准系统。

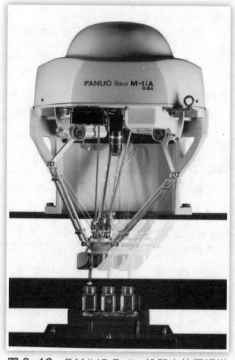

图 6-19 FANUC Delta 机器人使用视觉系统来确定药片不同的颜色，并把它们放在正确的容器里

有时使用视觉系统对机器人周围拍照或拍摄视频，但没有使用该信息让机器人执行任何任务。这是无人驾驶车辆、炸弹处理系统以及任何其他相似系统的普遍做法，因为人类操作者希望看到机器人所看到的景象。这些系统可以没有照明部件，也没有前面所讨论的专门的软件，这些点的视觉数据是提供给用户的，而不是机器人。在没有专门的软件的情况下，操作员负责处理机器人交互提供的视觉数据。这可能会需要实践锻炼来提高熟练程度。

自 20 世纪 80 年代初以来，机器人视觉技术取得了惊人的进步。当视觉系统首次启动时，它们需要大量的专用设备和人力的帮助。今天，人们可以给大部分的机器人增加视觉系统，费用和其他标准工具一样，只需添加摄像头和一些软件。你甚至可以为视觉系统提供自己的照明，为用

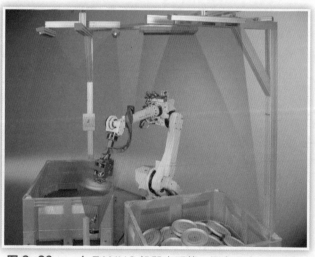

图 6-20 一个 FANUC 机器人系统，拥有几个不同的照明和图像系统，这样机器人可以从右侧盒子里找到并拾起堆放的零件，用中间的摄像头扫描它们进行检查，通过后把它们整齐的堆放在左侧的盒子里

户的应用创造了丰富的选项。如果视觉系统继续进步，我认为我们将看到有那么一天，机器人没有视觉系统将是一种罕见的现象。类似现在的编码器和 prox 开关一样，这将成为一种标准设备。

回顾

我们研究了一些现在常见的传感器。当你继续机器人知识之旅时，不要犹豫，研究任何你新遇到的传感器，了解更多关于它们如何工作的知识。随着机器人技术领域的不断成熟和成长，你可以预见现有传感器具有的新用途，以及不断涌现的新的传感器系统。如果没有传感器，机器人只是笨重的、不知道如何影响它们周围世界的作品。传感器使机器人从无感觉的机器变成为能够执行惊人任务的高科技系统。在探索传感器的过程中，本章介绍了以下主题：

- 限位开关。在这里，研究了基本的开关，用于检测对象的存在与否。

- 接近开关。本节中详述了不同类型的 prox 开关，以及其操作的基本知识。
- 触觉和碰撞。研究了力觉传感器的优缺点，以及检测力的一些方法。
- 位置。这部分是关于使用传感器确定机器人位于空间的哪个位置，以及正在向何处移动。
- 声音。本节涵盖了标准的声音检测传感器以及超声波感应。
- 视觉系统。本节详细介绍了如何让机器人看到周围的世界，它能利用这些信息做什么。

关键术语

绝对式光栅	全球定位系统	限位开关	固态器件
二进制地址	（GPS）	电动机编码器	触觉
刻度	霍尔效应传感器	噪声	超声波传感器
电容式接近开关	碰撞	开环系统	视觉系统
闭环系统	增量光电编码器	光电接近开关	
涡流	电感式接近开关	接近开关	

复习题

1. 如果现场执行机构处于错误的位置如何来纠正一个限位开关？

2. 当选择限位开关时你需要了解哪些知识？

3. 固态器件的缺点有哪些？

4. 从低功率到高功率的 prox 开关的感应范围是多少？

5. 描述电感式接近开关的操作。

6. 描述电容式接近开关的操作。

7. 可以使用光线级光电接近开关检测什么？

8. 当使用触觉传感器的时候，能检测什么类型的信息？

9. 使用碰撞传感器可以检测哪些类型的信息？

10. 使用 1 或 0 的触觉阵列是如何检测打滑状态，并改变机器人的夹持动作？

11 高端的复合触觉传感器能够给一个机器人什么样的信息？

12. 描述下面的每个元素在一个触觉传感器阵列中发挥什么样的作用：电压、电阻和电容感应。

13. 今天通常如何检测碰撞？

14. 当用电流监测碰撞时，什么情况下有可能不会触发报警？

15. 与 E- 停止方法避免碰撞相比，使用轴分离的方式有什么好处？

16. 开环和闭环控制系统之间的区别是什么？

17. 光电编码器由哪些零件组成，它的工作原理是什么？

18. 怎样才能确定增量编码器的旋转方向？

19. 绝对编码器是如何工作的？

20. 超声波传感器是如何工作的？如何确定检测对象到传感器的距离？

21. 谁开创了机器人视觉领域，他（她）做了什么？是什么时候？

22. 一个现代的机器人视觉系统应该包括哪些？

23. 首次基于图像来设置视觉系统，并纠正机器人程序的过程是什么？

第 7 章

外围系统

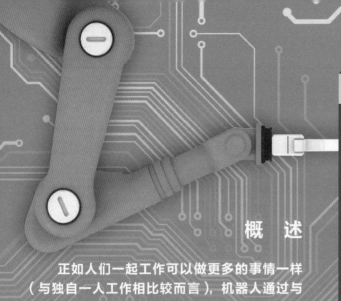

知识要点

● 核心机器人与外围系统之间的区别。
● 外围安全设备系统的类型。
● 变位机是什么？它们如何帮助机器人执行任务？
● 与机器人工具共同工作的各种外设。
● 什么是工作单元？它对工业生产有哪些帮助？
● 常见的非工业外设系统。
● RS232 是什么？
● 将设备连接成网络的两种主要方式，以及让所有的数据保持条理有序的方法。

概　述

正如人们一起工作可以做更多的事情一样（与独自一人工作相比较而言），机器人通过与其他设备或系统一起工作可以扩大其功能和能力。在工业环境中，与现有设备共同工作的能力是机器人的主要职责之一。与其他设备和系统共同工作的能力能够扩展一个机器人的灵活性，可以更容易地将系统出售给潜在的客户。在对外围系统的探索中，本章将介绍以下主题：

外围系统是什么？
安全系统。
变位机。
EOAT 的外围系统。
工作单元是什么？
非工业外围系统。
系统通信。

外围系统是什么

外围系统是执行与机器人相关任务的系统或设备，但并不是机器人的一部分。换一种方式表达，这种系统与机器人一起，或为机器人执行特定的任务，但脱离机器人仍能正常工作。外围系统将数据反馈给机器人，并经常在机器人提供的信息的基础上执行任务，但你可以移除机器人，系统仍然可以正常运作。当然，移除机器人可能需要系统数据重新进行路由选择和找到另一个信号源来启动系统；然而，如果它是绑定在代替机器人的机床或 PLC 上，该系统仍可发挥作用。这是定义外围系统的基本逻辑测试。

技术要点　　可编程逻辑控制器（PLC）是一种专门的计算机，根据输入和程序过滤的信息，使用逻辑程序引导设备的动作。这基本上是一个工业级计算机，能够非常好地运行一个类型的程序，非常迅速地控制工业机械的操作（见图 7-1 和图 7-2）。

另一种认识外围系统的方式是，它们是与机器人一起工作的设备。如果你只订购了机器人，你会得到核心系统。任何不是核心系统的一部分，如可选项或补充项，都属于外围设备的种类。请记住，核心系统由机器人、控制器、示教器、内置传感器和电源组成。通常情况下，机器人的制造商将增加工具和其他设备以提高他们的机器人的操作性能，或针对特定行业或任务定制机器人的性能；然而，之所以认为它们是外围设备，因为它们可以脱离机器人工作。与机器人同一辆卡车过来并不意味着它是核心系统的一部分，在你通读本章，以及研究外围系统的各种例子的时候一定要记住这一点。

图 7-1　一台 Allen Bradley 品牌的 Micrologix 1000 PLC

图 7-2　Allen Bradley Micrologix 1100 系统（你会在工业中遇到很多种类的 PLC 单元）

安全系统

　　工业中都需要安全系统，以确保工作在机器人周围的人的安全性，因此安全系统也是机器人世界常见的外围系统。因为机器人在工业中得到广泛的应用，因此购买机器人的公司，都要确保适当的安全协议和设备到位。这些系统通常包括机器人和工人之间的屏障，以及能够发送数据到机器人的各种传感装置，警告对人体潜在的伤害。传感器的电源可能来自机器人电源或另一个电源；该数据可以直接传给机器人或通过另一个控制系统与机器人进行通信（本章稍后将讨论更多的通信相关内容）。属于机器人一部分或机器人内置的安全装置被认为是核心系统的一部分，因此不属于外围设备。

　　这方面有一个很好的例子，关节机械臂正在安全笼里面工作，为几台机床装填工件。这个案例中的安全笼有两个入口点，它们配备传感器，当门打开时会被检测到。在笼子里面还有一个压力垫来检测人或物体是否出现在安全区里面。所有的安全传感器通过输入端将信号反馈给机器人控制器。如果有人打开门，系统将停止机器人，当压力垫检测到有东西存在于安全笼中时，机器人会在手动模式下以指定的安全速度移动。在这种设置中，安全笼、感应门、压力垫组成了外围安全系统。我们可以任意添加光幕、额外的 E- 停止，或其他安全装置，以增加工作在机器人周围工人的安全系数，它们都归入外围系统的范畴。但是，不能把示教器上的 E- 停止或机器人控制器作为安全外围系统的一部分，因为它们是核心机器人系统内置的安全功能。

安全提示
　　请记住，OSHA 要求当你处在危险区域时，要随身随时携带示教器，能够及时接触到 E- 停止按钮。虽然当前对于非工业机器人这不是必要条件，但当你接近行动区时，这仍然是一个关闭系统的好方法。

　　安全外围物品涵盖的范围很广，很多物品都属于这一类别。我们可以用视觉系统来监视路径上的物体或人。光幕非常适合于检测有没有人进入或在危险区域工作，这取决于如何设置它们。很长时间以来，压力垫和空中激光系统确保了人们都清楚哪里是危险区域。请记住，设备如果不是一个核心机器人系统的一部分，通常会被归类为外围系统。如图 7-3 所示，制造商有时为了节省顾客的时间和精力，一起将系统打包并整体运输，节省了时间、钱，省去了客户自己创建安全系统的麻烦。即使作为一个整体系统，非核心的额外的设备还是属于外围设备的范畴。

图 7-3　这台松下机器人带有自己的安全笼设置。这套系统从装运到卸货都是作为一个整体，让顾客能在几小时内安装好并开始使用（非整体打包的系统可能需要几天或数周时间）。安全笼能够覆盖机器人所有的操作，有两个供进入的滑动门，带有传感器，门开时会关闭系统，还有一个光幕在前面，检测操作人员是否在装载或处理工件。笼子、光幕、门上的传感器以及其他系统中的警钟和汽笛等非核心设备都属于外围设备

变位机

　　变位机是机器人系统的常见外设之一。这项设备用来控制机器人正在加工的零件的位置，与机器人的物理位置无关（见图7-4）。人们用变位机来旋转零件，用毛坯件替换成品零件，在加工过程中保持零件，并协助完成商品生产过程中的其他任务（见图 7-5）。这些变位机常作为机器人配置打包的一部分，但是它们仍然是单独的系统，有自己的电动机、编码器和必要的操纵部件等。将成品替换成毛坯件是变位机比较常见的用途。当以这种方式使用变位机时，系统配有一个旋转平台，上面安装所有适当的夹具和夹钳。操作者将会把毛

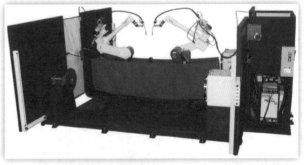

图 7-4　这台松下机器人系统有一对用于操作零件的变位机。它们是图片右侧带有银色金属端的白色的单元。这些精密的伺服电动机将它们的反馈送到机器人的控制器，能让这套系统完成非常复杂的运动，离开这些外置的变位机，这些动作很难甚至不可能完成

坯件放在一套夹具上，锁定到位，然后按下指示器按钮发送信号到系统控制器，表示零件已经准备好。当系统已准备就绪要加工零件，比方说，在启动时或完成了前一个零件加工周期，变位机将旋转毛坯件进入工作区，并在同一时间，旋转出其他夹具让操作者移除成品零件，并重新装填毛坯零件。

我最喜欢的机器人变位机是松下 PA 102S 焊接机器人使用的零件变位机，它是机器人焊接实验室的一部分。PA 102S 是设计用于"落下即走"操作的机器人焊接系统，也就是说，你把它放在工厂里，供应电力和保护气体，将其固定在地板上，做快速标定焊接。如果需要，松下公司可以设置操作程序，在完成校准焊接后，使系统立刻开始生产零件。我曾经使用的这台是以教育为目的的，所以我们没有任何松下的程序；然而，没过多久我们就设立了一个项目，并开始焊接金属。机器人常常帮助工业生产，松下 PA 102S（见图 7-6）是一台焊接零件的生产型机器人，而不需要其他设备（由于系统自带焊接工具和电源）。焊接时，最佳位置在零件的顶端与焊枪顶端大约成 15° 角，送丝速度和电流强度取决于使用的焊丝和焊接的金属类型。

图 7-5　系统这台白色的外部电动机这样固定是为了交换未加工的和已经加工完成的零件

图 7-6　PA 102S 系统

现在你了解了系统的基础知识，现在让我总结一下这台变位机如何工作。这台设备具有一台能够产生足够大转矩的伺服电动机，能够转动 50lb 重的零件，并轻松保持精度和速度。PA 102S 将来自该伺服电动机的位置信息与主系统程序整合在一起，使机器人时刻监控变位机的位置，并根据其位置进行运动计算。最后结果是一个系统可以示教四点，都在零件顶部的最佳焊接位置，随着变位机旋转零件，程序结束，并因变位机的旋转而完美地焊接好一根圆管。作者还做过一个有趣的试验，将一根直径 3in 的管放在 1ft 大小的扁平金属块上，然后固定所述扁平金属到变位机。程序一旦完成，管的外沿将以最佳的位置被焊接在扁平金属上，焊接过程中扁平金属将会在变位机上旋转。这一程序也是示教四点，并设置合适的电流和焊接材料进给速度，机器人控制器和软件计算出其余部分。这只是众多例子中的一个，但希望它给你这样一个概念，变位机作为一种外围系统，可以带来更多功能和选择的可能（见图 7-7）。

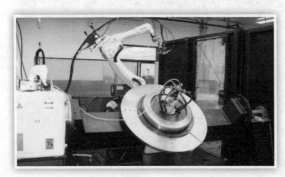

图 7-7　和焊接机器人一起工作的变位机，提供最佳焊接角度

另一种你可能会遇到的变位机外围系统是移动的机器人基座。将机器人放在这种变位机上，并将整个机器人从 A 点移动到 B 点，在两者之间任意停止，协助机器人完成任务。我们使用这

些基座，使机器人能跟上生产线或传动带上移动的零部件，为一块工作区域的多台设备装填零件，将零件运进或运出仓库，或执行其他任务，所述工作中，机器人需要覆盖的面积要大于它的工作行程。这种类型的常见变位机是直线龙门基座，因此采取相似设计的机器人也被称为龙门机器人，让机器人在一个有限的直线距离内移动（见图7-8）。轮式基座变位机有时属于外围系统，有时属于核心系统，取决于机器人的结构。例如，我们会将机器人仓库管理员的轮组作为核心系统的一部分，而安装有机器人手臂的通用型轮式基座则属于外围系统。记住我们石蕊试纸测试：如果它能够从机器人中独立出来，就是外围设备；反之，则是核心系统的一部分（见图7-9）。

图 7-8　这台 FANUC 机器人安装在头顶位置处的外围设备上，能让它和超过一台的机床一起工作（这种系统能够操作多台机器人，并"照顾"很多生产设备）

图 7-9　因为机械宇航员是为不同的基座而设计的，这种移动基座被认为是系统的一个外围设备，而不是核心系统的一部分（第 1 章机器人握手的图片显示了机械宇航员完全不同的另一种基座）

许多机器人系统都充分利用了变位机外围系统能够提供丰富的选择这一优势。无论用它们来进行成品零件和毛坯零件的交换，在此过程中旋转零件，还是移动整个机器人，它们均增加了灵活性，并且增加了机器人不能提供的其他选项。人们通常把这些单元称之为机器人的外部轴，因为它们也连接到机器人的控制器，系统存储了它们的位置数据，对它们来说，像其他轴一样，人们可以对其进行编程。就像前面提到的，此功能允许 PA 102S 系统在最佳位置来围绕管子焊接一周。如果不是因为变位机，在一些点，系统将有焊接的上下错位，因为这是一种难以焊接的位置，很难获得良好的焊缝。另一个好处是，机器人如果没有这些轴也可以工作得很好，所以如果不需要或它们出现了故障，可以将其关闭或忽略它们。许多系统在工业世界中使用变位机有很大的优势，所以如果以后使用工业机器人，和它们打交道的概率很高。

EOAT 的外围系统

工具可以自己作为一种外围系统，也可以与工具相关的设备一起组成外围系统（见图7-10）。请记住，EOAT 是机器人的一个附加元件；尽管一些厂家随机器人一起发送某些特定工具，它们仍是独立的系统。它们需要电源和输入数据，并且经常会产生数据输出，而且通常可以在结构相似的机器人之间交换，这个过程难度或变动都不大，从而赢得机器人外围系统的地位。前面的章节中，我们专注于许多 EOAT 的类型，所以在本章中，将深入研究包括工具在内的支持系统。

图 7-10　你可以看到这台带有点焊机作为工具的 ABB 机器人，这是由多种工具选择的外围系统的一个例子

　　你可能会遇到一种工具外围系统，这是一种定位器，但是与零件无关，用来帮助机器人更换工具。这些系统有各种各样的配置，操作也不同，但它们的基本原理是让所需要的刀具进入位置，用于交换机器人当前正在使用的工具（见图 7-11）。之前，我们把新的工具加到机器人上，当前使用的工具必须被放置到某个地方。定位器能够为机器人增加一个空的插槽，有助于解决这个问题。机器人把当前使用的工具放在插槽中，然后通过耦合机构释放工具。一旦机器人空出来了，定位器将需要的工具放置到位，等待机器人连接，并快速释放该工具（见图 7-12）。一旦正确完成连接，机器人小心地从变位机移除工具，定位器返回继续为机器人工作。在一个完整的程序周期内，某些系统将会多次完成这种操作，允许一个机器人在工作过程中完成多种任务。

图 7-11　工具快换系统，就像图中这个，是常见的机器人工具外围设备

图 7-12　这种工具设计用于快速释放装置（连接装置夹紧在主轴上，沟槽部分实现刚性连接）

定位器不是唯一能够帮助 EOAT 的外围设备；这些只是现有的各种支持系统中的一个类型。在焊接的世界里，有的系统装置用来清理焊枪顶端附着的任何焊渣或滞留的熔融金属。在钻孔的世界里，也有传感器以确保该钻头还没有破裂或磨损超出设定点。有清洁装置确保喷嘴使用时不堵塞，在使用另一种液体之前清除遗留的原有液体。压力传感器和测量系统帮助确定零件的质量。如果有一种关于工具支持的需求，你可以打赌就会有一个外围系统来满足这种需求。

与工具配套使用的外围系统可以执行很多任务，如钻孔、铰孔、抛光，或其他最后的修整动作。图 7-13 显示了一个机器人使用一个外围电动机与钻头连接，一起执行任务。这种类型的设置在生产过程中不仅节省了时间，它也能让机器人来完成生产过程的一部分，从而减少对额外设备的需求。当以这种方式使用外部电动机，该系统监视的数据通常是电动机使用的转矩或电流量，以及旋转速度；而当使用电动机进行零件定位时，通常监测的是位置数据（见图 7-14）。

图 7-13 Delta 机器人使用压力传感器设置来检查齿轮的几何形状

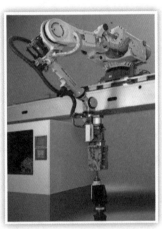

图 7-14 一台龙门式的机器人，使用一个单独电动机来执行钻孔功能

工具外设领域的发展速度和机器人工具一样迅速。当你遇到这些设备，确保你花一些时间去了解正在使用和操作的系统的细节，机器人使用什么命令与系统交互，以及如何维护这些系统（见图 7-15）。如果不这样做，可能会导致对这些系统操作不正确，出现碰撞、零件破损，以及其他不尽如人意的情况。

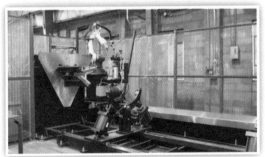

图 7-15 这台焊接机器人有几个外围系统，包括两个大的活塞，使用一套钳爪来固定零件

工作单元是什么

在工业方面，单元或**工作单元**是目前的流行语之一，用来描述一组机器，这是对机器的逻辑分组，按照逻辑顺序执行各种零件操作，工作单位执行的操作是生产过程的一部分。这些机器可能彼此独立地工作，但常常共享信息。这些设备彼此邻近，通过创建顺畅、高效的工作流程来提高生产效率。工作单元是**精益生产**倡议的一部分，其重点是降低生产成本。

工作单元

设备的一种合理组合，按照生产工艺过程的逻辑流程执行各种零件操作。

精益生产

一种关于通过减少时间和材料浪费来消减生产成本的首创精神。

工作单元都与外围系统有什么关系呢？工作单元是一组独立的系统、设备和辅助设备，这些设备工作在一起，往往利用机器人进行材料处理和其他操作（见图 7-16）。如何将所有这些不同的系统集中在一起并共同完成一项工作？工作单元是一个很好的例子。工作单元可以是一个简单的组合，比如焊接机器人、定位器、清枪器和操作人员（见图 7-17）。或者，可能包括一台焊接机器人，一台用于清除原料铸件材料的机器，将这台机器连接到焊机的输送机，以及另一个输送机，用来将焊好的零件传送给一台机器人，将零件捡起并使用台式磨床进行打磨和零件形状修整，并使用摄像头进行可视化检查。通常，工作单元是由多种设备形成的复杂的设置，共同完成零件的工艺流程，如图 7-18 所示，或者汽车制造商的机器人部门，在不到一个小时完成车辆框架的焊接。这种工作单元有数百台机器和外围设备，从车身一进入该部门时开始，一起在车身上和谐地工作，直到车身离开进入下一个工序。

图 7-16　机器人焊接工作单元，当车辆经过时进行操作。这些机器人步进是工作单元的一部分，事实上组成了这个工作单元。当车辆经过时，在前面机器人工作的基础上，每台机器人要执行一个特定的任务

图 7-17　这台松下焊接工作单元准备好发给客户使用，如果仔细看，可以发现系统的光幕安装在操作区域的基座上，而不是入口处，这种结构能够监视整个操作者工作区域，这样可以时刻保证操作者的安全

工作单元还演示了独立的机器和外围系统之间的差异。如果回到前面的例子（该系统有一台焊接机器人、一台铣床、两台输送机、一台带有摄像头的零件拾取机器人，以及一个台式磨床），我们可以看到独立设备与外围设备之间的差别。焊接机器人、零件搬运机器人、铣床、两台输送机和台式磨床都是独立设备。通常情况下，不把独立机器算作外围设备，除非它们是在机器人的控制下。摄像头、清枪器以及焊接机器人的变位机系统是外围设备。如果机器人有安全系统或安全笼，这些算是外围系统。添加到系统中的任何传感器（不是与核心设备一起打包过来的）也属于外围设备。另一种认定外围设备和系统的方式是，它们增强或强化了核心设备的操作。

如果你在工业行业中工作，肯定会接触到工作单元。这种制造方法已被证明是有效的，并经得起时间的考验。许多公司花了数千美元创建、设置和调整他们的工作单元，以减少他们处理零件的次数，零件在操作之间的行进距离，以及处理零件的时间。所有这些减少都代表了总成本的降低，并且因此节省制造商和顾客的成本。

图 7-18　这对机器人与不同的设备一起构成了一个工作单元

非工业外围系统

工业不是系统可以帮助机器人完成任务的唯一领域。我们使用相同的逻辑测试来定义这些系统；它们增加了机器人的操作功能，但不是核心系统的一部分。就像它们在工业领域的同行一样，在其他机器人领域的外围设备适应机器人的特定需要来增加灵活性和提高业务能力。和前面的章节一样，我们将从这个范围宽广的话题里选取几个例子。

在个人使用的机器人领域，最常见的外围设备是充电站。对于清洁机器人和割草机器人系统，充电站是一个流行的选择，每当机器人的电池电量低的时候，它可以给自己充电。通过位置跟踪，一些机器人可以发现这些充电站，其他的可以在需要充电时跟随一个信号指示回家。这些增加的机器人配置使服务机器人变成用户喜欢的"设置并忘记它"的系统。卖点是让用户生活得更轻松，而不需要再记得给机器人手动充电。无线充电取得的进步肯定会影响机器人外围设备，因为该技术会获得广泛接受，更多的企业都会提供这些设备。

什么时候摄像头不再只是一个摄像头？当摄像机被装在一个流行的业余机器人系统上时，一个四轴飞行器诞生了！家庭用户不是它吸引的唯一客户。好莱坞一直用四轴飞行器携带昂贵的相机，现在还安装了高科技陀螺仪，取代昂贵的直升机飞越、捕捉摄像头角度，进行扫描，传统的设备很难做到这些。或者你只是用摄像头来确保当飞行器飞出我们视线范围时不会撞上其他物品。不用担心，像 AR 鹦鹉无人机标配视频功能，您可以在智能手机上使用应用程序进行控制。你也可以平移、摇拍制作自己的家庭电影。

在军事和警察系统应用中，根据任务，机器人都配备了各种外围系统。警方可能要配备进攻机器人系统来对付坏人，这样不会危害生命和身体。军方可能担心隐藏的爆炸装置，并需要特定的检测设备。其他机器人都是关于数据并将其发送回自己的操作者。无论我们有任何需要，就像在工业中更换工具那样，许多外围系统和设备都设计成可以被添加到机器人或从中删除，从而自定义机器人的功能。以这种方式，机器人公司可以制造大量的、少数几个类型的机器人，而不是生产大量的、不同型号的机器人。这降低了生产成本，节约了客户的支出，而同时能够让客户选择他们想要的机器人。成本的降低也意味着更多的系统能投入使用，所有的这些应用都会减少生命危险。

这绝不意味着所有工业之外的领域，机器人都在使用外围系统。但是，它会让你了解以后你可能会遇到的一些系统。随着更多的机器人进入家庭、商业和生活中，可以预期，用来支持机器人的设备和系统的各种选择都会增长。

系统通信

关于外围系统的讨论如果不涉及通信方面将是不完整的。如果没有适当的通信，外围系统充其量是浪费钱，最坏的情况还会导致某些灾难。最糟糕的情况是，其中的一些信号通过了，而其他丢失了，形成间歇性的操作和功能上的不稳定和不可预测。举例子，假设你和另一国家的盲人单独待在一个房间里。你看到火灾冒出的烟从门下进来。你试着告诉盲人是怎么回事，但你们语言不通。盲人看不见烟，但可以闻到它，所以他或她知道，坏事发生了，但不知道来自哪里，或如何最好地避免它。当机器人系统试图对间歇性的信息或只是部分破译的信息做出反应时，这种随之而来的混乱与前者是非常相似的。考虑到这一点，研究一些方法让我们确保信号能以机器人易懂的方式及时到达。

在我们深入了解之前，应该花点时间来谈谈两种主要类型的信号，我们使用它们来传输数据。**数字信号**有两种状态，打开或关闭，翻译成二进制码是 1 或 0。这些信号都基于一组电压或电流电平，它们都基于真实世界设备而不仅仅是系统中的数据。**模拟信号**是一个电压或电流范围，都是在毫伏和毫安范围，即关联到系统内的一组规模。我们经常使用数字信号来表示事物的存在或不存在，就像 prox 开关和限位开关传感器，或任何其他需要回答是和否的地方。模拟信号派上用场的时候，我们需要监控数据的范围，例如房间的温度，机器人和对象之间的距离，或罐里的液体有多少。将模拟信号和数字输入结合，反之亦然，这是确保系统安全和获得数据解释的一个快速方法。

> **数字信号**
>
> 一种只有两个状态的信号，即 0 和 1。

> **模拟信号**
>
> 信号是一个电压或电流范围，对应一定规模的数值，用来表示传感器和输出装置值的改变。

主要有两种方法可以将来自传感器、机器和外围系统的信号发送给机器人。最古老和最直接的方法是直接将信号通过导线发送给机器人。在开始的时候，这通常涉及从设备引出信号线，并连接到机器人适当类型的、开放的输入接口。直接通信的确消除了其他方法的复杂性，但它确实需要为信号线开辟从装置到机器人的物理路径。

直接通信的另一个巨大的优点是 **RS232 标准**（其他与此类似），这是一个通信标准，其中某些信号线被指定用来发送特定信号，如允许发送，请求发送，发射数据，接收数据，等等。这为两个控制器共享数据建立了一个特殊的方式，允许大量数据能够快速来回传递（见图 7-19）。现在，从安全系统到机器人不必需要 50 根信号线，只需要一根 RS232 电缆从安全系统控制器连接到机器人控制器。其缺点是需要更多的控制器和特定的硬件来实现这一目标。另外，RS232 是一个标准，没有一套法律或规则。一些公司喜欢更换插脚的功能，创建一个专有系统，需要他们自己的电缆或设置，以获得合适的通信。RS232 和类似的数据通信设置使用 9 针串口，直到几年前才成为计算机上的标准，完成设备和计算机之间的通信（见图 7-20）。许多现代计算机，尤其是笔记本电脑，不再使用 9 针串口连接器传输数据，这就是为什么 RS232 标准在工业通信中失宠的原因。

> **RS232 标准**
>
> 一种通信标准，特定的电线用来指定传输特定的信号。

图 7-19 如果仔细看，你可以在 R-J2 控制器上发现两个盖着的通信端口，左侧的是用于示教器，右侧的是 RS232 端口

图 7-20 SCORBOT 机器人通信侧的近景照片。你可以清楚地看到示教器的连接端口、RS232 端口、机器人通信端口，以及九针的、为不同轴和附件（比如可选的龙门基座）准备的端口

由于串行接口不再是许多计算机的标准选项，USB 通信电缆取代了以前的 RS232 通信（见图 7-21）。其原理是一样的，但数据传输速度更快，也有插脚交换较少的问题。另外一个好处是，USB 能够通过电缆分享电源，尽管是少量的。鉴于大多数行业是新老系统的搭配，很有可能你会看到所有我们讨论过的各种各样的硬连线方式，但还有其他一些直接的通信协议没有讨论过。无论你遇到什么，一定要做适当的研究，以了解数据应该如何流动，通信中断时应该怎么做（见图 7-22）。

图 7-21 仔细看可以在控制器上发现 USB 通信端口，就在三个用来提供为伺服提供动力的端口旁边（这个端口用来升级或处理控制器的数据，包括从计算机发送新的程序）

图 7-22 像 KEYSPAN 适配器这样的装置可以让你适配 RS232 通信或 USB 通信，但问题是它们不是总是适用于你尝试通信的系统，或者你使用的计算机（如果你走这条路，需要在计算机上安装软件来让适配器工作正常）

正如前面所提到的，系统主要以两种方式进行通信。第二种方法是通过网络。网络是两个或多个系统通过某种形式的连接共享信息。这些系统使用以太网电缆的硬连线设置或某种形式的无线技术传输信息。网络是当今的发展趋势，工业中，这种风格的信息共享正在向前发展。硬连线系统需要设备之间有通信电缆或电线，而无线网络只需要一台设备或卡，工作原理类似于蓝牙设备进行通信。无线电网络允许新设备与其他工厂的设备等共享数据，而不需要连接很多电线。网络的另一个好处是，它能够将计算机接入网络，从而进行数据的实时监测。使用这种设置，工程师或维修技师可以打开附近的计算机，并收集信息，在他或她已经进入生产车间之前，了解为什么一台机器发出了警报。当您添加网络连通性和高度自动化系统，比如在家里创建接收电子邮件

或预定义条件文本，以及开始生产运行等选项时，你需要的只不过是智能手机而已（见图 7-23）。

就像在一个拥挤的房间每个人都在说话，这将导致信息丢失，如果所有系统同时尝试发射和接收数据，这也会导致数据丢失。因此，网络有不同方式以确保需要的地方得到该数据，而不是在乱成一团糟的过程中丢失。有些系统会在进行数据传输之前检查网络；如果信息是流动的，它们将等待，直到线路清空或预定的时间量已经过去，再次检查线路。其他系统通过数字标记（这只是一段代码），在网络中这相当于你举手申请讲话。有些系统有一个指定的领导、主人和指定追随者、从属者，其中从属系统只能在主系统要求它时传输数据。这几种方法能够保证我们传送的是可理解的数据，而不是从多个来源的、没办法整理的一塌糊涂的信息。

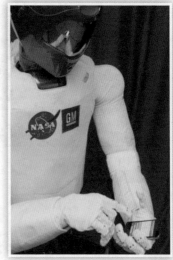

图 7-23 机械宇航员 2 的智能手机外围设备

对于那些有兴趣学习更多的有关数据通信知识的读者，我鼓励你研究网络，关于这个主题也许需要一两节课。热爱并好好利用这些数据，你可以放心，在我们的生活中将继续寻找新的方式，无论是在家里或办公室，更有效地交流。无线技术是目前网络的热门领域，并已经为工业界所接受，所以这可能是一个开始的好地方。

回顾

现在，对于什么是外围系统，以及它如何影响机器人世界，你应该有了一个比较清楚的认识。从工业中的安全系统，到清洁机器人的充电站，外围系统增强了机器人的操作功能，对于它们的人类使用者来说变得更有用。每个章节的几个例子不会覆盖所有现有的各种外围设备，所以你还是有很多的空间来继续你的研究探索。在对外围系统的研究中，我们讨论了以下主题：

- 外围系统是什么？主要谈论什么是外围系统，以及它与核心机器人有什么区别。
- 安全系统。本节讨论了用于安全保障的外围系统。
- 变位机。本节涵盖了零件变位机以及如何移动整个机器人。
- EOAT 的外围系统。本节讨论了一些能够帮助机器人工作的外围系统，事实上 EOAT 也是一种外围系统。
- 工作单元是什么？本节提出了工作单元的整体概要，以及工作单元中所有的系统和设备如何共同工作，包括外围设备。
- 非工业外围系统。支持系统并不是工业界独享的；本节讨论了在家庭和在其他地方使用的一些机器人外围系统。
- 系统通信。我们如何以智能的方式传输数据，本节进行了简单概述。

关键术语

模拟信号	网络	可编程	RS232 标准
数字信号	外围系统	逻辑控制器（PLC）	工作单元
精益生产			

复习题

1. 我们如何确定有些设备是属于机器人的外围系统，还是属于机器人的一部分？

2. 机器人核心系统的组成部分是什么？

3. 谁负责工业机器人的安全协议？

4. 我们是否将示教器上的 E- 停止按钮和机器人控制器称之为安全外围系统？证明你的答案。

5. 描述一个用来交换原材料和成品件的变位机系统的基本操作。

6. 与移动机器人基座相关的任务有哪些？

7. 描述工具快换外围设备如何工作。

8. 当我们使用外部电动机，以帮助该生产过程，而不是用变位机定位零件，机器人控制器通常在监控什么数据？

9. 工作单元的好处是什么？

10. 非工业机器人外围系统的标准是什么？

11. 使用几种外围系统的时候，建立基本模型的好处是什么？

12. 当涉及通信，需要考虑的最坏的情况是什么？

13. 数字信号和模拟信号之间的区别是什么？

14. RS232 的缺点是什么？

15. 硬连线网络和无线网络之间的区别是什么？

16. 增加互联网连接和高度自动化的系统到网络的好处是什么？

17. 有哪些方式确保所有的机器不会在网络中同时交流？

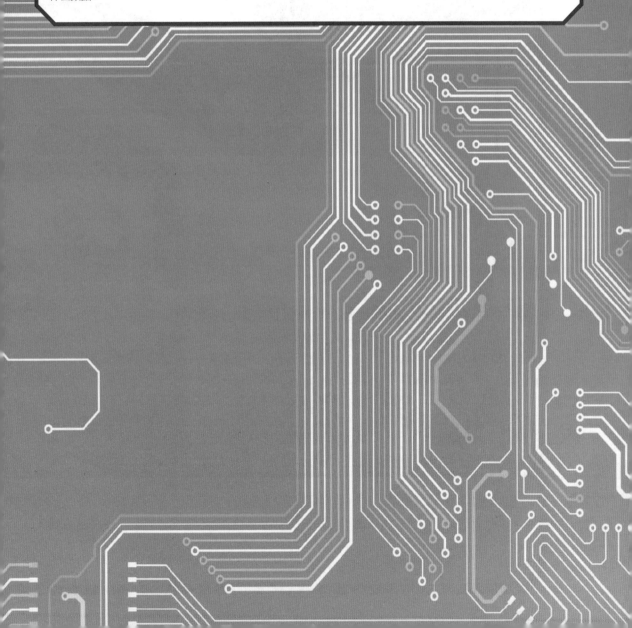

第 8 章

机器人操作

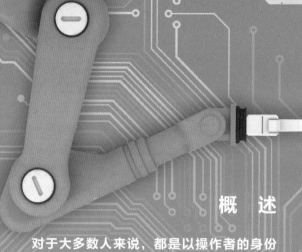

概 述

对于大多数人来说，都是以操作者的身份开始与机器人的最初接触。无论是工业机器人手臂装载零件，还是清洁机器人清理地板，单纯为了娱乐的罗伯史宾机器人，对于大多数人来说，花费在机器人生产、维护、编程方面的时间要远远少于操作机器人的时间。本章聚焦于机器人操作。许多时候，我们认为机器人是即开即用的系统，但是还有其他需要解决的一系列问题。在学习机器人操作的过程中，需要注意以下问题：

启动机器人之前。
启动系统。
手动移动机器人。
希望机器人做什么。
如何才能知道机器人将要做什么。
机器人发生了碰撞……现在该怎么办？

启动机器人之前

在现代世界，很多设备在使用之前需要进行基本的检查。机器人同样不例外。工业生产中，大多数操作者都有一份日常检查清单，并在每天不同时段执行。基于安全原因，清单通常包括机器人电源关闭这一项。需要进行哪些检查取决于机器人系统和实际应用情况，但是大多数机器人制造商都推荐了一些常规检查。

清单中，通电之前检查机器人的损坏情况是一项常规工作。包括寻找凹痕、漏漆、工具损坏、电线割断、电缆/软管损坏，以及其他任何部位受损情况（见图 8-1）。在检查中，还要注意外围系统是否完好。安全围栏是否完好？所有的传感器是否处于正常工作状态？夹具是否紧固好并且功能正常？关键是要确保在供电之前，每个部分都处于良好的状态，以避免招致危险状态，比如工作不稳定和电线漏电等。这也是很好的清理机器人系统的机会，特别是在积累了不少灰尘和污垢的情况下。清理机器人时，避免使用压缩空气，防止外来灰尘进入机器人关节和轴承。

另一种常见的检查是确保所有连接是否紧固和安全。机器人系统有几个不同的部分：主机器人、控制器、示教盒、外围系统和工作单元的通信。这些常见的部件需要信号和/或电源电缆。

机器人日常操作和附近工业系统的操作产生的振动可能会导致连接松动，而这些系统之间的任何连接松动都可能导致系统的不稳定以及设备损坏。其中较为严重的情况是，当机器人依据定位装置的信号试图保持在指定位置时，信号只是有时到达系统，或沿途受到破坏。在这些情况下，机器人以全速或接近全速移动很长一段距离，产生意想不到的运动，对任何设备来说都是很危险的。这就是为什么当通电之后，从来没有从机器人身上移除通信电缆，这也是为什么我们要在关闭电源的情况下检查与系统连接（见图 8-2）。当然，其他的危险是，线缆连接可能具有暴露的接触点，产生触电的危险。根据涉及的连接类型，你可能不得不上一把扭锁或执行视觉检查，以确保锁定装置仍然牢固。

图 8-1　这张 ABB 机器人的特写展示了启动一天的工作之前需要检查的连接点和线缆

图 8-2　一个布线的例子，是 SCORBOT 机器人供电前检查的一部分

安全提示
　　如果电源接通，你应该总是插上设备，确保让您的手指远离金属连接插头。习惯于让你的手指接触插头或金属连接可能会导致触电，以及带来的所有危险。

　　某些操作需要进行自己独特的通电前的检查，所以请确保您了解系统是如何工作的，以及系统是做什么的。这方面的一个很好的例子是焊接行业，机器人的工具是焊枪，需要自己特定的检查。一个重要的检查，以确保该焊接电源和夹具之间的接地是安全的（见图 8-3）。如果这一点有问题，焊缝没有正确的熔透，这会导致零件的质量问题，并可能导致焊渣的堆积。**焊渣**是在焊枪前端已硬化的熔融金属飞溅，这是另一个通电前检查并需要修复的问题。如果机器人切割、研磨或焊接金属，则可能需要进入机器人的工作行程范围清理废料，以防止出现问题。这时需要让机器人断电

图 8-3　一台操作中的焊接机器人，过程中产生由红热金属形成的火花

并锁定，这样才能保证安全。再强调一次，具体细节将取决于该机器人执行的任务和过程中涉及的设备。

　　许多非工业机器人在通电之前也需要相同的检查。你要确保机器人处于良好的工作状态，没有明显的损坏且所有安全系统都存在。对于电池供电的系统，建议确保电池完全充满电以获得最佳性能。确保系统的所有电缆都安装到位。正如在工业界所看到的那样，需要特别注意某些类型

的机器人。对于草坪护理机器人，检查叶片或塑料线，解决出现的问题或缺陷。对于在区域内或指定区域工作的地板护理机器人，确保该区域标志是否完好和正常供电。为了避免混乱，在为系统供电之前，要尽所能来检查，以确保机器人处于良好的工作状态。

供电前系统需要哪些检查，取决于你使用什么样的机器人。在检查清单上，许多系统都有独特的检查项目，有些我们还没有覆盖到。由于机器人的进化，系统变得越来越复杂，在每日清单上一定能找到更多的检查项目。如果你碰巧遇到一些检查是必须的，而不是常规检查的一部分，让别人也关注它。每天的检查表是人列出的，因此，总是有改进的余地。

启动系统

现在已经完成了所有的电源前检查，是时候打开机器人开始接下来的一系列检查。（是的，在按下大的绿色按钮然后走开之前，需要进行更多的检查。）但是，我们开始检查电源之前，必须给予系统足够的时间来启动并收集数据。就像一台计算机，机器人必须经过一个启动顺序，所有的计算系统启动和运行，对所有可用的数据进行检查，机器人完成所有必要的逻辑排序，知道它自己处于什么状态，自己在哪里，周围的世界在干什么。就像有的计算机需要不到一分钟的时间启动，而有的则需要几分钟的时间，每个机器人都需要特定的时间量来准备（见图 8-4）。在此期间，不要尝试启动任何程序或执行任何安全设备的检查；这可能会导致启动顺序的问题，并导致机器人的性能不稳定或进入报警状态。

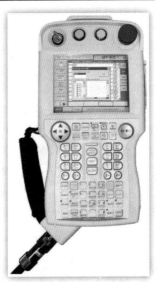

图 8-4 作为一项规则，当启动并准备好运行时，大多数的工业系统都会在示教器上提供确认信息，所以要确定了解你所使用机器人的这一特性

一旦该系统已完成启动，我们最先检查的就是安全设备。你当然不希望在面对重伤的危险时发现 E- 停止不起作用了！你应该单独检查每个 E- 停止按钮，并且检查之间要复位系统，以保证其正常运行。请注意，机器人如果有五个不同的 E- 停止按钮，你必须执行五个单独的检查。大多数工业机器人在示教盒和控制器上至少都有一个 E- 停止按钮。这未必是所有的可以控制机器人的 E- 停止按钮，因为操作员工作地点周围多放置几个是非常常见的。一旦你已经确定了 E- 停止按钮工作正常，检查安全系统，如安全笼的门连锁装置、感应垫、光幕，以及主要功能是保护您安全的其他设备。接下来，检查所有的各种传感器，以确保它们已经供电和工作正常。快速浏览一下指示灯和传感器的 LED，即使它们不在你每天检查的官方清单中，这可以防止操作过程中出现问题。

如果出现一个报警状况，必须弄清楚它是什么样的警报。有些警报是简单的通知，如电池或工具寿命已经到期；在这种情况下，你可以重新启动系统，然后运行它。我们通常称之为"复位并运行"或者"复位和忘记"报警。但是，没有解决问题的根源可能导致工具破碎、零件损坏，或者可能丢失机器人的位置。**严重的警报**会防止机器运行（直到被纠正），如 E- 停止问题或轴位置数据丢失的情况发生。复杂的工业系统都有维护手册，列明了特定报警的原因，通常还包括一个最佳纠正措施。您可以随时在网上搜索，如果你需要更多信息，请联系制造商（将在第 10 章详细研究故障排除和维护）。

安全检查完成后，应检查机器人的液压或气动系统是否泄漏，压力是否正常，清洁过滤器。大多数液压和气动系统都有一个指示，让你知道什么时候需要更换滤芯。对于液压系统，检查储罐的液位是否合适，并确保任何冷却系统的正常工作。过低或过高的液位均可引起压力问题，而堵塞或出现故障的冷却系统（有时被称为热交换器）经常导致系统内有过多的热量。可能还有一些专项检查，这取决于你正在使用的机器人，取决于系统的设计，这是执行这些检查的一个好时机。

供电检查的重点是要确保系统安全运行，并准备好去运行当天的第一个程序。很多时候，许多天没有状况出现，这可能会导致自满，其中操作者觉得检查都只是浪费时间。如果有两个选项，运行 1000 次同样的一组检查，或者受伤甚至死亡，你会选择哪个？我希望你的答案是检查 1000 遍检查，而且希望在你的机器人职业生涯中坚持这个选择（对于那些认为我夸大其词的人，请看看图 8-5）。

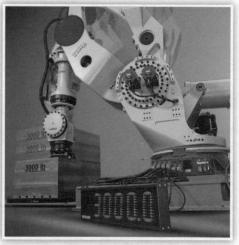

图 8-5　正如你所看到的，这台机器人承受的重量超过了一吨（进行每日常规检查意味着机器人是正常操作，还是有 3000lb 的麻烦落在你的头上）

安全提示
即使有每日检查清单和安全系统保障您的安全，最终为安全负责的人仍是你自己。简单的事情，比如严格执行日常检查，并认真关注一下机器人在做什么，当涉及到人身安全时，会导致最后的结果大不相同。

手动移动机器人

现在你已经完成初始通电前的检查了，把机器人置于手动模式下，移动各轴，注意发现生涩的动作、奇怪的声音，并注意操作中的任何变化（见图 8-6）。这通常只需要几分钟的时间，但它可能会在将来节省生产时间的损失和维修部件的成本。对于这一部分测试过程，你会把机器人置于手动模式下，将使用示教器来控制系统的操作。记住，如果你以任何理由进入机器人的工作范围，你必须拿着示教器，这样才能控制系统并使用 E-停止功能。在执行运动检查时，确保你不会操作机器人碰到任何静止的物体，因为这可能会导致机器人、物体或两者同时损坏。有一个指导机器人将如何在手动模式下移动的好方法——使用机器人的右手规则。

图 8-6　当你近距离移动机器人时要非常小心，这一点至关重要

右手规则是一种使用我们的拇指、食指和中指来确定基于笛卡尔坐标系运动的机器人如何移动的方法。在这种情况下，**坐标系**是控制机器人在工作行程内如何移动的位置点和动作的参照。现代工业机器人的标准特性是**世界坐标系**，这是基于在工作行程中机器人基座所在点的笛卡尔坐标系统。当机器人在这个坐标系中运动，可以用右手规则预测它沿直线的运动，使用户避免意外的撞击或损坏。当使用世界坐标系时，定位自己与机器人正面对的方向相同，使用右手（规则的名称来源），拇指向上；伸直你的食指并指向前方，中指朝向左侧与食指成 90°（见图 8-7）。拇指将指向 Z 轴的正方向，食指指向 X 轴的正方向，中指指向 Y 轴的正方向。请记住，这只适合于世界坐标系，并且自己必须与机器

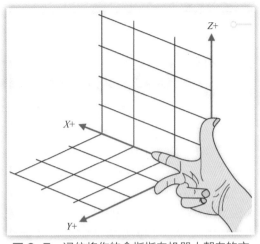

图 8-7 记住将你的食指指向机器人朝向的方向，换句话说，与工作行程的主要方向一致

人定向相同，或从机器人看向工作行程的方向。如果您尝试面对着机器人使用右手法则，你实际上是指向 X 和 Y 轴的反方向，如果你认为这是正方向，这可能会导致碰撞。

谈到坐标系的话题，让我们讨论关节坐标系、世界坐标系和用户坐标系或坐标系统之间的差异，术语坐标系或**坐标系统**在用于机器人运动的参照时可以互换使用，所以如果你在本书某个地方看到坐标系，在另一个地方看到坐标系统，千万不要惊讶，与机器人有关的其他参考材料也是如此。世界坐标系，如先前表示，基于笛卡尔坐标系统，使用原点或零点作为机器人坐标系的零参考点。工业机器人的零点通常是机器人基座中间的点，一般用螺栓将基座固定在地板或其他表面上。

用户坐标系是一个基于笛卡尔系统、专门定义的坐标系统，其中，用户定义零点位置以及轴的正方向的朝向，包括直线运动可以具有一定的角度，而不是世界坐标系那样的平行移动。因为这是一个用户定义的取向，右手规则在此坐标系中是无效的，程序员可以按照意愿定义正方向。人们通常相对于夹具或机器人的工作行程内的其他兴趣点进行设置，以此来定义用户坐标系和运动，程序员更容易操作。大多数现代工业机器人允许多个用户坐标系，具有 10 个或更少的共同选项。手动移动长轴时，世界坐标系和用户坐标系都会让机器人进行直线运动。此直线运动往往需要机器人的多个轴在控制器和数学公式的指导下一致地工作。

右手规则

我们和机器人面向同一个方向，拇指将指向 Z 轴的正方向，食指指向 X 轴的正方向，中指指向 Y 轴的正方向。

坐标系

控制机器人在工作行程内如何移动的位置点和动作的参照方法。

世界坐标系

基于在工作行程中机器人基座所在点的笛卡尔坐标系统。

坐标系统

坐标系的另外一个称呼。

用户坐标系

基于笛卡尔系统、专门定义的坐标系统，其中，用户定义零点位置以及轴的正方向的朝向。

不像世界坐标系和用户坐标系，**关节坐标系**一次只能移动一个轴，而在手动模式下正负方向由每个轴设置的零点决定。这是独立的测试机器人各轴的完美模式，它在出现问题的时候，用于确定具体是哪个轴产生噪声或奇怪的移动。关节坐标系的缺点是机器人的线性运动仅限于那些原本就是线性的轴。由于大多数的机器人都有旋转轴，机器人将在手动运动过程中以圆周方式移动（见图 8-8）。另外，对于非线性运动，在其他坐标系下由控制器执行的多轴运动在关节坐标系中变成了你的责任。结果是，在关节坐标系中几乎不可能执行直线的手动运动，必须切换到多轴来让机器人到达工作行程中的期望点。

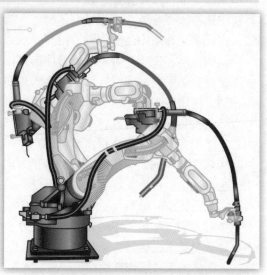

图 8-8　在关节坐标系或模式下运动类型的一个例子

当手动操作机器人时，这是一个很好的更换工具时间，移动机器人到我们以前无法看到的区域，或移走机器人，使我们可以在工作区内够到其他项目。当在机器人领域做任何事情时，特别是那些需要两只手操作的任务时，确保可以方便快捷地碰到 E- 停止按钮。如果你移动机器人以便紧固或维修线缆，请确保你这样做时已经关闭了机器人电源，因为这可能导致系统意外移动或操作。不管你为什么手动移动机器人，确保它在系统启动之前恢复到了安全或起始位置。将机器人留在随机位置，可能导致机器人在启动时发出警报或者更糟的情况发生，如机器人在回到起始位置的过程中，会碰到夹具或者工作行程内的其他物体。

起始位置是定义机器人系统及其工具在工作行程内不会碰到夹具或其他设备的点。一般来说，这是在进行机器人初始设置时任意选择的一点，所有程序都要使用起始位置以确保机器人启动时不会产生任何碰撞。

非工业系统也应该有某种形式的手动移动；但是，你通常只能使用一种类型的坐标系或动作。复杂的系统，如四轴飞行器，可能只为您提供世界坐标系运动，而业余爱好者的机械臂可能只有关节坐标系运动。当使用这些系统时，确保你花费必要的时间去了解你的运动选择是什么，以及机器人如何响应手动命令。当你第一次开始试验移动这些系统时，确保机器人周围有足够的空间，且每个人处在一个安全的距离，以尽量减少任何风险。

当涉及手动运动，无论你正在使用什么类型的机器人，你都需要花时间去学习系统如何运动，去感受一下你的选择都有哪些。当你第一次手动移动机器人，尽可能设定一个非常低的移动速度。这会给你反应的时间，以防可能出现任何问题，并尽量使问题发生时碰撞的力量减小。不要害怕创建备忘单或者把某种运动的参考图放在一个方便的地方来帮助你记得机器人如何移动。花时间去了解你的机器人及其运动，这在避开或检测运动问题时很重要。

希望机器人做什么

在这时，我们已经检查了无动力的机器人。在机器人通电后检查了安全系统、传感器和所有基本功能都是正常的。我们已经移动机器人来检查了正确的运动以及任何其他启动前的项目，包括机器人的身体状况。你也许会想，所有该做的都已经做了，一切都顺利，对吧？虽然系统已准备好履行职责，但还有一个非常重要的任务要执行，就是确定我们想要机器人做什么！如果没有使命、功能、任务、程序，或根据需要来定义它，机器人充其量只是一个昂贵的玩具。所以，现在需要给机器人一些事情来做，使之成为有用的设备。

人们经常以用在何处以及如何使用来定义一个机器人的功能。在工业设置中，有一些通用名称用于描述这些任务。"拾取和放置"机器人从一个地方拾取零件，把它们放在另一个地方（见图 8-9）。焊接机器人使用 EOAT 焊接系统（见图 8-10）将金属块焊接在一起。检查机器人使用某种类型的专门的传感器，以检查零件的质量，然后做出相应的反应。码垛机器人从传动带或其他地方拿起箱子，并叠放整齐堆放在货架上以便于运输。割草机器人修剪草坪使其保持在固定长度，同时避开障碍和生活物品。这样的例子不胜枚举。

图 8-9 一台松下机器人在执行操作

图 8-10 一台 FANUC 系统在码垛巧克力包装袋（正如你看到的那样，使用机器人是一件甜蜜的工作）

假设已经设定好机器人要做什么，机器人也已经准备好执行这一任务，我们应该能按下按钮，让机器人完成其余的事情，对吧？再强调一次，没有那么简单。大多数行业生产多种零件，因而机器人要执行多个任务。在将原料转变至成品的过程中，原始的零件和材料要经历许多工序，这会影响机器人如何处理这些零件（见图 8-11）。有时你需要在开始正常运行前运行子程序或小程序，如确保焊枪尖端是干净的或正确的工具在开始之前已经到位。所有这种变化都要求机器人必须以特定的方式应对即将到来的各种情况，这等于从多个程序中做出选择。这些程序是机器人柔性的一部分，是有价值的，但是这种情况要求我们要确定机器人执行的正确程序。所以，第一个问题是，"我们想要机器人做什么？"你的回答就藏在正在运行的零件，正在安排的操作，或者从机器人系统之外获得的一些其他数据中间（见图 8-12）。

 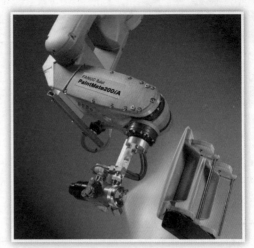

图 8-11　这台机器人可以执行装载和卸　　　　图 8-12　FANUC 喷涂机器人在操作
载操作，通常被称为"拾放"操作

接下来，通过挑选合适的程序或创建一个新的匹配工作条件的程序，你必须决定将如何使用机器人。如果您熟悉加载到机器人的所有程序，你只需要为任务选择一个正确的程序。如果你不熟悉程序，可以从工作程序指导书以及其他机器人配套的参考材料中获取所需要的信息，或向更有经验的人寻求帮助。对于那些没有参考材料也没有帮助可用的情况下，你需要仔细测试出每一个程序，确保了解它的操作，然后选择相应的。（参见第 9 章，当没有所需要的程序和必须创建一个新的程序时，学习如何为机器人编程。）

一旦你选择了该程序，应确保机器人运行该程序。在具有多个程序的系统，将有指定运行某个程序或装载程序的一些方式。这可能需要从机器人控制器、计算机或网络下载程序，而有的可能仅仅需要在列表中突出显示并按下"回车"。因为不同的机器人制造商，完成这项操作的方法也多种多样。一旦你熟悉了几个不同的系统，你将开始看到相似的地方；但是，没有加载程序的通用步骤。我可以给你的建议是，确保了解如何在系统中加载特定的程序。

一旦你已经做到了这一点，你可以按下绿色的启动按钮让机器人去工作了。不过，我想在你这么做之前提几点警示：

- 确保机器人在启动之前处在起始位置或另一个安全位置。
- 如果机器人经历任何事情从而产生与基座有关的移动，在启动之前检查工具位置是否正确。
- 永远不要假定一个新的程序已经准备就绪，而不进行测试。
- 虽然少见，程序崩溃确实会发生。这就是说，永远不要按下按钮就走开。
- 我建议至少看完一个完整的周期，在这期间手放在暂停或停止按钮上，以防万一。

如果不注意这些警告可能会导致零件、设备损坏，或人身伤害。你越了解你的机器人，以及它执行工作的过程，操作成功的机会就越大。

如何才能知道机器人将要做什么

由于在上一节结束时给出了所有的注意事项，你会发现自己很疑惑，"我怎么知道机器人会做什么？"最好和最安全的办法是在你以自动模式运行机器人之前，先在**手动模式**下运行该系统。手动模式下你来维持机器人的操作控制，能以最快的反应和速度停止操作。**自动模式**是机器人在你没有持续输入的情况下，基于该程序的操作参数自动运行程序。下面对每种工作模式一探究竟。

在手动模式下，可以移动机器人至特定点，或在运行程序的同时监控其操作。大多数的机器人在手动运行期间支持步骤或连续模式操作。在**步进模式**，机器人逐行执行指令代码而移动，同时要求你执行动作以从当前行前进到下一行代码。这使您可以验证每一行程序，并确保程序能正常工作。在**连续模式**下，程序正常运行，只要你保持正确的输入，同时按下失知制动装置 (Dead Man Switch) 和手动按钮或安排一些类似的信号输入（见图 8-13）。这两种手动模式允许你检查程序的功能，能够给你程序操作的清晰画面。手动操作的另一个好处是，大多数系统会自动减慢运行速度。不会让你的反应速度慢于机器人的最大速度，大多数系统自动将速度下降到机器人全速的 50% 或 60%，还有将速度变慢至10% 的附加选项。这给了你更多的反应时间来处理程序出现的问题，并防止损坏。当验证新的程序或

图 8-13　手动编辑或编写程序的整个期间，操作者必须保持死者开关生效或系统处于报警并停止移动状态

在碰撞后对系统进行测试时，我总是把系统设置到最慢速度，可对测试过程中的任何问题都能有足够的反应时间。

手动操作也有一些缺点。你必须按下按钮或保持按钮上的压力以让系统继续执行程序。对于大多数系统，手动操作模式下如果释放失知制动装置或其他任何必要的按钮，机器人会立即停止。在通过手动操作来完成焊接程序或其他类似工作时，在程序的中间停止可能会导致零件缺陷或损害零件质量。在手动模式下，并非所有的机器人系统允许你操作工具，这可能会导致工具、零件或夹具损坏，这取决于程序的工作原理和涉及的工具。如果你不确定程序是如何工作的，如有一个操作，可以让工具移除材料，我建议通过在没有任何零件的情况下运行程序，并仔细监测工具和夹具之间的潜在联系。有些动作需要参与的轴快速移动到达编程位置；在这些情况下，机器人要么报警，要么显示一个警告语句，然后突然移动，而不会以缓慢的安全速度或用户指定的较慢速度运动。如果你恰巧在机器人突然移动时出现在工作行程内，有可能会造成伤害，所以一定要在手动操作时确保机器人是被清空的，特别是靠近夹具或主要工作区域的时候。

只要你知道机器人的局限性，并保持警惕，手动模式下测试是最好的方式，可以确定机器人在程序运行过程中到底做了什么。这也是确定新程序性能的一个好办法，也可以在一天的开始，检查操作条件的变化。有些系统允许通过程序手动步进到所需的点，然后切换为自动模式，来返工零件或重新启动中断的程序。如果有一个程序要在启动时或碰撞后检查机器人的位置，我建议手动而不是自动运行这个程序，因为你更有可能在由于错位造成碰撞之前停止机器人。当你需要慢下来或保持对系统的控制时，手动模式是最好的选择。

自动模式即按下按钮后系统自动运行程序。一旦程序在自动模式下开启，系统将持续运行直到程序停止系统，或程序完成、发生警报状况，以及用户通过输入各种命令停止程序（见图8-14）。大多数时候，这就是人们想要机器人做的，这就是为什么机器人适合执行工业中那些

重复性的任务。人们建立了程序来重复循环，并使用各种来自于传感器和其他机器的信号暂停或根据需要启动程序。程序参数的选项几乎是无限的；因此，有很方法来设置程序完成一个特定的任务。

正如手动模式有缺点，自动模式也同样如此。手动模式，大多数系统限制了机器人的速度，但自动模式除了机器人的最高速度或在程序中指定的速度之外，没有其他的限制。在许多情况下，机器人的移动速度超出了我们的反应速度，因而出问题时很难将伤害降到最低。

图 8-14 一位操作者在监视系统操作，这么近距离观察，需要非常了解机器人的正常操作

自动模式的另一问题是意外启动。由于机器人经常执行循环的程序，在休息的机器人通常等待特定信号再一次启动。无论信号是在几秒、几分钟或几小时后到达，一旦信号到达时，机器人立刻以全速开始重新行动。活动的间歇往往会让操作者错误地认为他们可以在工作行程内做其他事情，并在机器人再次移动前搞定这些事情。只有专门设计的、能够与人类携手并肩工作的新系统，才能提供适当的安全水平（见 8-1 思想食粮，看看到底有多危险）。

只有对系统按预期执行任务有充分信心，而且知道会发生什么的情况下，才能使用自动模式操作机器人。如果有任何工作条件发生了变化，如果机器人受到伤害，如果程序有改动，如果你不熟悉程序，或者有其他任何让你对于启动系统感到紧张的情况下，那么就通过手动模式运行程序。如果由于某种原因，你不能先手动检查系统，确保你是处在一个安全的位置，并且在程序运行中，一只手要放在停止按钮上。机器人只会做我们编程让它做的事情，哪怕我们让它做一些疯狂的事情，它也照做不误。

 思想食粮

8-1 只需要片刻的注意力不集中

在从事工业工作时，我亲眼看到一个人在没有关闭系统的情况下试图处理一些事情的后果，以及因莽撞而付出的代价。

这起事故涉及焊接设备和机器人送料装置。事故中的零件出现了错位，而此时负责保持生产线运转的技术员步入工作范围内在引起焊接设备出现故障前要对零件做快速调整。通常情况下，技术人员应该将系统置于手动，进入工作区域，然后纠正问题，退出，再将系统回到自动，并重新开始工作。这个时候，技术人员认为打开安全笼进去工作区域将会使该系统调成手动，这时调整零件将是安全的。他是对了一半：为焊接设备喂料的机器人调成手动模式了，但焊接设备没有进入手动模式。他操作零件调整好位置，焊接设备的传感器检测到一切正常，开始了点焊的过程。问题是技术人员的手正处在焊接路线上。

点焊机压住了技术人员的手，就位于拇指和食指之间，造成拇指严重脱臼，并且点焊机两个点之间的大安培电流通过了手部。我到达出事区域的时候，这个人已经摆脱了焊机，坐在了地板上。技术人员的手有三度烧伤，他正处在疼痛引起的颤抖和对整个事件的震惊中。在我把他送到医院的路途中，他不停地说，他知道怎么做更好；他没有想到打开笼子也不会停止机器，只能停止机器人。

几年前我与这个人交谈过，虽然他已经基本上从伤病中恢复了，但永久性地失去了手的部分感觉和活动能力。他是非常幸运的，拇指只是脱臼，没有被压碎，而且损害仅限于手部。只是一会儿，某种情况下，哪怕试图绕开安全规则一次，可能需要你改变一生来结束你片刻的不在意。无论你的职业生涯在哪里，使用机器人和设备时一定要记住这一点。

机器人发生了碰撞……现在该怎么办

在工业环境设置里，机器人有很高的概率发生意外接触或碰撞。通常，当发生这种情况时，机器人处于全速运行状态，所以后果往往是毁灭性的，且涉及各个零部件和系统。碰撞的危害程度因能量和碰撞类型而异：零件损坏、外壳弯曲或撕裂，工具被损毁，电动机打滑，传动带断裂，齿轮掉牙等等，可能造成的危害不胜枚举。不管是何种类型的机器人发生碰撞，都可以使用下面的基本方法处理情况：

- 第一：确定为什么机器人会发生碰撞。
- 第二：清理机器人碰撞区域。
- 第三：确定如何防止另一次碰撞。
- 第四：检查校准碰撞涉及的所有设备。
- 第五：确定如何处理在事故中涉及的零部件。

碰撞
机器人在工作行程内碰到了不该接触的物体。

第一：确定为什么机器人会发生碰撞

这听起来很简单，但在一时激动之下，许多技术人员和运营商都忽略了这个明显的第一步。在移动机器人，处理损害之前，做任何事情之前，应确定是什么原因导致问题的开始。一旦你移动机器人，并开始对碰撞做出反应，很可能会失去事情发生时的重要具体信息。想想看，如果它是一个犯罪现场，如果你是一个犯罪现场调查人员，任务是确定发生了什么。拍照，从不同的角度看碰撞现场，检查程序，特别注意在其上停止的那一行，以及参与碰撞的每台机器和系统。尽你所能收集足够的信息，了解到底发生了什么。

如果收集不到足够的数据来得出明确的结论，不知道到底发生了什么，做到最好就可以了。有时候，没有明确的解释，机器人为什么会撞上什么东西，例如随机发生的间歇性问题，因此很难找到问题的根源，没有明确的说法。当您不确定原因，记录尽可能多的信息并妥善保管以备将来参考。不幸的是，有时系统出故障，甚至碰撞了几次，才可以得到足够的信息来找到问题的根源。尽力收集可能获得的信息同时不要忘了与其他操作过该系统的有经验的人员或技术人员交流，因为他们也许能够就可能的原因给你一些见解和建议。

第二：清理机器人碰撞区域

收集完必要的信息，现在是时候清理机器了。不同的系统需要不同的步骤来实现此目的。有时在出事地点，机器人会卡住或勾住别的东西，你必须使用工具来释放它。在这种情况下，尽量采用正确的方法，施加适量力，减少额外伤害，而不是直接用尽全力！有些系统将会让你重新设置报警，然后手动移动系统。在这种情况下，确保你在正确的方向移动机器人，使所有初始动作都是小的，以尽量减少任何潜在的二次伤害。这时关于机器人的运动的知识就派上用场了。只要你处在世界坐标系内，并记住每个手指代表什么，你还可以使用右手法则。

有些系统有手动制动释放开关或按钮，让机器人自由流动（见图8-15）。如果你要将机器人从碰撞中释放出来，还要记住一些很重要的事情。一旦松开制动，就不能把机器人限制在原地了。用于机器人的短轴，这可能不是一个大问题，但释放机器人的长轴可导致臂的突然和危险的倒塌。使用第 3 章关于轴数的知识，以确保您释放的是合适的轴；仔细检查您正在使用的开关属于你想要的轴，而不是它旁边的那一个。一个典型的例子，在我为一些学生演示制动释放方法的课程中，我无意中按下接下来打算演示的旁边的轴的制动释放按钮。机器人手臂第三轴由于自身的重量突然下降。幸运的是，我是在旁边一点，但机器人手臂抓住了我的安全眼镜边缘，穿过房间撞倒他们。如果我再靠近几英寸，有可能会被重重击中头部，可能会被送往急诊室。是的，即使导师也会犯错误，我们分享这些错误，所以你不必重复这些错误操作。

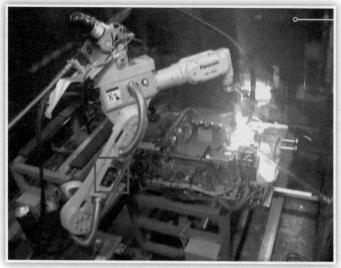

图 8-15 仔细观察这台松下机器人，看它侧面的白色和红色的按钮，靠近基座的地方，背景是黑色的。这些是制动释放开关，帮助系统从碰撞中恢复

在最坏的情况下，您可能需要移除电动机或断开电源，然后用手转动齿轮来移动机器人。这应该是你最后的手段，而不是第一计划。如果不能清除系统报警来手动移动机器人，应翻阅维修或保养手册，寻找释放轴让机器人运动的办法。通常情况下，应清除那些不需要复位的警报，需要进入菜单和设置的警报很少见到，但大多数的系统提供某种形式的警报覆盖。由于编程和操作输入水平所限，业余爱好和个人机器人系统往往需要最糟糕的响应时间。有利的一面是，许多这些系统都是小型或轻的，足以使您可以在出事地点移除整个系统，从而不需要通过控制移动机器人。

要完成碰撞恢复的第二个步骤，你必须了解出问题机器人的操作。这是另一个，为什么非常值得花时间了解你使用的机器人的原因。虽然这些机器因为他们的能力和灵活性真地非常了不起，但它们需要用户具备大量的知识才能正常工作。

第三：确定如何防止另一次碰撞

如果第一步是犯罪现场的调查，那么第三步就是逮捕。这时要对程序进行修改或对操作进行必要的修改，以防止再一次碰撞。在一些情况下，第三步和第四步检查对准结合成一个庞大的步骤以防止未来对机器人系统产生损害。这可能需要改变点的位置，把一个暂停放入程序中，添加一个输入到机器人系统，更换磨损 / 有故障的传感器，紧固夹具螺栓，移除不属于工作行程内的东西，等等。其中一些修正可能正好处于你可以执行修复的范围内，而有的可能需要维护人员、工程师、程序员，甚至制造商或其他个人的技术支持。这一步的要点是确保问题不会再次发生，造成更大的危害。

在间歇或不清楚的问题的情况下，可能难以确定采取什么样的纠正行动。如果你必须在没有采取纠正措施的情况下运行系统，应尽量减少任何潜在的损害。当你重新启动系统后，把手放在停止按钮上，而不是仅仅看着让它运行，而你去做其他事情。如果可能的话，应降低系统的操作速度。如果可以的话，进行几次没有零件的空车运行。做任何事情以最大限度地减少潜在的损害，同时检查系统症状以帮助诊断问题。不幸的是，在任何新的信息出现之前，你可能只需要让它运行一段时间。如果是这样的情况，使用您的最佳判断，在工作的限制范围内，看看能不能做些什么。

第四：检查校准碰撞涉及的所有设备

如前所述，意外的接触和碰撞可导致机器的物理损坏，并引起所述机器人的各轴移动。这将产生一个问题，机器人实际处在哪里和它认为自己在哪里是有区别的。发生这种情况时，程序中的不同点都会受到影响，程序不能被正确执行。在某些情况下，这种差异可以足够小，使机器人的操作没有明显的变化，直到我们整体检查程序，或运行校正检查程序时才会发现。作为一项规则，机器人所需的公差越小，出现错误或轴向滑动的空间就越小。

当你确定在系统中有错误时，你需要采取某种形式的纠正措施。采取什么操作取决于该机器人、它使用工具的类型以及误差量。许多系统，只要不超过设定量，通常在一英寸以下，就允许纠正偏移。某些类型工具可以在夹具内滑动，以防止损坏，并且在这些情况下，经常会提供一个相当快和简单的程序以重新校准工具。这是另外一个例子，为什么你需要了解你的系统是如何工作的，以及如何最好地处理系统的定位误差问题。（你有没有注意到一个趋势？）

当检查校准时，不要忘记检查夹具。如果错误是在夹具上，而不是机器人，但你去改变机器人的位置，而不是去校准夹具定位，这会为自己带来很多痛苦。是的，一旦你对准机器人到新的夹具位置，系统将会正常运行，但如果你改变了夹具并返回到正确的夹具定位会发生什么？突然，机器人会再一次失位，但这不是碰撞惹的祸。

另一个需要避免的错误，是重新调整程序，而不是机器人。这是快速修复和操作者匆忙行动时的常见行为。这将让系统返回并再一次损坏，但是当有人要改变程序时会发生什么？再强调一次，有未明确原因的定位问题。如果系统运行很长一段时间，操作者多次调整过程序，然后发生的某些问题，这会在第一时间造成机器人授权的重新调整，你可以猜到接下来会发生什么？是的，已经发生改变的程序现在需要改回来。这也是要检查程序的另一个原因，当我们第一次加载它们时不仅仅是按下开始按钮，然后假定程序一切正常。

请记住，我们可能会合并步骤三和四，但仍然必须满足所有的标准。如果希望系统能够恢复正常运行，最好是修复碰撞和错位带来的所有损害，不能治标不治本。在碰撞时所采取的任何快捷方式让机器人启动和运行后，经常会这里出现错误的位置点，那里出现奇怪的报警和动作，直到有人发现根本原因并修复它。这使我们失去了更多的操作和生产时间，不能从系统中删除所有症状，修复让它恢复正常运行。这就是为什么你需要花时间按步骤进行操作，而不是急于让系统恢复正常运行。

第五：确定如何处理在事故中所涉及的零部件

在我们起动机器人让它继续完成手头的任务之前，需要确定如何处理碰撞涉及的零部件。这似乎是一个奇怪的步骤，并不适用于每一起机器人碰撞事故，但对于工业生产，这却是关键。随着精益生产的普及，以及对降低库存的客户，一个公司可能只生产客户所需数量的零件，没有富裕的零件。如果是这种情况，因为机器人损坏了一些零件，如何完成客户的订单？如果你最喜欢的餐馆忘记您菜单上的一部分，你会发疯的，所以客户没有收到所有要求的产品，他们也会觉得心烦。对此问题进行修复通常是相当简单的：使用适当的内部程序，让其他人知道你需要另一个零件（见图 8-16）。

精益制造是一套节省成本的运作程序，已经在业界获得了大量普及。其原理是通过将类似的操作合并，并简化生产过程，去除所有浪费的时间、空间和运动。另一块是准时生产，其中工业生产已下订单的零件，而不是预期客户可能订购多少零件，并在仓库或其他存储区域存放零件。

图 8-16　这些零件是机器人焊接系统生产出来的，这种尺寸的零件通常是小批量的，所以任何零件损失如果处理不当的话都将是大麻烦

有时候，我们可以通过完成碰撞后的加工过程来节省零件。这些情况往往需要操作者手动逐步让程序通过碰撞时的点，然后自动启动系统或手动完成剩余的操作，能否成功取决于相关流程和出问题的机器人。这就是为什么我们在开始正常工作之前要处理好碰撞零件。在开始正常工作之前手动运行系统相对比较容易，而不是在某个点以后停止系统，并试图让一切恢复到位。如果您不确定如何保存可挽救的零件，请向有更多经验的同事求助。

一旦你已经确定零件是可以挽救的，一定要按照雇主的要求操作。如果零件已经废弃，打报告，再生产一个新的，并按照指示进行。请务必将废弃零件放在适当的区域处理或回收。我看到过很多放在"方便"的地方的零件，在那里停留几天、几周，甚至更长时间。更糟糕的是，不要试图隐瞒受损的零件，它最终会因碰撞或发生的损坏而大白于天下。如果你试着隐藏它，会看起来好像你知道你做错了什么。这将有可能导致你不愿意经历的回应，如谴责或失去工作。如果想挽救零件，格外注意零件的质量（没有人希望获得一个看起来不错，但是由垃圾伪装成的零件）。某些零件似乎可以挽救，但是在再加工的过程中，成为废品也可能会让你承担责任。

一旦您完成了恢复碰撞的五个步骤，就可以启动系统并让它运行。这里建议从开始到结束，至少手动完成一次操作，如果可以完成，再切换回自动。这给你一个机会，以确保一切工作正确，且没有错过任何其他与系统有关的问题。您的雇主可能会有一些具体准则应用到这五个步骤中，而这些准则可能需要执行一些动作或者说我们没有涉及的步骤。如果您不确定或对碰撞恢复的过程中的任何地方有疑问，可以与那些拥有更多经验的人交流，可能会对你有所帮助。**指导**或通过教学、培训分享知识、并在事故发生时用经验帮助他人，是这些知识在工业环境中传递的主要途径。

指导
　具有更多经验的人将知识分享给受训人员，通过教学、训练，在工作中提供实际所需的帮助。

回顾

我们已经学习了运行机器人的基础知识，但是这绝没有覆盖您可能在机器人的世界里遇到的所有的情况。正如每种类型机器人都有所不同，所以它们的具体要求也不同。根据你工作时的具体制度要求以及使用的机器人系统，修改、调整你在本章中学习到的内容。对于很多人来说，他们与机器人的主要交互集中在操作层面，你很有可能会用到本章学习的技能。在本章的课程中，我们讨论了以下主题：

- 启动机器人之前。在这里，介绍了在接通电源之前应该执行的一些基本检查。
- 启动系统。这部分是关于系统已通电后，应该执行

什么检查，以确保系统正常运行以及用户的安全。
- 手动移动机器人。无论是当天的第一次检查还是把机器人移动到一个方便的位置，本节均提供了宝贵的帮助信息。
- 希望机器人做什么。本节谈了一些机器人执行的任务，知道你想要机器人做什么为什么这么重要。
- 如何才能知道机器人将要做什么？本节给出了一些技巧，让你知道可以通过机器人的操作得到哪些。
- 机器人发生了碰撞 …… 现在该怎么办？本节给出了从可怕的碰撞中恢复所需的知识。

关键术语

自动模式	紧急警报	指导	用户坐标系
连续模式	坐标系	右手定则	世界坐标系
坐标系	关节坐标系	焊渣	
碰撞	手动模式	步进模式	

复习题

1. 检查机器人的损坏情况时，要看哪些方面？

2. 什么时候是清理机器人的好时机？清理机器人的同时要牢记哪些预防措施？

3. 电动机编码器和机器人之间的间歇性的沟通问题可能会造成哪些危险？

4. 使用焊接机器人时，要执行哪些通电前检查？

5. 机器人顺序启动期间会发生哪些事情？

6. 启动时要检查哪些安全功能？

7. 液压和气动系统中的普遍检查都包括哪些？

8. 当我们把移动轴作为供电检查的一部分时，我们是为了寻找什么？

9. 解释一下如何使用右手规则来确定机器人的运动。

10. 当在关节坐标系中手动移动机器人时，描述一下机器人的运动。

11. 如果不熟悉机器人加载的所有程序，如何选择

合适的程序？

12. 当你开始运行程序时需要记住哪些预防措施？

13. 手动操作有哪些缺点？

14. 当系统自动运行时，哪些因素会停止程序？

15. 自动运行有哪些缺点？

16. 碰撞恢复有哪五个步骤？

17. 在移动系统或开始纠正问题之前，我们为什么要确定事故的发生原因？

18. 如果你能在碰撞后手动移动机器人，你应该采取什么预防措施？

19. 纠正导致机器人碰撞的情况可能需要哪些东西？

20. 如果你不能确定碰撞事故的原因，而未能及时采取纠正措施，你应该做哪些事情？

21. 如何完成关于碰撞中涉及的可抢救零件的过程？

第**9**章

编程和文件管理

知识要点

- 机器人的程序设计语言基本演变。
- 5 个不同级别的编程语言。
- 在规划程序中的关键点以及每个步骤需要什么？
- 奇点是什么？
- 子程序是什么？以及它们如何帮助编程？
- 局部和全局数据的区别。
- 编写程序的基础知识和主要的可用的运动类型。
- 写完程序之后，如何测试？测试什么么？
- 机器人准备正常运行时应该怎么做？应该密切注意哪些事情？
- 如何管理机器人的数据，确保正确的操作和节省自己的时间和精力？

概　述

正如我所说过的，编程将机器人从昂贵的玩具变成有用的设备。每个机器人制造商不同的编程方式，在从模型到模型的程序建立方面有差异。由于存在这些差异，本章重点放在开发程序的过程，更关注重要的数据，而不是具体到编写程序的细节。好消息是，一旦你学会如何编写一种类型的机器人程序，你们中的大多数会发现很容易学会如何编写其他程序。这个过程基本上是相同的；只是编程的语法或如何进入并编写程序是不同的。在通向编程世界的旅程中，将讨论以下议题：

编程语言的演变。
规划。
子程序。
编写程序。
测试和验证。
普通操作。
文件维护。

编程语言的演变

在了解编程语言如何演变之前，让我们花点时间定义什么是机器人程序。**机器人程序**是机器人控制器的软件中运行的命令列表，并基于所创建的逻辑排序例程决定系统的行动（见图 9-1）。你可以将机器人程序想象成告诉机器人做什么的指令列表。机器人性能的好坏与编写程序的人直接相关。如果程序指示机器人添加无效的运动，机器人将是一种浪费。如果程序创建了一个近乎完美的焊接过程，机器人将

图 9-1　一个松下焊接程序在示教器上展示出来的样子

完成近乎完美的焊接。关于程序的好处是，我们可以不断修改和变更程序，直到拥有了最好的应用程序。而且，随着对机器人及其程序进行适当的维护，一旦我们有理想的程序，机器人可以继

续以理想方式在数天、数周、数月，甚至数年内执行其任务。**编程语言**是我们输入程序并使机器人控制器理解命令的管理规则。

数字时代之前，我们使用以特定序列开启和闭合触点的设备，来进行编程或控制机器人。用打孔卡、纹钉滚筒、继电器，以及其他方法来控制这些系统，这些设置需要使用一组不同的孔来创建打孔卡，在滚筒上移动销钉，重新为继电器布线，或控制结构上的其他物理变化，相对应的，系统操作也会发生变化。你可以想象，这些变化往往需要花费大量时间，也谈不上用户友好。今天，这种类型的系统难得一见，但是，任何一个这些老的系统都能在工业世界中运行。如果你这样做，系统很可能会出现故障或崩溃，因为很难或不可能找到可替换的零件，只能重新制作零件或更换新的机器人。

20 世纪 70 年代初，计算机技术改变了机器人编程方式并迎来了新时代。正如我们做事情的方式发生了很多重大变化，也随之产生了一些烦恼。机器人对于计算机编程的第一次尝试，使用了专门为机器人需求所设计的语言。其结果就是，作为一种编程语言或技术，对于控制机器人来说是非常好用的，但用户难以掌握和使用。为机器人系统编程不同于日常中任何其他的程序设计，而且这种语言不是非常适合于数据处理。有几家公司生产这种类型编程系统，如辛辛那提·米拉克龙 T3 语言，但因用户的投诉而成为一种短命的方法。

由于客户永远是对的，机器人公司接受了用户的投诉，并试图为机器人编程提供另一种方法。这一次，制造商开始使用已知的计算机语言，诸如 BASIC 或 FORTRAN 和附加命令来控制机器人。其结果是，产生了一种普通的计算机程序员了解的具有数据处理能力的语言。从程序员的角度来看，这是了不起的，但它不是最佳的控制机器人的方式。由于这些语言是计算机而不是机器人设计的，有些运动指令是有问题的，从而转化为运动的效率低下以及翻译困难等其他问题。作为这些公司中的一员，Unimation 公司为其 PUMA 机器人开发的 VAL 语言就是基于计算机语言 BASIC 的。

随着时间的推移，制造商为用户提供了一种两全其美的方法，创造了一种编程语言既结合了为机器人专门设计的语言的高效率，还能使用计算机语言提供的现有的编程流程。由此产生的语言很容易让那些具有编程背景的人员了解，也克服了只使用计算机语言效率低下的问题。这些混合语言持续进化，今天，有的系统已经不再需要用户具备计算机编程背景了。事实上，许多用户在接受不超过 40 小时的培训后就可以成功地为现代系统编程。当然，达到专家的水平还需要更多的训练和时间，但专门训练一个星期或同等学力的在职经验能够让大多数工人编辑现有的或写新的方案。就像前面讨论过的那样，不同的制造商之间，以及同一制造商的不同型号之间，编程方法都有差异，这些混合语言就是负责解决这些问题的。

从机器人编程的演变进程来看，可以分为 5 个不同的层次：

- 1 级：无处理器。
- 2 级：直接位置控制。
- 3 级：简单点至点。
- 4 级：高级点至点。
- 5 级：点至点与 AI。

这些级别从最简单的 1 级系统开始，到最复杂的 5 级结束。正如我们探索机器人编程的 5 个级别，我鼓励你们对使用过的机器人系统进行分类。人工智能的进步可能导致今后编程的第 6 级，但在这一点上，很难预测这个级别将包括什么优点和功能。

1 级：无处理器

就像这一级别的名字所暗示的那样，这些系统缺乏计算机或处理器控制。它们使用继电器逻辑，使用带有销钉的机械鼓控制动作时间，而无须任何其他系统进行计算机或数字信号处理芯片的工作。要改变这些系统的操作，必须对系统进行物理上的更改。改变旋转鼓上的销钉，制作一个新的打孔卡来控制接触哪一点，何时接触，重新连接继电器系统，或者该系统的一些其他物理操作。

虽然大多数现代机器人不属于这一类，但还有一类机器人仍然在这个层级上工作，这就是 BEAM 机器人。为了从下往上创造机器人系统，BEAM 系统的重点是创造没有先进处理器的机器人，看看我们可以向他们学习什么。像使用它们来模拟昆虫，BEAM 机器人似乎可以对它们的环境本能地做出反应，而不是以编程的方式。从 BEAM 机器人研究中获取的信息属于**群体机器人**领域感兴趣的范围，这种研究方法着重于使用大量的简单机器人来执行复杂的任务。希望有一天能使用简单的机器人群体来解决漏油或身体细胞病变等问题，通过创造简单和便宜的机器人团队，改善我们的生活质量。

2 级：直接位置控制

正如其名称所暗示的，该系统要求程序员输入位置数据，来控制每个轴和所有的运动，处理和创建一个程序所需的数据采集命令。这是最基本水平的处理器控制，对于程序员来说也是劳动最密集的。许多业余爱好系统建立在微控制器的基础上，像 Arduino 也使用这种方法进行控制。为了简化问题，这些系统往往对各种传感器的输入做出预定方式的反应。例如，一台机器人车辆向前行进，直到超声波传感器检测到物体，在该点它会控制两个车轮在一秒钟内转向相反的方向，以此来控制车辆转向（见图 9-2 和图 9-3）。

图 9-2 这台蜘蛛机器人使用了限位开关，当触碰腿部时就触发了指定的转向反应

对于工业应用，当机器人处在所需的位置时，这种类型的编程需要每个轴位置的信息。如果没有办法直接从机器人收集信息，程序员必须进行必要的复杂的数学运算，来找到机器人的各轴的位置。可以想象，这种类型的编程属于非常密集型劳动，很可能产生错误，因此不是程序员的最爱。我还没有碰到依然采用这种编程形式的运行中的工业系统，而我相当肯定，在业界留存下来的任何这种系统都失去了编程功能，或出现了因没有备件更换而无法解决的维护性问题。

3 级：简单点至点

20 世纪 70 年代中后期到整个 80 年代，简单点至点是机器人编程的常用方法；许多老工业系统都使用这个编程方法。程序员仍然必须键入运动类型，收集数据，以及编写程序其他的各方面，但不需要手动输入位置。这些系统进行编程时，通常的做法是离线编写基本的程序，每个位置都有一个标签，但没有坐标数据。一旦程序员使用程序时，他或她上传基本程序至机器人，然后进行物理移动机器人至每个点，并记录位置数据。有时候，这需要通过一次一行地移动完整个程序，有时需要移动机器人到所需的位置，然后在适当位置标签下保存数据。确切方法取决于机器人的型号、控制器、示教器和机器人制造商（见图 9-4 和图 9-5）。

```
// These constants define which pins on the Ardweeny are connected to the pins on
// the motor controller.  If your robot isn't moving in the direction you expect it
// to, you might need to swap these!
const unsigned char leftMotorA = 7;
const unsigned char leftMotorB = 8;
const unsigned char rightMotorA = 9;
const unsigned char rightMotorB = 10;
const unsigned char leftswitch = 2;
const unsigned char rightswitch = 4;
boolean leftswitchclosed;
boolean rightswitchclosed;
// This function is run first when the microcontroller is turned on
void setup() {
   // Initialize the pins used to talk to the motors
   pinMode(leftMotorA, OUTPUT);
   pinMode(leftMotorB, OUTPUT);
   pinMode(rightMotorA, OUTPUT);
   pinMode(rightMotorB, OUTPUT);
   pinMode(leftswitch, INPUT);
   digitalWrite (leftswitch, HIGH);
   pinMode(rightswitch, INPUT);
   digitalWrite (rightswitch, HIGH);
       // Writing LOW to a motor pin instructs the L293D to connect its output to ground.
   digitalWrite(leftMotorA, LOW);
   digitalWrite(leftMotorB, LOW);
   digitalWrite(rightMotorA, LOW);
   digitalWrite(rightMotorB, LOW);
}
// This function gets called repeatedly while the microcontroller is on.
void loop() {
   if (digitalRead (leftswitch) == LOW)
      {leftswitchclosed=true;}
   else {leftswitchclosed=false;};
   if (digitalRead (rightswitch) == LOW)
      {rightswitchclosed=true;}
   else {rightswitchclosed=false;};
       // Turn both motors on, in the 'forward' direction
   if (!rightswitchclosed && !leftswitchclosed)
   {digitalWrite(leftMotorA, HIGH);
   digitalWrite(leftMotorB, LOW);
   digitalWrite(rightMotorA, HIGH);
   digitalWrite(rightMotorB, LOW);}
   //Turns robot right
   else if (!rightswitchclosed && leftswitchclosed)
   {digitalWrite(leftMotorA, HIGH);
   digitalWrite(leftMotorB, LOW);
   digitalWrite(rightMotorA, LOW);
   digitalWrite(rightMotorB, HIGH);}
   //Turn robot left
   else if (rightswitchclosed && !leftswitchclosed)
   {digitalWrite(leftMotorA, LOW);
   digitalWrite(leftMotorB, HIGH);
   digitalWrite(rightMotorA, HIGH);
   digitalWrite(rightMotorB, LOW);}
       // Robot goes in reverse
   else
   {digitalWrite(leftMotorA, LOW);
   digitalWrite(leftMotorB, HIGH);
   digitalWrite(rightMotorA, LOW);
   digitalWrite(rightMotorB, HIGH);};
   //Wait 1 second
   delay(500);
}
```

图 9-3　蜘蛛机器人运行的程序

```
10 'knm
20 '4-16-08
30 'box template
100 MOV P_SAFE
110 POFFZ.Z = 10
120 MOV P1 + POFFZ
130 MVS P1
140 MVS P3
150 MVS P3 + POFFZ
160 MOV P5 + POFFZ
170 MVS P5
180 MVS P2
190 MVS P4
200 MVS P4 + POFFZ
210 MOV P8 + POFFZ
220 MVS P8
230 MVS P6
240 MVR P6, P7, P8
250 MVR P8, P9, P10
260 MVS P10 + POFFZ
270 MOV P11 + POFFZ
280 MVS P11
290 MVS P11 + POFFZ
300 MOV P12 + POFFZ
310 MVS P12
320 MVS P13
330 MVS P13 + POFFZ
340 MOV P14 + POFFZ
350 MVS P14
360 MVS P15
370 MVS P15 + POFFZ
380 MOV P16 + POFFZ
390 MVS P16
400 MVS P17
410 MVS P17 + POFFZ
420 MOV P18 + POFFZ
430 MVS P18
435 MVS P22
440 MVS P19
450 MVR P19, P20, P21
460 MVS P23
470 MVS P23 + POFFZ
480 MOV P_SAFE
P1=(160.710,-89.430,502.100,111.960,110.010,0.000)(6,0)
P2=(221.920,-89.430,506.690,111.960,110.010,0.000)(6,0)
P3=(286.430,-97.050,511.610,111.960,110.010,0.000)(6,0)
P4=(288.360,-42.670,511.840,111.960,110.010,0.000)(6,0)
P5=(170.600,-34.020,501.570,111.960,110.010,0.000)(6,0)
P6=(268.230,29.240,511.020,111.960,110.010,0.000)(6,0)
P7=(256.280,19.570,509.430,111.960,110.010,0.000)(6,0)
P8=(268.450,4.780,511.020,111.960,110.010,0.000)(6,0)
P9=(283.020,1.360,511.740,111.960,110.010,0.000)(6,0)
P10=(288.140,25.940,511.760,111.960,110.010,0.000)(6,0)
P11=(247.520,72.240,509.920,111.960,110.010,0.000)(6,0)
P12=(261.970,70.880,511.830,111.960,110.000,0.000)(6,0)
P13=(289.730,65.980,514.110,111.960,110.000,0.000)(6,0)
P14=(252.980,110.240,511.950,111.960,110.000,0.000)(6,0)
P15=(292.690,101.820,515.120,111.960,110.000,0.000)(6,0)
P16=(269.820,95.340,512.500,111.960,110.000,0.000)(6,0)
P17=(269.820,119.110,513.100,111.960,110.000,0.000)(6,0)
P18=(189.260,156.660,508.670,111.960,110.000,0.000)(6,0)
P19=(258.110,139.580,513.790,111.960,110.000,0.000)(6,0)
P20=(249.680,160.070,512.990,111.960,110.000,0.000)(6,0)
P21=(257.540,171.670,514.020,111.960,110.000,0.000)(6,0)
P22=(293.830,127.760,515.400,111.960,110.000,0.000)(6,0)
P23=(291.210,166.100,515.970,111.960,110.000,0.000)(6,0)
POFFZ=(0.000,0.000,0.000,0.000,0.000,0.000,0.000,0.000)
```

图 9-4　最后带有位置数据的三级程序（这个程序是在三菱五轴机器人上编写的）

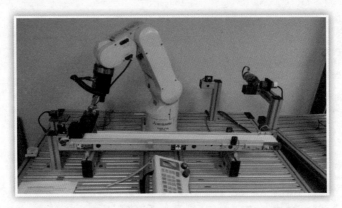

图 9-5　图 9-4 中的程序就是为这台机器人编写的

一些系统允许程序员使用这种方法直接从示教器创建程序。已经设定的第 3 级的系统既可以提前编程，也可以从示教器动态创建程序，诚实地说，我喜欢脱机创建程序并上传。这主要是因为在键盘上比示教器上更容易输入。就像老式的手机，其中每个按键上有三个字母。要键入一个字，你必须按一个键一到三次来输入一个字母。这需要更多的时间和努力。编辑一两行代码时，使用示教器还可以，但写较长的程序，我更喜欢使用计算机。示教器的另一个缺点是，显示画面通常在任何给定时间内只显示出几行代码。这使得当你继续编程工作时，计算机中很难清楚地显示整个程序流程。如果你打算从示教器进入程序，我建议事先准备程序的纸质副本，让您可以在键入时不必担心逻辑流程。

4 级：高级点至点

高级点至点是简单点至点的升级状态，使编写程序的过程简化了很多倍。使用 3 级语言，用户要承受编写所有的行动命令和方向命令带来的烦恼。使用第 4 级的语言，编写程序像创建一个新的程序一样简单，使用正确的运动标签输入一串点并到达它们，测试程序（见图 9-6）。没有必要记住简单的编程方法所需那些大量的运动和逻辑指令，程序员只需要确定程序中的关键点，机器人在关键点之间是如何移动的，以及任何必要的逻辑过滤器，机器人的软件会处理剩下的问题。（稍后本章有运动类型和逻辑过滤器的更多内容）。

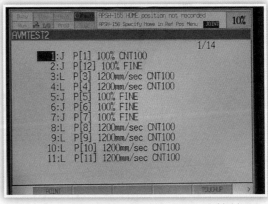

图 9-6　机器人课程上使用的 FANUC 控制器上的 4 级程序的一个例子，在该程序中，学生在不同点之间使用了直线和关节运动

4 级编程语言真正改变了工业用机器人的世界。突然之间，只有很少机器人经验或没有经验的操作者都能够弄清楚如何创建简单的程序，而不再需要深厚的编程和逻辑背景。在制造商的网站进行一周的培训足以满足大多数人开始编写工作程序，制造商训练通常持续 30 ~ 40 小时，并在训练中心提供超过一周的课程，一般费用约 2000 美元，有几百美元的上下浮动。如果一个行业购买一定数量的他们的机器人，一些制造商将免收培训费，以美化销售协议。高级程序仍然需要程序员对编程有很好的理解，某些形式的高级培训也是如此。许多机器人制造商同样提供这种培训，但这在先前最初的 30 ~ 40 小时之外，

还需要另外一到两周的培训。

工业系统的绝大部分编程都属于这一类，因为这个级别的编程变得非常简单，易于修改或编写新程序。另一个好处是，这种语言的简单性使得它容易直接从示教器编写一个程序。实际上，示教器是将程序输入这些系统的常见方式，作为用于程序的变量和逻辑，是可以从菜单中选择的选项。离线编程仍是一个选项，可以使用先进的软件，利用机器人工作范围的精确模型模拟动作，允许程序员创建很少需要调整的可行的方案。如果未来你花时间与工业机器人打交道，你有很高的概率以这样的编程方式工作。不幸的是，没有通用的 4 级编程语言，所以你仍然要了解你正在使用的品牌机器人的具体细节。从另一方面来讲，那些学习过 4 级编程语言的人，往往会迅速和容易掌握其他制造商的 4 级水平的语言。

5 级：点至点与 AI

计算机编程的最新进展是在高级点至点编程中增加了人工智能（AI）。它吸取了 4 级编程语言的便利，并增加了修正错误的能力，以及先进的教学方法。虽然在 4 级语言很容易设置点，唯一造成错误的可能是由工具导致的。5 级系统使用视觉或其他一些高级感测方法来确定系统位置和示教位置之间的差异，并做出补偿。这使工业机器人系统增加了全新的功能，允许机器人在原先不可能的条件下工作。

5 级编程系统的另一个进步是示教点的办法。示教点的标准方法是使用示教器和手动模式，通过各种运动类型和运动的组合，移动机器人进入位置。5 级编程系统允许用户实际抓住机器人，并将其移动到他或她想要的任何位置。这将大大简化示教过程，就像你原来要通过控制夹爪机器抓住一个毛绒玩具，现在直接用手去抓这些玩具去你想去的地方。这种类型的教学是非常自然的，并使其容易根据需要定位机器人。巴克斯特机器人是这一类型系统的一个很好的例子，具有先进的安全功能，视频摄像头进行动态偏移补偿，以及手动定位示教模式，直接移动机器人的手臂，而不是使用示教器。

5 级编程语言对于机器人世界来说是新鲜事物，并仍在打入市场的进程中，但我完全相信这会在未来 5 ~ 10 年成为标准规范。随着客户越来越熟悉这些系统的操作和编程的所有选项，需求将会增加，为了满足相应需求，制造商将会提供具有这种能力的新型号机器人或对现有的型号进行更新。在最近的一次贸易展上，我看到了一个**第三方供应商**的硬件包，将其他几乎任何采用 4 级编程的系统升级到 5 级系统。在我看来，这预示将现有设计可以轻松升级为 5 级；在很多情况下，它可能像添加一个视觉系统或其他传感器，以及更新操作软件一样简单。

随着人工智能软件不断发展，我们不断开发出新的方式来使用机器人以应对困难，有很大的可能，你将来看到的最先进的编程语言，你只需要告诉机器人你想要做什么。不用再设置点，我们只需要简单地采用视觉系统拍一张照片并使用一支特殊的笔标出我们想要的焊缝。不再用详细标出"捡起"和"放下"的点，我们可以简单地告诉机器人拿起瓶子并把它放在箱子里。我们有一些系统已经如此接近，但它们仍然需要由程序员示教一些基本要点，以及其他少量的人工操作帮助。

> **第三方供应商**
> 系统、软件或其他物品由制造商或客户之外的人设计。

规划

现在你了解了一些编程如何进化的知识，现在是时候来学习编程的基本过程了。我们从规划开始（见图9-7）。生活中大多数事情都需要一定程度的计划才能取得成功；在开始写程序之前，你需要有一个整体规划。规划的水平取决于心目中机器人任务的复杂性。如果你想让机器人从A点沿一条直线移动到B点，这种规划是相当简单的。确保机器人能够达到两点，这两点之间机器人行进的路径中没有对象阻碍。如果你想机器人打多个点将两块金属焊接到一起，并避免对任何夹具零件的碰撞，那么你将需要一个更复杂的规划。将规划过程分解成几个步骤将有助于确保您不会忽视任何东西。

步骤一：你要机器人来做什么（见图9-8）？你开始规划之前，你必须要知道目标是什么。请记住，一个程序是一系列的逻辑步骤，设计用来控制机器人的动作。机器人不能即兴表演，它只能通过您创建的程序在设定的范围和规则内执行任务。如果您创建的一个程序没有明确的想法让机器人来做什么，那么机器人将不能满足您的预期，或做任何有价值的事情。如果再考虑到机器人往往比我们更快更强壮这一事实，一个计划不周的程序，从字面上讲，可以给系统周围的人带来危险。花点时间确定出你希望机器人做什么，从开始一直到结束。我建议你写下来你想法中的任务或勾画出你想要机器人做什么。在此步骤中，它重要的是要确保你心目中的任务是机器人能够做到的事情，而不是超出了系统的覆盖范围、力量、速度或工具类型。

图9-7 正如你从图中所看到的，不是所有的机器人任务都很简单，且容易解决。很多程序需要精心规划以避开问题位置、夹具等物体，以及其他一些容易影响工作质量的状况

图9-8 如果仔细观察，可以发现这个零件有多个焊缝来满足所需的强度。没有正确的规划，这些焊缝也许看起来很好，但是实际上是不合格的或有其他缺陷，将会降低结构强度

步骤二：任务映射。现在你知道你想要机器人做什么，花时间弄清楚它将如何做到这一点。问问自己这些问题：

- 机器人需要什么样的工具？
- 我想让机器人在点与点之间怎样移动？
- 是否有任何需要机器人避开的障碍？
- 机器人在每个点做什么？
- 机器人的每个点之间做什么？
- 是否要考虑其他任何条件或因素？
- 该进程符合逻辑吗？

我们将着眼于这些问题的每一个细节中，当你开始编写程序时，这些措施可以为您节省很多时间，减少很多麻烦和挫折。

机器人需要什么样的工具呢？开始描绘出任何任务之前，确保所述机器人安装了必要的 EOAT 是非常重要的（或你已经有了它）。如果没有，你需要订购合适的工具或拿出一个不同的计划。例如，安装了夹持器的拾取 - 放置系统，但它不是设计用来焊接的，将需要新的工具、一个额外的电源和适当的软件组成一个焊接机器人。其他时候，它可能简单到只是修改夹爪上的手指，来抓住新的几何形状零件。如果过程需要多个类型的工具，你要么需要允许机器人进行工具交换要么安装多个工具。无论需要什么，我建议在一开始就解决此问题，因为错误或不当的工具非常容易导致故障产生（见图9-9）。

图 9-9　正如你看到的，一些"捡起和放下"操作需要一些特殊夹爪

我想让机器人在点之间怎样移动？机器人有 4 个主要的运动类型：关节、直线、圆弧和波浪。**关节运动**是点对点的，所有的轴参与运动，无论是以最快的速度，还是以最慢的速度运行，单独的轴之间没有相关性。因为所有的轴都是独立移动，点之间的运动有很大的概率不是一条直线。工具可以弯曲、倾斜和/或以奇怪的方式移动，这取决于各轴移动的距离量。我看到过几个程序，其中一个关节运动导致了工作行程内的碰撞事故，正是由于出现了意外的运动。我建议在远离固定物体的时候，使用关节运动，这样产生碰撞事故的概率很小。

直线运动是控制器给所有涉及的轴设定速度以确保直线运动。拿一把尺子或其他直的物体放置在两点之间，你会看到机器人的路径。这些运动包括角度，以防两点之间存在高度差，所以记住这一点为好。当你跟随的对象有不均匀高度的变化时要小心。例如，如果在零件的 A 点是四分之一英寸厚，B 点是半英寸厚的，并在两点之间有四分之三英寸厚的地方，也就是说，机器人将碰到两者之间的高点，因为它以直线的方式运动。为了避免这种类型的问题，你可能需要沿直线编程额外的点，帮助机器人解决厚度的变化或其他的障碍物，如夹具。

圆周运动是由不少于 3 个点描述而成的圆弧或整圆。对于**圆弧**或部分圆，你需要至少示教 3 点：起点、中点和终点。对于完整的圆，你至少需要 4 点（见图 9-10）。然而，5 个或更多点更好，从起点开始沿着圆每隔 1/4 个圆周（或 90°），结束点与起点是相同的或者刚刚超过去。对于所有 3 级及以上的语言，机器人控制器处理基于定义的点为直线或圆弧运动进行必要的数学运算。1 级和 2 级语言需要你找出如何做到这一点，这是它们在行业如此罕见的另一个原因。更高层次的语言将根据您创建的点计算出最佳的圆或圆弧完成运动。如果你给出的示教点之一处于奇数的位置，你的圆弧或圆圈最终可能会有些变形，所以一定要彻底测试这些运动。

波浪运动是直线或圆周运动，以一定的角度从一侧移动到另一侧，而整个单元从一个点移动到另一个点。可以把它想象成横跨直线运动的缝合类型的运动（参见图 9-11）。要建立这样的运动，除了直线或圆弧运动正常所需的点，还必须设置两个另外的点。这两点决定机器人波浪运动距离法线运动的每一侧有多远，以及在波浪运动之间，机器人向前运行多远的距离。我们可以为任何应用或机器人系统编写程序，使用波浪运动，但焊接是你遇见类似运动的最常见应用。

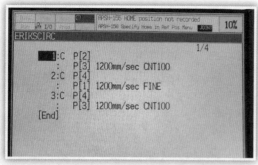

图9-10 FANUC 系统设置的圆周运动程序或程序的一部分

图9-11 波浪焊接的例子（注意焊缝的宽度以及产生的波浪形花纹）

是否有任何需要机器人避开的障碍？一旦你决定机器人在点之间如何移动，应寻找任何机器人沿途可能碰到的东西。这里经常被忽视的物体是夹具。**夹具**将零件固定住，以便完成加工过程，通常以夹爪或其他方式固定。我们将零件固定住的方式可能成为机器人的阻碍，特别是当机器人执行拾放以外的其他任务的时候。我见过几种情形，机器人在操作过程中跑进了夹具的夹爪中，但没有报警和制止。相反，机器人略微地偏移出它的编程轨迹，并创建了一个焊缝，将两个零件焊在了一起（见图9-12）。

图9-12 在程序运行期间，有时需要多种夹具、软管以及其他不确定的物体来操纵机器人

对于这个话题，确保不在工作行程中留下工具和其他物品，因为它们可能处在机器人的路径上。许多在机器人周围或与机器人一起工作的机器都有显示器，或可移动的操作员控制系统。我看到过一个"壮观"的碰撞结果，操作员已经更换了一台数控机床中的工具，再次启动机器人之前，却忘了把显示器推回到安全区。当操作员启动机器人，它砸到并打碎了显示器，然后"欢快"地执行它的程序。这个价值几百元的错误导致关机两天，然后我们得到了一个新的显示器。如果袭击对象是可动的，如留在错误地方的是扳手或锤子，它有可能会被击飞，造成更多的混乱。

机器人在每个点做什么？机器人是否停在这一点？在该点是否打开或关闭抓手？我们是否需要打开焊机、油漆喷雾器、胶水分配器或其他设备？我们是否需要机器人准确到达那一点或只是靠近它？你必须知道为什么要设置每个点，以确保机器人做你想要做的事情（见图9-13）。有些系统给选择，让你决定是到达该点，或只是接近以减少所花费的时间，在循环周期内完成程序。你可能在一个点暂停，从而使夹具

图9-13 这个例子显示了考虑机器人在加工过程中的每个点做什么的重要性，程序中编辑好拾取的点是从一侧到另一侧，如果夹爪闭合过早，叉子会撕开袋子并洒出巧克力

或涂胶器执行工作。这些五花八门的原因让我们给出机器人的示教点。问题的关键是，如果你不知道机器人在每一个点做什么，你怎么能指望机器人编程正确？

循环周期

完成一个程序循环所需要的时间。

机器人在每个点之间做什么？答案往往决定了点之间的运动类型和其他的程序细节，诸如机器人是否在焊接，以及它能在点之间运动多快。作为一项规则，分阶段运动的目的是全速前进，而焊接、涂装、拿起零件等任务期间运动较慢。**缓冲点**是为了让机器人接近期望点的位置，但仍然处于安全距离以外，允许存在间隙和快速移动。我强烈建议在任何精密的运动之前和之后增加一个缓冲点，如速度过快地到来或离开过突然可能会造成问题。以后如果你确定它们是不必要的，可以随时删除缓冲点。

是否要考虑其他任何条件或因素？在规划过程中，在这一步，你要把如传感器、等待机器完成零件加工过程、奇点，以及其他任何可能会影响程序的因素考虑在内。**奇点**是机器人的一种状态，在奇点没有明确的路径让机器人在两点之间移动。这是两个轴排成行的结果，如第四和第五轴在一条直线上，在奇点机器可以经过两条不同的道路到达编程点。图 9-14 是一个奇点的例子。当这种情况发生在你的程序里时，机器人可能移动不稳定，或比指定的速度更快。当这些条件发生时系统会报警，或警告程序员，其他的只是尽可能做到最好，否则可导致对机器人或零件的损坏，甚至两者同时损坏。

该进程符合逻辑吗？这是一个简单的问题，但如果你不花时间考虑，它可能产生大麻烦。请记住，一个程序是一组逻辑步骤，所以如果你有

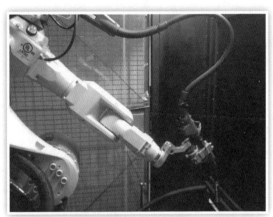

图 9-14　因为轴 4 和轴 5 一字排开，这台机器人可能会在直线运动中遇到麻烦。我第一次在焊接时遇到这个问题，所有事情进行正常直到机器人进行一个快速奇怪的运动试图通过奇点，这引起了焊缝跳跃并使零件报废

一个不合逻辑的操作计划，你的计划很可能会失败。请先确保你的动作流程是有意义的，而不仅仅是首先完成编程。请确保事件测序正常。请确保添加了必要的数据收集步骤，或必要的循环部分的程序。这就是要确保你的程序是一个可行的命令设置，用以完成预定的任务。例如，在开启涂胶应用之前，让机器人开始运动并为零件涂胶是没有意义的。但在加载一个原材料零件之前，从一台机床上卸载已经加工完毕的零件，这是有意义的。在这一步，花几分钟时间，并寻找任何跳出流程的故障或任务流程中的其他问题。换句话说，你需要确保整个进程没有不合逻辑的步骤。

如果你花时间回答所有这些问题，你已经为机器人程序打造了坚实的计划。前几次你检查这些步骤时可能觉得有些奇怪，但当你编写好程序并与机器人一起工作时，你会发现它会成为你编程过程中的一个自然组成部分。您可能会发现其他的问题，可以帮助您规划程序或改变问题的顺序，这样对你来说更容易。这些指导方针并不是铁律，只是从我多年的编程经验和机器人教学课程中派生出来的，欢迎以最适合你的方式去适应它们。

子程序

现在你的计划已经设计好了，并已制定出涉及的各项任务，现在可以花时间谈论子程序了。**子程序**是一个成组的指令序列，用来执行一个动作，主程序会重复使用它。使用子程序的目的是减少程序中的代码行数，并使其更容易地编写程序。子程序的一些例子包括打开或关闭夹具，改变工装，响应报警的动作，以及其他支持机器人操作的这类动作。子程序没有限定的代码行数，但往往比操作程序小得多，并且一般只有 3 ~ 4 行代码。根据控制器的不同，你可能需要添加特定行代码在子程序的末尾返回到主程序，而有些可能只需要结束语句。不管它是如何完成的，一旦子程序完成了，系统必须由某种方式返回到主程序，否则系统将无法正常工作。

当你正在编写程序时，通过花几分钟来识别哪些重复的操作可以变成子程序，可以节省大量的时间。例如，如果通过 3 行的代码用来打开夹持器，另外 3 行代码关闭夹具，程序需要更改 10 次夹持状态，只是为了抓手操作就将需要 30 行的指令。如果我们把夹持器的打开设成子程序，将夹持器的闭合设成第二个子程序，我们将只需要 10 行指令来完成夹具的 10 次状态改变。这可以节省大量的编写程序时间，并降低犯错误的概率。一旦我们已经创建了一个子程序，它会继续正常工作下去，直到我们修改程序或机器人改变了基本操作。

请确保您创建的子程序作为一个全局函数，而不是局部函数。**全局函数**是变量、子程序和其他代码或数据，可由您对机器人创建的任何程序访问。所有的系统都提供全局函数排序，当你创建新的程序时，不必重新创建子程序或记录关键点。随着时间的推移，这意味着为程序员节省巨大量的时间和精力。一些常见的全局函数包括打开和关闭夹持器的子程序、机器人的中心位置、工具更换子程序，以及其他对多个程序有用的动作和位置。**局部函数**意味着只有一个程序可以访问该数据。编写程序时创建的大多数位置是局部数据。如果您创建一个子程序，使其仅限于局部，那么只有你创建的程序能够使用它。要确定是否要创建一个局部或全局子程序，你要了解控制器如何排序和存储数据。您可能需要创建子程序作为全局可以访问的小程序。某些系统称全局子程序为**宏程序**，这改编自计算机科学，宏指令调用宏定义生成一个序列的指令或其他输出。建立局部或全局子程序一切都取决于你正在使用的系统和软件设置的方式。

> **宏程序**
> 用于产生指令序列或其他输出的单个指令或指定按钮。

再次，我们要确定要把哪些任务转成子程序，然后再开始写程序。重点是为了节省时间和精力，所以在规划阶段解决这个问题它才有意义。如果碰巧你忘了这一步，或开始写程序时才意识到有一些程序可以变成子程序，没有规定说你不能这样做中期程序。事实上，就像我们刚才举的例子，如果使用 3 行代码来改变夹持状态 5 次，使用子程序来改变其他 5 次状态，也不会有问题。危险的是，我们可能会在输入 15 行指令中的一行时犯了一个错误，用于前 5 次转变，当然，我们失去了一些时间用来输入额外的代码。其他可能要关注的问题还有内存使用情况，但对于大多数现代系统来说这将是一个罕见的问题。

编写程序

现在，你有了程序规划，制订了各项任务及其顺序，并已决定把哪些任务转化子程序，是时候开始编写程序了。这时你必须知道你的机器人是如何工作的，控制器是如何组织信息的，最重要的是，如何为正在使用的具体的机器人建立一个程序。这部分很多时候取决于制造商使用什么基础计算机代码或数据管理系统。许多业余爱好机器人的微处理器和老的工业系统需要编程类似于 CNC 或基本的计算机语言代码之一。松下机器人使用类似于 Windows 的操作系统，因此，在这些系统上编程类似于创建一个 Word 文档（见图 9-15）。FANUC 使用它自己的软件，和自己的机器人一起发展演变，但它属于 4 级语言和用户友好类语言。巴克斯特机器人，由于其使用 5 级语言，可以让你移动机器人创建程序。在 LEGO MINDSTORMS NXT 和 NAO 机器人都使用图标化编程，其中所述图标块表示动作，块的连接确定程序流程（参见图 9-16）。这就是为什么写一个机器人程序是由型号和控制器决定的，这也是为什么我们不在本章中重点介绍任何特定的系统。

图 9-15 如果仔细观察这幅图，你可以看到左上方角落里的类似文件的图标。它能让你完成 word 文档里文件标签的同样功能。邻近的图标能够执行编辑功能，例如剪切、粘贴、复制等。还有几个图标只和机器人相关，例如机器人图标和两个箭头组成的圆周

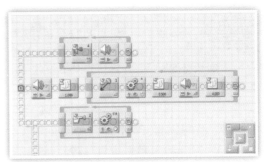

图 9-16 乐高 NXT 机器人的一个程序例子，正如你看到的，这是一套连在一起的逻辑方块，产生程序的逻辑分类。每个方块控制一个特殊的功能，例如检测、逻辑过滤或电动机操作，使用特定变量程序可以对期望的操作进行调整

从积极的方面来考虑，我的经验是，一个人一旦学会了如何为一种类型的机器人编程，那么他或她就能够很快学习新的编程类型。从一台机器人到另一台机器人，编写程序的过程中基本上是相同的；从一个系统到另一个系统，只是具体细节或语法有改变。如果你先学习 3 级语言，往往更容易学习如何为 4 级或 5 级系统编写程序。从更高级别的编程转换到较低级别有点难度，但有以下任何一种编程经验，这对你都将是一个明确的加分。

如果你的系统允许以全局子程序开始，由于我们是要使用这些作为主要程序的一部分，所以我们写程序之前，它们最好已经到位。通常情况下，这个步骤作为初始机器人包的一部分已经完成了，尤其是工具的子程序。在大多数情况下，你只需要在你的系统中简单地检查子程序的标签，然后写下来以帮助编程。如果这是机器人的初始设置，即将使用新的工具，或者你脑中有一个新功能，你必须创建这些子程序。当创建子程序时，在认定它们是好的、可以使用之前，务必测试它们（我们稍后很快将讨论这个过程）。

现在是时候创建程序了。具体的细节取决于系统，但共同的选项如这时你需要为程序命名，确定程序类型，确定坐标系，选择适当的工具，并指定参考的偏移表。不是所有的系统都会有这些具体的选项，有些系统也会将不同的选项添加混合到一起；但是，你应该能够在编程手册中找到这些基础知识，或者通过专门的培训来学习。当你为程序命名时，确保名字长度在系统规定的限制范围内，并且是没有被使用过的不重复的名称。使用名称过长可能使你的程序无法被控制器

识别，或造成系统警报。在使用已经在用的名称很可能抹去以前的程序。在这发生之前，甚至你可能都不会得到一个警告。

旋转正确的参考坐标系和工具是程序能够成功运行的关键。记住，参考坐标系为工作行程定义了零点，从零点开始，机器人定义了所有其他位置的点。在许多情况下，默认坐标系是世界坐标系，它使用机器人基座为原点。如果在创建程序并保存了点之后，再改变参考坐标系，示教点很有可能会改变：这可能是一个灾难。在系统中仅使用一种类型的工具，你只需要验证工具是否存在于程序参数中，这往往是一个默认设置。当系统使用多个工具时，应确保选择合适的工具或工具组。在创建程序后更改选择的工具，一般不会造成定位问题，可以为您提供适当的工具教点。

技术要点 我们使用工具组时，机器人有一组以上的工具位置数据。这是机器人如何跟踪每一个独特的工具位置点或工具中心点。大多数系统情况下你可以设置一个默认工具组，确保新的程序能够使用该数据。

上面概述的创建程序的过程是现代工业系统的标准，但并不是所有的系统创建程序的方式。一些系统，如基于图标的编程类型，你只需打开软件，并开始创建程序（见图 9-17）。其他系统为机器人创建已经填入最常见选择的程序，以简化这个过程。有的机器人只有一个参考坐标系，所以显然不需要定义使用哪一个。具体细节取决于您正在使用的系统、控制器以及制造商所使用的软件。

一旦你设置了主要参数并仔细检查程序制作过程中的其他变量（如偏移表），就可以完成程序的制作了。结束保存程序创建过程中的参数设置，开始示教指定的点，并设置程序的逻辑。在规划过程中，获取所有的信息并进行收集和归纳，开始创建

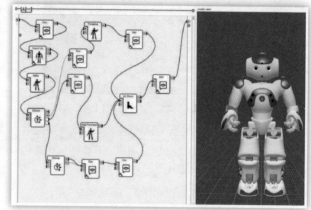

图 9-17 NAO 机器人是一个完美的案例，在此系统中你可以打开程序，拖出你想要的元素至工作屏幕上，连接它们创造逻辑流程，然后把它们上传到机器人；你还可以手动移动机器人并记录位置，创建自己独特的运动，能够两全其美（这是我的一个学生编辑的 NAO 机器人的程序）

程序。当您设置程序的点时，请确保设置适当的运动类型来达到这一点。创建程序时请注意机器人的速度和工装条件。请确保在适当的点添加了子程序或其他逻辑功能。总之，这是编程任务的主要部分。在标准的基于行的编程中，每一行将有一个唯一的数字，决定了程序的流程，并允许你引用特定的程序部分和各种逻辑指令。

如果不熟悉基本的编程逻辑，让我们快速浏览一下程序中经常添加的普通的逻辑功能。下列是普通逻辑命令的列表，并带有简要的说明：

- And——这种逻辑功能需要两个或多个独立的事件或数据状态发生之后，才能输出功能。
- Or——如果有两者之一或更多的事件发生，则该功能的输出发生。如果有多个条件为真，这个逻辑命令的输出同样进行。
- Nor——这种逻辑过滤器，在输出发生之前，所有的输入条件必须为假。
- Xor 或 Exclusive Or——类似于前面提到的 Or 命令，所不同的是仅其中的一个条件可以

是真实的。如果超过一个条件为真时，不发生输出。

- Not 或 NAnd——这是与 And 相反的命令，在输出触发前，所有的输入条件必须为假。
- If Then——这个命令是一种高级的逻辑过滤器，允许你设置一组复杂条件发生之后，所需的输出功能才能发生。例如，如果输入一是真的，输出二是假的，那么输出三为真。
- Jump 或 Jump to——这使您在程序中可以跳转到指定行或标签。我们常常以此为逻辑过滤器的输出条件。
- End——此命令停止程序的扫描，并触发系统正常地结束程序响应。这是一个让控制器知道该程序已经完成的命令；在工业系统中，当你第一次完成一个程序时，这是唯一显示的命令。
- Call program 或 Call subroutine——呼叫程序或调用子程序，我们用它来调用子程序或其他程序，以帮助减少程序中的代码行数。通常，当我们使用此命令时，调用程序或子程序的最后声明令控制器回到主程序原始程序代码的下一行。
- Wait——此命令创建程序的定时暂停或让机器人等待具体设定的条件，然后再继续。你可以用这个命令规定哪些细节取决于机器人，但往往你可以设置等待命令，将程序暂停，直到一个输入被接通或其他一些特定的事件发生。
- Math functions——用数学函数，你可以加、减、乘、除，进行不同复杂程度的数据操作。这通常是用来跟踪移动的零件，在系统中创建偏移，或以其他有用的方法修正数据。这些功能控制器同样用来在全局函数中生成直线运动，并为圆周运动创建圆弧。

你可能在机器人系统编程中遇到其他的逻辑过滤器，但上面列出的那些对于许多工业系统来说都是普遍的。在图标化类型的编程中，经常会发现这些命令被预包装成块，只需要按照正确的顺序连接这些块，以获得必要的逻辑。由于大多数可用的图标类似于子程序，可能调用或建立子程序的能力。如果是这种情况，请尝试复制和粘贴的方式，以节省编程时间。无论你想要编程什么系统，这些命令位于哪里，它们是如何插入，以及它们在机器人编程系统中是如何设置的，这些具体细节都是非常值得学习的。

程序创建过程的另一个重要部分是保存数据。我总是告诉我的学生，"早保存，经常保存，保存您的数据！"关于编程最令人沮丧的东西是花了大量时间编写一个程序，却由于停电、一个动作失误或系统出现了故障，瞬时失去了所有的工作成果。已经数不清多少次了，有学生花费一整节实验课的时间编写程序，却在最后丢失了数据。在保存程序之前关闭机器人是避免失去数据的重要方法，这样能让你免受挫折。直到你真正保存了程序，你只是理论上编好了程序。当然，它的代码、逻辑和位置，你可以逐步对它进行验证，这是我们即将介绍的过程。但是，直到你实际上将它保存在内存中，否则很容易受到人类和系统错误的攻击。对于超长的程序，你创建的时候我建议每 10 分钟左右保存一次。最起码，你需要在完成输入之后在测试之前立刻保存程序。许多现代工业系统中，在你进入自动模式前会自动保存程序，但我警告你要克服懒惰，不能依靠这种方法保存所有程序。

创建程序，节省点，设置运动类型的细节，创建逻辑过滤器以及调用子程序和所有其他的点点滴滴构成一个程序，取决于您正在使用的系统，这是为什么我不想在本章中讲授一种特定的风格的原因。有时候，你有机会在使用本书的课堂上做一些编程，而你的导师将提供你为课堂上使用的机器人进行编程的细节。如果是这种情况，要尽可能多学习：当你遇到新的系统和新的编程风格时，这些知识将大大地帮助你。

测试和验证

一旦你完成了程序编写，在将系统置于自动模式并启动之前，还有关键的一步，那就是测试程序。即使是有多年经验的程序员也需要在宣布准备好了之前去验证程序操作的可行性（见图9-18）。赫尔穆特·冯·毛奇，一位德国军事家说得好："计划赶不上变化"（Levy，2010）。虽然编程不是战争，但可以肯定的是当事情出现错误，老板会死死盯住你的。一旦你写完程序并进行第一次测试，你很有可能将会对程序做出修改。这是编程过程中的一个自然组成部分。不要对你规划的程序寄予太高期望，否则在测试过程中，你容易让自己陷入悲伤中，因为有很高的概率你需要进行一些修改以调整程序，并获得理想的效果。

你正在使用的系统将决定你在处理时有什么测试选项，但大多数工业系统提供手动逐步测试法和连续测试模式。对于大多数系统，手动测试要求你按着示教器上的失知制动装置，以及按着面板上的一些按键。有关此类测试的好处是，如果释放失知制动装置或必须按住的按键，系统会立即停止。这让你能够控制机器人避免产生碰撞或损坏零件。有关手动测试的另一个好处是该系统的运行速度大约是正常运行速度的一半。正如你以前学过，机器人的移动速度可能超过我们的反应速度，所以这个较慢的移动速度使操作者能够及时反应，让他们在灾难发生之前做出响应，或让他们想出办法让自己摆脱危险区域（见图9-19）。

图9-18　焊接系统通常在测试过程中给你手动焊接选项（如果你在测试中使用一个系统执行操作，记得使用正确的安全装置）

图9-19　正如你看到的，有时你在程序验证时将非常靠近机器人，这就是为什么机器人在手动模式下移动得非常缓慢，而且当你验证程序时一定要非常小心

在**步进模式**中，机器人通过一次一行按照程序前进，在它读取下一行程序并响应前需要你按下示教键盘上的按钮。大多数系统将允许你在程序中向前和向后一步，这样就可以让你在两行代码之间反复，一遍又一遍地观看动作。有一点要记住的是，仅仅因为机器人只执行一行代码并不意味着它不会行进较大距离。如果设置两个点的间隔是10ft，机器人执行这行代码，将行进10ft移动到B点。您可以通过释放死者开关停止系统，或者如果系统要求必须按住键盘上的按钮，则通过松开按钮停止系统。测试时，我建议采用步进模式，因为这可以让你准确地确定每一行程序在做什么，这样更容易找出并纠正程序中的错误。

顾名思义，**连续模式**工作，你一旦开始程序的手动连续模式，它会贯穿整个程序，除非你释放按钮或失知制动装置来停止它，否则它会一直到达程序的结尾，或某些因素导致系统报警输出。许多工业系统可以让你逆序运行这种测试方法，所以请确保你知道程序将以哪种方式流动。

我建议一旦你验证并且在步进模式下证明程序可行之后，在此模式下运行程序，这会让你很好地了解程序作为一个整体是什么样的，会让你看到全景。

如果机器人移动缓慢的话，程序中有些动作将不会发生。如果遇到这种情况，大多数系统会给你一个报警；一旦你接受或获得运动所必需的授权，机器人下一个将要做的是达到或接近全速。这通常发生在当你在点之间的工具方向上进行根本性改变时，或者其他涉及轴的移动必须转动很长距离时（见图 9-20）。如果不知道即将发生什么，可能会得到一个"讨厌的惊喜"，特别是当你接近机器人时。任何时候你得到机器人的报警，在你将它放在一边，并全速前进之前都要花时间来阅读和确定警报告诉你了什么。我的学生有的碰坏了机器人，损伤了零件，虽然有惊无险，但是把程序搞得乱七八糟，正是由于匆忙而忽略了程序报警告知的内容。有很多经验丰富的操作者习惯看到警报，并养成重置再继续的习惯，这是一种常见的错误。

图 9-20　看这两张图片来了解手动模式下经常需要快速移动的运动类型（以激烈的方式在短距离内改变工具的方向，需要快速移动并打断焊接过程，对焊接过程造成不利影响）

步进和连续手动模式也是通过现有的程序前进的好方法，可以进行返工和碰撞后操作。使用这种方式，你要特别小心，以确保工具起到所需的作用，来完成零件的加工。例如，焊枪在开始焊接前必须得先起电弧，在焊接中间，你可能必须做一些额外的事情来做到这一点。在对零件进行单步调试时，在进行到"捡起"零件这部分程序前，您可能必须打开夹子。问题的关键是要确保你明白当使用手动模式应对碰撞恢复或手动操作系统时会发生什么。

当与不提供手动测试模式的系统打交道时，尽你所能验证程序的操作。您可能需要使用 E-停止按钮，确保工作范围内尽可能清晰明确，警告附近的人，或做其他事情以减少测试过程中的风险。许多业余爱好或娱乐型机器人缺乏测试模式，所以使用这些系统时，在进入之前，你必须尽你所能仔细检查程序，尽量减少运行该系统的风险。幸运的是，大多数这些系统是低功率的，并且受伤的可能性是最小的。确保测试这些系统时你处在一个可控的环境中，你可不愿意看到，在一群粗心的人中出现一台失去控制的机器人。

一旦完成这两种模式下的程序测试，并对操作结果满意，请务必再一次保存程序。这确保了内存中的程序是你想要的，而不是预先测试的程序。有些程序在测试阶段被证明是充满了错误，程序员与其试图解决这些问题还不如重新开始编写。这可能听起来很疯狂，但有时确实从头开始更容易一些，而不是修改极度糟糕的程序。有些警告显示多个报警条件，问题在尝试多次纠正后变得更糟，导致程序停止的代码原因不明，由于程序有这么多的地方需要修正，你再也无法了解逻辑流程。一些程序员也会发现创建一个完全新的方案更容易，而不是更改其他人写的现有程序。正如战役可能需要将军清理自己的策略并重新开始，测试也可能使程序员回到规划阶段来创建一个新的程序。

请记住，测试程序的重点是在你自动运行它之前排除漏洞。在这一步你投入越多的努力，自动模式下机器人操作成功的机会就越大。通过这一步可能花费你很多时间，但如果没有正确进行测试而导致损坏，则需要更长的修复时间，所以记住这一点。当涉及程序，质量比数量更重要！

普通操作

一旦您完成了机器人程序的编写和测试，下一步就是按下绿色启动按钮，让机器人开始工作。即使你现在可以开始正常工作，这并不意味着你可以没有顾虑地走开。大多数具有手动模式的系统为安全起见以较慢的速度运行，而在自动模式下机器人运行更快。此功能提高了与机器人工作时的安全性，某些时候当机器人全速运行时会掩盖一些问题。除此之外，机器人周围的世界发生了改变，以及机器人内部系统的变化也可能导致正常操作的问题。这是程序员的工作，操作员来监控机器人的行为，根据需要进行必要的调整，而且在某些情况下，来防止灾害发生！

当一个新的或编辑过的程序第一次在自动模式中运行时，在你认为准备好在有限的监管下运行它之前，请确保你已经监视机器人运行了几遍该程序。许多程序员跳过了这一步，导致因机器人程序问题损坏了零件或设备。通过验证程序正确运行几个循环，就能避免停机的代价和挫折，以及老板询问这样不舒服的问题，"你没测试过这件事情吗？"或者"为什么会产生碰撞？"我也建议在第一次自动运行期间，把你的手放在靠近 E- 停止按钮或其他停止按钮的地方，以防确实存在错误。你不能总是及时停止机器人，因为机器人移动速度非常快，我们人类有时只有一点时间来反应，但它会给你一次机会。通过观看机器人完整的运行程序几个循环之后，通过验证后，那么你可以据实声明它准备好运行了。

一旦你正在运行一个验证过的程序，但这并不意味着机器人不再需要人工帮助。零件的偏差也可能导致拾取和放置出现问题。由于工具和夹具的使用磨损，定位会发生改变，零件可以移动，并且工作质量也会下降。由于机器人因正常使用而磨损，各轴的位置也可能会改变。这些和许多其他事情可能造成机器人工作条件发生变化，需要人进行干预；在工业应用中，操作员或程序员需要一遍遍地调整机器人程序来处理这些变化，这是很普遍的。这个过程通常只需要几分钟，可以很简单地在程序中调整一个或两个点，然后保存更改。在这种情况下，没有必要另起炉灶写新的程序；大多数时候，测试也是最低限度的，例如通过步进调试几行代码验证新位置的工作（见图 9-21）。

图 9-21 正确的设计和程序测试能够让多台机器人系统流畅地运行

机器人不管是需要一个操作者看着它还是要通过一个复杂的传感器阵列查找问题，都必须有一些系统用于监测机器人。请记住，机器人只能做我们编程让它去做的事。它没有直觉，它没有感觉。除了我们通过编程让它具有的能力之外，它没有解决其他问题的能力。当我们想出机器人以新的、创造性的方式来解决棘手问题时，系统更容易对意外情况做出反应；然而，这些反应仍然是由程序推动的。最终，机器人需要人来解决棘手的问题，找到更好的方法来执行任务，并在超出机器人的程序范围时做出裁定。这是人与机器人之间合作的一部分，每一方都有其长处和短处，我们利用双方的长处来弥补另一方的弱点，任何一方独自完成任务不是没有可能，但注定是困难的。

文件维护

在大多数情况下，机器人控制器是专用的计算机系统，而像一台计算机，你需要不定时地进行数据或文件维护。在许多方面，这类似于管理文字处理软件中各种文件或者 MP3 播放器中的音乐。你想保存你喜欢的数据，确保您需要它时可以找到并使用它，删除你不再需要的数据。让我们仔细看看在机器人的世界每个功能意味着什么。

此前我提到过"早保存，经常保存，保存数据"。这不仅仅是指保存程序到机器人示教器或控制器。大多数机器人控制器不将程序写入到存储设备，除非明确指出，这意味着一旦停电，你所有的程序都将丢失！虽然大多数机器人都有备用电池，但电池只能维持一段时间，人们可能会因狼狈不堪而忘记提示或按照制造商的建议做出改变。如果你没有将程序写入某种形式的备份介质，如闪存驱动器、SD 卡、硬盘或其他存储介质，所有程序缺失的后果自负！为了避免这种情况发生，大多数制造商均提供一些方法来从机器人备份数据和程序。通常情况下，您可以设置这种情况发生的时间间隔。例如，松下焊接机器人使用 SD 卡作为其备份介质，插入示教器的槽中以便于存取。有的控制器允许设置系统多久备份所有的程序一次，以及在覆盖最旧的备份之前，SD 卡上可以保存多少备份。这允许你去返回到之前存储的状态，以防止您编辑和保存后程序不是你喜欢的。这个过程因机器人的不同而有所变化，有一些是自动选项，有的需要你手动执行每次保存。请确保你了解你的机器人是如何工作的，并保存好所有的程序和数据。

另一个你可能会使用到的数据功能是分类排序。想象一下，所有的文件或音乐扔进一个文件夹的那一刻，只按照文件或歌曲的标题进行排序。将大量的数据放置在一个地方，这将使你难以找到特定的项目。在计算机世界中为了解决这个问题，我们可以在文件夹中创建文件夹，并使用文件夹进行数据分组，进行有意义的排序。根据不同的系统，你的机器人可能也有这个选项。这是一个方便的功能，特别是如果你正在备份文件里寻找具体的东西。如果你的机器人有这个选项，确保创建有意义的文件夹，对数据进行适当排序。如果不这样做可能会导致你和你的机器人都难以找到需要的数据。许多工业系统中在备份过程中自动创建特定的文件夹，在这种情况下，你只需要学习机器人如何组织数据去进行有效的导航。

你有没有把写过的所有的程序保存在计算机的硬盘上？答案可能是否定的。正如我们丢弃的文件不再有用或有关联，因此，也必须删除没有意义的程序。使用现代的硬盘驱动器，计算机具有大量的存储空间，删除 Word 文档对系统的存储容量的影响非常小。不幸的是，机器人的世界是不同的。机器人通常具有有少量内存，如果你在机器人里存储了几个复杂的程序，你可能没有足够的空间来存储另外一个大型程序。为了解决这个问题，如上所述，我们将程序保存到外部存储设备中，或删除程序不再使用。你删除一个程序之前，我会提供一个警告：确保如果可能的话，保存一个外部副本。显然，如果我们要删除一个程序，以空出机器人的内存空间，我们便不能在机器人里保存这个程序。如果你可以从外部设备保存程序，请确保您已将存储设备做好标记，或者可以用某种方式在文档中找到该程序，使您如果需要的话可以再次找回。如果不能将程序保存到外部设备，你会不得不忍受的事实是，现在删除程序后，以后可能需要重写。

谈到删除文件这个主题，一定要跟踪自动备份系统在做什么。您可能需要不定时地手动去删除旧的备份，以便有空间给新的 / 当前备份。在快节奏的现代世界中，很容易忽略自动备份，因为眼不见心不烦。如果没有来自机器人的报警消息（或类似）提醒你备份系统已经用完所有可用的空间，你需要创建一个清单或某种形式的自动提醒帮助你记住这一点。

当谈到文件维护，你可能会负责机器人的这项具体任务，因此，请确保您了解机器人如何处理数据，以及你在这方面的责任。如果碰到一个数据问题，确保你花时间拿出纠正措施，然后实现你的计划。经验是一个伟大的老师，如果你可以用几分钟时间进行文件管理从而避免繁琐的工作，没有比这更好的老师了。当处理文件和数据时，不要忘记起始位置、用户坐标系、偏移量、数据表，以及影响机器人操作的其他信息。仅仅因为它们不是一个程序并不意味着它们并不重要。实际上，一个轴的零点损失或可以造成大量停机时间和挫败的轴，你需要纠正这些情况；如果保存了这些数据，只需要简单地上传零点就可以纠正这些问题。文件管理也是因机器人不同而不同，有时型号不同也有所变化，所以一定要确保花时间去学习了解你的机器人。

回顾

虽然没有涵盖任何一个系统的编程细节，但本章的信息将帮助你解决在机器人编程过程中遇到的问题。记住，一旦你学习过一种系统编程的基础知识，它将使学习其他机器人如何编程变得更容易。无论你是使用 VEX、乐高 NXT、FANUC、松下、ABB、MOTOMAN 或其他机器人系统，过程是一样的，你在本章中所学的内容仅仅在语法或如何创建程序方面有所区别。语言层级确实能对编写程序产生影响。请记住，语言层级越低，对你的工作会提出越多的要求。

在编程和文件管理的探索中，本章介绍了以下主题：

- 编程语言的演变。我们了解了 5 个不同级别的编程语言，它们每一个是如何工作的，以及演变的电子编程。

- 规划。我们讨论了在写程序之前，确保我们知道自己在做什么的重要性。
- 子程序。本节涵盖了小程序和代码部分，我们将在系统的操作过程重复使用它。
- 编写程序。我们了解了编写程序的过程，和你可以预期使用的运动类型。
- 测试和验证。我们着眼于仔细检查你的程序，以保证写程序期间和之后的正常操作，但在系统自动运行之前。
- 普通操作。本节中介绍了正常操作和这期间人们的责任相关内容。
- 文件维护。正如管理计算机上的数据一样，我们也必须管理机器人中的数据和文件。

关键术语

And	全局函数	Nor	群机器人
弧	If Then	Not	第三方
调用程序 / 子程序	关节	Or	Wait
圆	Jump to	编程语言	波浪
连续模式	线性	机器人程序	XOr
周期	局部函数	奇点	
End	宏	缓冲点	
Exclusive Or	数学函数	步骤模式	
夹具	NAND	子程序	

复习题

1. 我们如何改变早期的或不采取数字技术的机器人的程序？

2. 描述第一个数字机器人程序的操作。

3. 数字程序的演变的第二步是什么？

4. 机器人数字化编程第三步是什么，它是如何影响现代世界机器人的？

5. 机器人编程的 5 种不同级别是什么？

6. 描述 2 级编程语言。

7. 描述机器人 3 级编程语言。

8. 如何编写 4 级机器人系统程序？

9. 4 级编程语言的好处是什么？

10. 4 级和 5 级编程系统之间的区别是什么？

11. 程序规划的两个主要部分是什么？

12. 任务规划阶段中的 7 个问题是什么，你应该如何回答？

13. 什么是 4 种主要的运动类型以及机器人如何做每一种类型的运动？

14. 点之间的关节运动会产生什么类型的运动？这种运动的潜在危险是什么？

15. 你如何使用圆周运动命令创建一个弧和圆？

16. 为了确定各点的机器人的操作，你可能要问自己哪些问题？

17. 缓冲点之间的运动和工作运行期间的运动之间有什么不同？

18. 什么原因导致奇点的产生？

19. 使用子程序的目的是什么，有哪些例子？

20. 创建一个程序时，你需要考虑哪些常用选项？

21. 在保存点之后更改程序的坐标系有没有潜在问题？

22. 保存长程序时好的原则是什么？

23. 步进模式测试和连续模式测试之间的区别是什么？

24. 当你在手动模式下进行测试时，如果机器人必须做出较大的轴向运动，通常会发生哪些与此相关的危险性？

25. 第一次自动运行程序时，你应该怎么做？

26. 如果你忘记将程序和数据保存在永久的存储设备中，你的程序和数据可能会发生什么事情？

故障排除

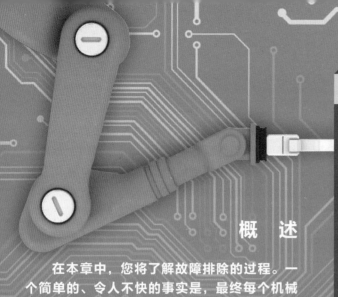

概　述

在本章中，您将了解故障排除的过程。一个简单的、令人不快的事实是，最终每个机械系统或工艺过程都会出现任务执行失败的情形，出现这种情况时，有人会使用故障诊断过程确定是什么问题，如何让系统再一次正常工作。在学习有关故障排除的课程中，我们将介绍以下项目：

故障排除是什么。
分析问题。
收集信息。
其他信息源。
寻找一个解决方案。
如果一开始你没有成功。

故障排除是什么

在我们讨论故障排除之前，必须首先明确一些定义：

故障排除：决策的逻辑过程，以及修正系统或过程的错误。

故障检修人员：确定故障原因和进行必要的修正，让系统或过程再一次正常运行的人员。

你可以在网上、词典以及分散的技术手册中发现这些定义的不同说法，但在本章中将使用上述定义，因为它们体现了要完成的任务。考虑到这一点，让我们开始探究一下故障到底是什么。定义以"逻辑的过程"开始，这是理解的关键点。故障排除不是发生了神奇的事情，而是随着问题或状况的启动并进行到信息收集阶段的逻辑过程。形成一个行动计划并执行，并且最后对系统或过程进行正确操作的测试。有时候，这个过程第一次便奏效；有时候，它需要进行几个循环才能找到正确的行动路线。这就是说，如果你的第一个计划行不通不要气馁。有的时候，你尝试一项行动计划，实际上还可能使问题变得更糟。如果出现这种情况不要惊慌，因为这也是故障排除过程的一部分。我曾经有幸与一个故障排除高手一起工作过，"如果你能给问题施加好的或坏的影响，这说明你是在正确的道路上。"最重要的事情是思考你做了什么，它是如何影响问题的。这个信息可以让你更好地了解是什么原因造成这个问题，这时你才能在稍后真正解决问题。

我们的故障排除定义的第二部分是"确定并纠正系统或流程的错误。"我们将着眼于如何组织"逻辑过程"，但首先，让我们花一些时间探讨一下在定义中提到的"系统或过程"。在修复故障之前，你必须知道系统如何正常工作。例如，假设你正在游乐园的开幕当天排队等着乘坐你最喜欢的乘骑游乐设施。轮到你的时候，操作人员告诉你，系统有一个问题，并要求你帮助解决问题。你从来没有骑过这个游乐设施，也没有机会和骑过它的人交流。对这个游乐设施你只有一个大体概念，不了解它是如何控制的。在这一点上，你真正知道的是，它不能正常工作了。你会怎么做才能解决这个问题？答案是，没有关于该设备的工作原理、它是如何控制的，以及不能对它做什么等详细信息，你成功的机会接近于零。任何系统或过程的故障排除过程都是一样的，你要明白它是如何正常工作的以及出现了什么故障，然后才能解决问题。一个故障排除高手可能会花费大量的时间学习各种过程以及他或她的将要修复的系统。做到这一点的最好办法是运行设备一段时间，或观看正常情况下的操作，直到你明白它是如何工作的。

让我们重温前面的例子，显示设备正常运转的知识如何提供帮助。你又回到了同一个游乐园。乘骑游乐设施已经运行了数个月，而且你一直作为工作人员操作它。你知道每次运行需要多长时间，一次能让多少人乘坐，项目执行顺序，以及最重要的是，你现在知道在正常条件下的设备工作时是如何控制的。同时，你也知道它的怪癖。在某个休息日，你带来了朋友 / 家人到公园里游玩，并尝试你工作的游乐项目。轮到你的时候，操作人员说，设备不太正常。他要求你帮忙解决它，因为你非常了解这个系统。在这种情况下，你认为你可以在下面的故障排除过程中提供帮助吗？你现在掌握的知识能对你解决问题有所帮助。你知道系统是如何工作的，并知道它的怪癖，并且在你操作设备过程中的某个时候可能看到过这个问题。所有这一切都将大大增加你确定是什么问题的能力，并找到解决办法。

这给我们揭示了故障排除的另一个重要方面：那些忘记过去维修经历的人注定要重复劳动。我建议大家如果有谁愿意进入任何技术维修领域，或计划做任何故障排除工作，请坚持写我所谓的维修日记。日记中你可以记录所有经历过的维修工作，这些可以在未来为你提供帮助。例如，如果你解决了一个以前没有见过的问题，记录机器的情况、警报、指示灯以及其他你在问题评估阶段找到的信息。不要忘了添加上注释，注明你对解决这个问题做过什么，因为这与你记录的症状同样重要。这将帮助你解决将来再次遇到同样的或类似的问题。在我的故障排除生涯里，我曾经在同一台设备上看到了同样的问题，在设备运行多年之后。人们很难记住两三年以前怎么解决的问题，但一套好的笔记可以节省您的时间，因为你之前在这个问题上花费了大量的精力。此外，类似问题有类似的解决方案，这是很常见的。即使原始解决方案可能无法修复新问题，但它可以给出从哪里开始的、非常好的参考意见，从而节省了大量的信息收集阶段所需的时间。

我们开始了本章的另一定义，即故障排除人员。一名故障排除人员着眼于一个问题，找到一个解决方案，以及使事情重回正轨。我们所有人都需要不时地成为故障排除人员，但是有些人继续进步达到更高水平，成为职业的故障排除人员。这些都是维修技师、工程师、程序员、电工、机械师、经理和安装人员等等，他们把故障排除变成为一种职业。以解决问题为生的人们，具有一组特定的技能和知识，使他们能够在自己选择的领域有效且相对快速地解决问题。这种专业技能使他们能够比大多数只有入门级经验和水平的工人拿到更高的工资，并获得他们更高的工作满意度。您可能会惊讶地得知，即使在经济处于衰退和失业率居高不下的时候，高技能的故障排除人员仍然可以找到工作，以及与他们的技能相匹配的工资。无论你选择进入哪一个领域，无论你决定要专注于哪一种方式，你必须可以肯定能够完成一些种类的故障排除工作。

　　在讨论过故障排除和故障排除人员之后，你可能觉得这是一项超出你技能和经验的工作。然而，这不是真的。你有没有更换过漏气的车胎或在桌子底下塞进纸块让它停止摇晃？当你发现你还没有尝试过所有的配料，你有没有改变过飞行时的食谱？你有没有通过检查电缆或使用 DVD 清洁盘修复过你最喜欢的游戏系统？如果你能对这些问题或类似的问题做出肯定的回答，那么你已经通过故障排除来解决问题了。如果把你已经知道的有关故障排除的知识按照本章中的提示进行完善，你会用以自己的方式成为一个专业的故障排除人员，并获得相关的所有好处。

分析问题

　　在修复一个问题之前，必须知道问题是什么。你能想象一个医生交给你一个处方，但并没有抽出时间来确定你到底出了什么问题，你对这个治疗计划有信心吗？没有。你想医生倾听你对症状的描述，进行检查或测试，然后确定最佳治疗方案。当我们为系统或过程排除故障时，这是相同的。在制定一个纠正措施之前，必须搞清楚问题是什么，并收集足够的信息做出明智的决定。如果不能做到这一点，和医生随便开出的药方一样，成功解决问题的概率并不高。还有，在问题分析阶段，还可以从几个领域获得信息，并在这个过程中确定系统出了什么问题。

操作人员

　　关于故障其实有很多重要的信息源头。一个经常被忽略的是在出现故障时的设备操作人员。他们可以告诉你有价值的信息，比如，"出问题之前就有奇怪的摩擦噪声""我输入了一个小的偏移量，但完成三个零件以后就垮掉了"或者"我已经注意到了，机器一整天都显得很奇怪，似乎比正常情况下用更长的时间完成操作"。当系统出错时，操作人员一般就在附近，并且对系统正常时的工作状态非常了解。我见过在故障排除过程忽略这个资源的例子，它让技术员花费了大量的额外工作时间。

　　有时候，操作者曾经看到过这个问题，并且对上次是怎么修复的有一个大致的了解。虽然操作人员可能不知道具体细节，但这些信息可能会给故障排除指出正确的方向。同样，如果故障发生时你正在运行设备，回想着你注意到了什么或者你在做什么。你是否对程序做过任何修改，是否做过调整，有没有更换过工具，你有没有注意到零件有什么奇怪现象，你有没有听到或闻到有什么异常，你有没有感到任何过度的振动，或其他任何引起你注意的现象？故障排除往往涉及您的许多感官，并要求您与其他人进行沟通。如果你发现自己不愿意和操作者交流，回想一下，当你发现有一台设备出现问题时（比如你的汽车），排除故障的人（汽车修理工）忽略你说的话。如果你和大多数人一样，你会发现这个问题加重到一定程度，有可能你的努力被忽略或被晾在一旁。你可能会对故障排除人员失去信心，甚至因为这件事情，如果可以选择的话，以后你不会希望再一次与他一起工作。你不会想成为一个没人愿意与你一起工作的故障排除人员，是吧。某一天当你试图解决问题，一个操作人员想告诉你他或她知道的问题时，请记住这一点。

设备 / 系统

　　与操作者交谈并尽可能地了解情况，下一步就是看设备或系统可以告诉你什么。有些系统使用灯光来指示机器的哪个部位正在运行或报警了，有的会在示教器或其他用户端的屏幕上显示相关消息。一台设备同时具有两个信息系统也是很常见的，可以更好地提供问题发生时的整体画面。这类似于车辆具有灯、消息和 / 或仪表让你知道车辆油量不足，轮胎压力低，发动机温度是多少，门打开了，远光灯开着呢等。无论你正面对哪种设备或系统，尽可能在开始之前获得尽可能多的信息，重要的是要解决这个问题。许多系统会存储报警数据，但只有知道它把数据存储在哪里，以及如何检索和阅读，这些数据才是有用的。您可能需要参考该设备的手册或操作程序来解读这些数据，因为许多警报显示为字母和数字的组合。

例如，我曾使用过 FANUC 机器人系统，在示教器上点开报警画面，看看它为什么运行了（类似的界面见图 10-1）。有 23 个报警器，每一个都提供了一块信息，描述系统发生了什么事情。最终发现原来备用电池已经失效，机器人已经失去了控制、零点位置和数据。23 条警报中的 6 条告诉我，一个轴已经失去了掌握的数据，而其余是关于这个六个轴的低级别警报，即失去了零点位置。

这给我指出了备用电池的问题，这是核心问题。报警数据节省了我找核心问题的工作时间，并让修复系统变得更容易，但仍然花了大约一个小时才搞定系统中的新电池，手动找回所有轴的零点位置，并让系统准备好再次工作。

如前面提到的，一些错误码是**字母和数字格式**的（由字母和数字组成），并可能需要被转化为常规的数字，然后你才可以找到故障信息。

当检查警报时，你会经常发现一串数字或字母数字代码格式，即由字母和数字混合的、带有所涉及的轴的或某些其他短消息。获取完整的报警信息可能需要使用维修手册的代码表，将相关信息或数字译成我们能看懂的十进制，然后才可以找到更多的信息。不管我们如何得到，信息与错误代码相结合均给了我们大量信息，不仅仅是发生了什么事，还有排除故障和修理该系统的一些步骤。这些信息有助于让我们集中精力分析从哪里开始故障排除过程，可以节省工作时间（见思想食粮 10-1，学习更多关于编号系统，以及如何迅速使用计算机系统进行转换）。

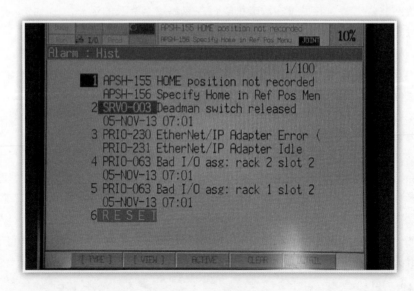

图 10-1 FANUC 示教器上的报警历史信息案例（报警的红色高亮部分比其他部分要重要；它显示出系统在解决问题之前不会运行，你能猜出当发出警报时系统处于什么模式）

思想食粮

10-1 转换二进制、八进制，或十六进制数字

十进制数字

十进制计数系统可能是你最经常使用的。用来标示汽油价格，计算简单的数学问题，决定你是否有足够的钱进行购买，或进行其他正常计算时，使用的都是十进制数字。任何位置的 10 位数字都是 0 ~ 9。

二进制数字

二进制数字每个位置上是 0 或 1。这些 0 和 1 在计算机系统中表示出十进制数。因为对于每个位置只有两种状态，该系统的控制器可以每秒处理数以百万计这些状态，并且因此迅速执行许多计算。

八进制数字

八进制数字使用数字 0 ~ 7 来表示每个位置。这种进制可以更容易地使用更少的二进制数字表示大数字，从而占用更少的内存。在处理大数字的时候它还有助于提高运算速度。

十六进制数字

十六进制数字使用 16 位的计数系统，每个位置上使用数字 0 ~ 9 和字母 A ~ F。因为基是如此之大，它可用非常少的二进制数字来表示一个非常大的十进制数。许多工业系统，包括机器人，使用这个计数系统作为自己的错误代码。

比特

这是数据能被拆分成的最小的单位。无论使用哪个计数系统，每个数字的一个数位是一个比特。有时从一种格式转换到另一种格式实际上将需要更多的比特数据。例如，常见的二进制数的比特数据要比它所表示的十进制数字更多。这似乎适得其反，直到我们意识到二进制代码的简单性允许处理器以惊人的速度进行计算。

转换步骤

无论你正在转换什么系统或从什么系统开始转换，步骤如下：

打开 Windows 开始菜单。

选择所有程序。

选择附件。

选择计算器。

打开计算器后，单击"视图"选项。

从这个下拉列表中选择"程序员"。

您现在应该看到左侧的一个选项排列，有 Hex、Dec、Oct、Bin，这些是你的十六进制（基数为 16）、十进制（正常数 / 10 为基数）、八进制（基数为 8）和二进制（基数为 2）计数系统（见图 10-2）。在选择十进制的状态下，你可以输入任何数字。为了好玩，试着输入你的出生年月。现在，单击旁边的 Hex 按钮，看您的出生年份以十六进制格式表示是什么样的。然后单击旁边 Oct 和 Bin 按键，看看你的出生年月的八进制和二进制格式。您可能已经注意到，由于基在减小，用来代表你的出生年份的位数在增加。用来标示一个数字的比特数据越多，需要更大的存储器来存储该信息。这就是为什么处理大数字时使用八进制和十六进制会占用更少的内存空间。

如果你需要将数字转换回十进制，遵循这些简单的步骤：

选择合适的计数系统：十六进制、八进制或二进制。

输入设备上显示的报警代码的数字。

按旁边的十进制按钮，阅读十进制数字。

图 10-2　一旦你选择了编程器选项，计算器应该看起来像这样

对于那些拥有并喜欢使用智能手机或平板电脑的人们，有应用程序可以进行类似的进制转换，和 Windows 计算器的方式差不多。重点是提取故障排除所需要的信息，节省自己的时间并减少麻烦。

如果你对转换背后的数学感兴趣，浏览网页 http://www.purplemath.com/modules/numbbase.htm，您还可以在某些代数书籍和各种技术手册中找到这类信息。

十进制数字
我们所熟知的以 10 为基的计数系统。

二进制
以 2 为基的计数系统，每个位置的数字是 0 或 1。

八进制
以 8 为基的计数系统，每个位置的数字是 0-7

十六进制
以 16 为基的计数系统，每个位置的数字是 0-9 和字母 A-F。

比特
数据所能拆分成的最小单元。

个人观察

我们收集信息的另一种方法是自己来观察。现在，你应该知道设备或过程是怎么正常工作的，与操作人员交流，并收集了来自设备的错误信息数据和其他指标。现在是时候通过自己的观察来发现异常情况。有些时候只是看一会儿装备就会发现一切你需要的线索。举例来说，如果你通过观察发现机械臂与发生故障的设备相撞，严重损坏了机器的控制系统，你已经了解清楚问题发生在哪里。设备停在过程中的哪个点也可以提供相应的信息。机械臂停止在装载/卸载中间，可能表示错位，意外接触，或 I/O 未正常工作。如果你可以闻到燃烧的塑料或橡胶，说明布线、电气或驱动传动带出现了问题。在检查设备的过程中，你可能会觉察到一个热点，这表明一个可能的组件故障。您可能会听到电动机不能正常运转而产生的"嗡嗡"声，或者您可能让设备试运行，来听听哪里不对劲，有可能齿轮或轴承产生了机械故障。此外，在信息收集阶段对问题了解得越深入，纠正问题的机会越大。

就像犯罪现场调查人员在工作中一样，疑难解答必须使用自己所有的感官来确定发生了什么。很多时候，人们倾向于看警报或指示灯，并直接开始试图修复系统，没有花费一些时间来审查状况发现更多线索。就像许多流行的犯罪剧，往往是小细节能帮我们找到罪魁祸首。不止一个故障排除人员忽视分析问题这一步，最终由于走向错误的道路而浪费不少时间。这一步在很大程度上取决于故障排除人员对系统通常是如何工作了解的多少，各种系统和部件正常状态下是什么样的（见图 10-3）。如果伺服电动机在 140° F 下运行是常见的，那么电动机发烫是正常的。如果机器人臂因为装卸程序而放慢动作，这不是一种症状。如果系统周围环境中存在熔融的塑料，那么出现热塑料气味也不是一种症状。故障排除人员通过这些系统知识按照逻辑过滤信息，确定哪些是重要的，哪些不重要。就像一个犯罪现场调查人员，故障排除人员有权决定哪些线索是直接相关的，哪些是间接的。

图 10-3　当你利用感觉去寻找设备故障的线索时，记住系统正常操作的因素。例如，图示的焊接操作会产生足够的热量熔化金属，并在焊接过程中使一些材料气化，当为这类机器人排除故障时，在空气中或红热的焊枪上闻到这种味道是正常的，这不是线索。

诊断工具

我们可以收集有关系统信息的另一种方式是使用专门的设备进行测试。有多种可用的检测设备，但大部分技术人员都认为万用表是进行故障设备诊断的必需品。无论你选择哪个品牌，确保仪表有你需要的所有功能，将它暴露在多少额定电压和电流条件下是可靠的，而且最重要的是，你知道如何安全地使用它。通常情况下，这些使用仪表的检查都会给你带来危险，所以一定要确保你在读数之前清楚有哪些潜在的危险。人们使用万用表通常用来**跟踪电源**，在那里你知道哪些组件应该有电，并进行验证。当你发现那里应该有电，但实际上没有，这是故障排除过程中的重要信息。在这个过程中，你周围的设备都是电动的，如果出现错误的话，将会出现非常危险的情况。您还需要确保你选择了适当的电压类型（交流或直流），以及您所选择的电压水平比预期检测的更高。这里有一个拇指法则：如果你不能确定当前电压水平，请选择仪表上的最高水平，然后根据需要降低。当读取电压时，请确保你不要触摸任何金属部件，包括仪表探针的尖端。（见

1- This plug is for taking amperage readings of up to 10 amps.
2-This plug is for small amperage readings of under 1 amp. below
3-This plug is the common connection and where the black lead is plugged in.
4-This plug is for voltage, resistance, and electronic component testing and is where the red lead goes when not testing amperage.
5-This setting turns the meter off.
6-This setting is used to check AC voltage (note the wavy line to represent AC).
7-This setting is used to check DC voltage (note the solid line with the dashes below it to represent DC).
8-This setting is used to check very small DC voltages (less than 1 volt).
9-This setting is used to check capacitors, resistance, and continuity.
10-This setting is used to check electronic components.
11-This setting is used to check amperage in the milli amp to full amp range.
12-This setting is used to check micro amperage.
13-This is the selector switch used to designate what the meter checks.

图 10-4 如果你不熟悉万用表，花费片刻看一下这张 Fluke 万用表的图片，上面有表盘设置和注释

10-2 思想食粮，更多关于电力的危险，和图 10-4 常见万用表的示意图。关于交流和直流电源的更多知识请参见第 3 章 ）。

思想食粮

10-2 电击

请记住，休克的严重程度取决于流过身体的电流量，流经身体多久，以及流经的路径。你应该要努力避免触电，并尽可能采取预防措施防止电流穿过你的身体。一个简单的预防措施是移除所有珠宝和金属物体，它们可能更容易让电流进入人体。另一个预防措施是在电气设备周围/上面工作时，要使用绝缘工具，从而降低电击和电弧的危险。可以在地板上放置厚的橡胶垫，以防止身体接地，并且在某些情况下，在设备的某些部位上放置薄橡胶垫，以覆盖这些**带电**的部件，防止你靠近并接触这些位置。你应该总是小心使用这些带电的电气设备，无论系统的电压等级是多少，或者你正在执行

什么任务。

下面是关于安全的章节关于触电危险的提醒图表。只需要很小量的电流便会给一个人带来惊人的危险；这就是为什么有电时，你必须在任何时候都持谨慎态度。一个错误，一个瞬间没有考虑，一个粗心大意的动作，从而使你成为电路的一部分，这都可能带来可怕的后果。

OSHA 要求那些接近带电电气设备的人员要穿着合适的安全防护装备，防护装备要根据电压等级以及熔断系统在短路情形时能够多快地停止供电而定。NFPA 70E 涵盖了电弧保护标准，这是人们如何安全地使用带电的电气系统应遵循的规则，特别是那些在工业工作中的安全准则。这个标准告诉你穿什么衣服，与现场电气设备必须保持多少距离，谁能出现在这些边界内，以及如何确定电气系统的威胁级别。在您使用工业级的电气系统时，必须查看或在 NFPA 70E 标准下进行培训，以保证能够安全地工作。

电流 /mA	人体受到的伤害
1~3	被忽视到感觉温和
3~10	痛苦震荡
10~30	肌肉收缩和开始呼吸困难，可能会失去肌肉控制
30~100	严重休克，呼吸麻痹的可能性很高
100~200	极有可能心室颤动
200~300	严重烧伤和呼吸停止
2000~4000	心脏停止跳动，出现内脏器官的损害，不可逆的身体损害

注：1mA=0.001A

在第 3 章中，学习了 DC（直流电）通过系统时只沿一个方向移动，并对于系统中的一切都有已定义的极性（正极和负极）。任何组件的正极侧与电源正极是最接近的，并连接到电源的正极；负极侧是相反的一侧，与电源的负极侧最接近并连接到负极（参见图 10-5 以获取更多信息）。当执行直流电压检查，黑色的通常连接到电路或元件的负极侧（－），红或热的一侧连接到正极（＋）一侧。在许多直流电路中，极性以某种方式进行标记或指示；但是，如果你碰巧把它们接反了，不要惊慌；大多数现代万用表会简单地显示出一个减号，以表明你接反了。在某些情况

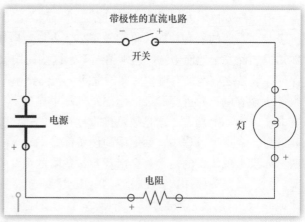

图 10-5　一个简单的 DC 电路，每个元器件都标有极性。注意负极侧是如何连接到电源的负极侧，元器件的正极侧是如何连接到别的元器件的负极侧

下，这提供了有关电路、电源或组件的重要信息，因为它表明极性反了，为你提供了黑色和红色测试引线的正确方向。直流电路或元件的极性接反，可以使电路根本无法工作或无法正常工作，甚至会损坏或毁掉零件和系统！

当进行交流电压读数时，不用担心探头的位置，因为我们不考虑交流系统的极性。AC（交流电流）每秒钟方向和大小都变化许多次，在电路里来回前进；因此，没有为任何元件定义正极或负极侧，因为电压在不断改变流动方向。虽然在交流测量中，我们并不担心极性，还是要确保我们在适当的地方进行电路测试，并了解电路的工作原理。在一个三相系统中，两个相线连接器之间的读数会比任一相线和地线之间的更高。当使用地线或零线时，所述标准程序是接触黑色的或通常是连接到电路的接地 / 中性部分。如果你从万用表转换引线，只要你选择了正确的电压类型和范围，您的读数不会发生变化，对万用表也不会产生损坏（见图 10-6 如何读取电源读数的例子）。

罗伯萨皮尔接受直流电压检测，后盖被移除了

开关的针 1 和针 2 之间的直流电源检查，没有电流通过

开关的针 1 和针 3 之间的直流电源检查，显示为 6.27V

图　10-6

三相系统相线端和接地之间　　　　　三相系统相线端之间
的交流电压检查　　　　　　　　　　的交流电压检查

图　10-6（续）

如果您没有记住电气系统是如何工作的，或跳过了第 3 章，我建议你回到并重新学习这一章。要特别注意，关于电气系统为什么需要 120V 电源的零线，而许多三相系统只有三个线路连接和接地。

万用表另一个优点是用来检查**连通性**，连通性是用来形容在给定区域或时间内保持不间断或连续的术语。对于我们而言，当检查连通性时，意味着正在寻找两个点之间的一个完整的电气连接。如果有一个完整的路径，我们得到电阻的欧姆读数，告诉我们两个点之间通过电力的困难程度，读数较低时表明这是一条电力更容易通过的路径。如果两点之间电路是断掉的，或没有电流通过，电表会显示电阻无限大或开环，以指示不存在路径。这项测试可以用来检查熔丝是否熔断、零部件故障、接触不良，以及电线是否受损。

通常，连通性检查可以为您更深入地提供有关设备的状态信息，真正帮助你集中精力排除故障。你需要很好地了解正在测试的系统和组件，以便正确使用万用表给你的数据；否则，你可能会曲解发生的问题。例如，继电器作为一个普通的控制组件，一般有常开（NO）和常闭（NC）触点。如果您对继电器进行连通性测试，检查时把常闭触点当成了常开触点，你可能会认为，这个原本功能正常的继电器是问题的原因，而忽略了真正的原因。这种性质的误解可能最终导致您在与解决实际问题完全无关的道路上花费大量的时间和金钱。

连通性
两点之间不间断的电气连接。

请记住，当常开（NO）部分不导电时，继电器处于空挡或断电状态，而常闭（NC）部分可以让电流通过。参见第 3 章关于继电器的更多信息。

当执行连通性检查时，电表使用其内部电池，向该系统发送少量的电流，通过测量电位差确定两个探针尖端之间的电阻。正因为如此，被测试的系统必须断电！如果在供电状态的系统上做连通性检查，损坏电表、电池或两者一起损坏的概率很高，因为系统的电源有可能会反馈到电表！根据使用电表的类型，可能有几个用于检查连通性的选项。你可以选择表上的 Ω 符号，得到一个电路测试部分的欧姆读数，或使用看起来像声波的设置，如果出现低电阻电路时将发出一下响声。有些电表可以将两者结合起来，像在图 10-4 中那样，所以要确保知道你的电表如何工作。当在一次检查多个连接点或进行快速检查时，声音设置选项是非常有用的，因为你不用看表就知道，是不是有一个完整的电路出现。在很多电表中，这个设置是为了检查**固态元件**，而不是一般的电阻检查，因此在确实有一个完整的连接时，也有可能没有声音出现。Ω 设置在用于收集关于电路数据信息方面，是很有用的，并且比声音设置更敏感。就个人而言，我更喜欢 Ω 设置，因为我想知道具体的电阻，另外，我曾经因为没有听到电路存在的声音而被电击过一两次。

有一个例子能够很好地说明电阻读数的好处，当你正在检查系统中的熔丝时，不用移除它们（见图 10-7）。如果从系统中拿掉一根熔丝，你会立刻得到一个准确的读数，只要你没有同时接触金属的两端。但是，如果把熔丝留在系统中，做一个连通性检查，有时候你会读出电路的电阻，而不是坏的熔丝的电阻。如果在熔丝周围有电流通过的电路或路径，并且电阻足够低，在声音设置状态下，你的电表会发出一个声音。如果您使用 Ω 设置测试相同的熔丝，你会看到电路具有更高的电阻，这能告诉你出现了问题。大多数熔丝具有几欧姆的电阻，而电路会经常给出两倍甚至三倍的电阻读数。相同的电流额定安培数，基本尺寸和构造的熔丝应该在 0.1 ~ 1.5 Ω。当检查熔丝库，在相似的熔丝之间，你可以通过电表读数差异的大小来确定哪些熔丝需要进一步检查。

图 10-7　注意熔丝的金属尖端是如何适应三相熔断的金属支架的

熔丝库是为了易于布线、检查和更换，将很多熔丝集中在一个区域。这些熔丝通常有相似的安培数、设计和操作，但熔丝库里也有可能是不同熔丝的混合。不同的熔丝欧姆读数也不同，所以当有疑问时，应取出熔丝进行检查。

正如前面提到的，万用表不是唯一的你可以用来收集系统有关信息的设备。有工具用于检查通过数据电缆的信号强度，以及通过光纤电缆传输的光的信号强度，用来检测系统中电源有关的特定信息的示波器，各种温度检测仪器，振动分析设备，激光校准和水平检测设备，以及其他设备帮你收集信息。最主要的是要确保你了解检测设备的工作原理，如何安全地使用它，以及如何使用它给你的数据。你应该知道一个机械臂伺服电动机如果暴露在 140° F（外表面温度）的情况下会如何，但如果你不知道这是一个低的、正常还是较高的温度，这个数据对你来说用处不大。从哪里可以找出数据的意义？从一台正常工作的设备！很多公司都会有多台相同的设备，如果你属于这种情况，你可以将损坏的机器的数据与正常工作的机器进行比较。突然之间，你之前的 140° F 的读数为你提供了有价值的信息，因为另一台机器人上工作正常的、相同品牌和型号的电动机似乎在 110° F 运行。

使用诊断工具重点是要收集关于系统的有用信息，而不是一大堆的与问题无关的原始数据。你可以花时间在系统上收集数据，但如果数据并没有真正告诉你任何关于系统的新的信息或帮助你指出问题的方向，那么这基本上属于无用功。当你的故障处理技能提高了，你会有感觉什么时候需要收集更深一步的信息，而不是用万用表得到一些基本信息。如果你很难找到问题的根源，或警报指示你需要进一步检查，一个好的方法是先收集所有的基本事实信息，这时你需要更复杂的设备进行挖掘深入。

收集信息

有时，在分析过程中，你发现你还没有足够的数据来正确地理解和诊断系统的问题。当你发现自己处于这种情况时，通常需要寻求其他信息来源，以找到一个解决方案。接收系统时收到的文献和材料以及输入 / 输出表格是其中一个重要来源。所有我们之前已经谈到的数据，只有在你知道要寻找什么，以及如何使用这些数据时，您从这些来源获得的信息才是有帮助的。现在，我们将看看如何使用输入 / 输出表格、手册、原理图和布线图，以收集有关系统的更多信息。

输入 / 输出

输入和输出是机器或系统用来监测和它们周围的世界互动的信号（见图 10-8）。输入，顾名思义，是进入该系统的信号，并且通常是**自然信息**。输出是系统产生的信号，这些可以是数据，也可以作为另一台机器或电源的输入信号，让它开始运行。例如，一个输入信号可以是来自一个 prox 开关的指示，表明那里有一个零件，或机器发出信号以示加工过程已经完成了。一台零件装载机器人可能有一个程序等待，直到输入若干信号，例如原料零件 prox 开关，夹爪打开 prox 开关，以及机器输入表示周期结束了的信号，这些信号都为真或设置为 1 时，它开始下一个为机器装载零件的循环周期。在装载 / 卸载过程中，有可能需要吹冷却剂或移除成品部件，抛光零件，铰孔，或者对外部设备进行一些其他操作。我们可以从机器人手臂输出信号控制这些操作，根据需要为装置供电或发送数据信号启动这些操作。输出也可以是简单的元件，诸如指示灯或质量控制数据，订单履行跟踪，或在现代制造业中所需的其他任何数据功能。例如，你可以用程序设置开启指示灯，警告那些附近的人，机器人正处于自动模式，或在系统出错的情况下来设置输出开启声音和闪光。使用输入和输出的唯一限制是系统所支持的数量，设定的电压和电流水平，以及你的创造力。许多系统都有未使用的内置的输入和输出或扩展插槽，为你提供如何利用 I / O 的选项。

图 10-8　FANUC R-J2 控制器的控制板的近景图（带有黑色电缆的灰色接头是机器人的数据生命线，为机器人提供往来信息或输入 / 输出信号）

当要检查系统输入和输出的状态，你必须知道在哪里以及如何访问这些信息。通常会有一个屏幕或通过用户界面可访问的数据表，让你获取这些信息；不幸的是，你通常得到的是一个 I / O 地址和它的当前状态，附加信息很少。对于 I / O 状态下的数据取决于它是否是**数字值**，其值是 0 或 1，或者是基于传感器或装置的**模拟值**，它是有一个范围内的值。通常模拟值输入和输出范围为 0 ～ 20 mA、4 ～ 20mA 或 0 ～ 10V，不同的取值范围在程序或系统中表示不同的含义，如 0V 可以等于 0°，10V 可以等于 500°，之间的值会按比例适当缩放。地址是系统指定输入和输出的一些简单的方法，以便它可以处理数据，通常是数字或字母数字的组合。要确定 I / O 做什么，你需要表中的相关地址，它们是联系在一起的，或者至少在控制器的终端，这样你可以手动跟踪它。在与设备一起来的材料中应该有一张纸，列出使用的 I / O 和数据地址，或者也有可能在手册中发现这些信息。在某些情况下，尤其是当机器到达时已经添加了 I / O，可能发现 I / O 位于的机柜中有这种数据，或在接线图的标签上标明了此数据。对于使用额外的输入和输出，最好的情况是添加了 I / O 的技术人员花时间在某处记录它。如果没有，你可能不得不四处打听，看是否有人知道它连接到哪，或做一些测试自己来确定它的功能。有些程序员会把说明放在 I / O 相关程序中，可以给你另一个地方寻找信息。总之，预计要花一段时间来跟踪这一信息；一旦你找到了它，这对于你的技术人员经历将是另一个有益补充。

一旦你知道 I / O 数据表示什么，接下来必须了解系统或程序如何使用这些数据。使用方法因机器人不同而多种多样。一个系统在进入自动模式运行之前，可能需要 5 个单独输入，而在它旁边机器人只需要两个或 3 个输入就可以开始运行。要想了解 I / O 如何影响程序，通常可以通过研究该程序的代码收集这些信息。根据不同的系统，您可以观察输入和输出模块的指示灯，这会告诉它们什么时候处于活跃状态。在这种情况下，看在正常条件下系统的运行，并指出哪些输入 / 输出是有效的，这时有哪些事情发生，这些可以给你提供丰富的信息。对于剩下的，你需要参考手册、培训或经验来指导你。如果一切都失败了，看看别人是否知道 I / O 如何影响系统，或尝试联系机器人生产公司的技术支持。

通常情况下，当一个程序正在等待输入，或将间歇性工作，系统似乎已经出了故障，因为输入在闪烁，而不是要么完全打开或完全关闭。**间歇性**工作是指，系统将会很好地工作一会儿，然后没有任何明确理由地出故障。当复位再次重启以后，这些系统可以很好地工作一个周期或多个周期，然后再次出现故障。正因为如此，尝试纠正这些故障，往往更令人沮丧。幸运的是，许多现代的机器人制造商提供了一种方法来跟踪输入的状态，并存储这些数据。如果你的机器人有这个选项，我强烈建议学习如何使用；它可以节省您的跟踪时间和排除间歇性故障问题的时间。

无论是机器人有几个或数百种不同的输入和输出，应知道它们是如何工作的，以及它们如何影响系统，在故障排除过程中将会给你提供很大帮助。无视它们或者总是在缺乏这方面的知识的情况下试图解决问题，往往会增加故障排除的时间，以及经受更多的挫折。

手册

在本章中，你已经了解了手册的点点滴滴，下面对这个信息资源一探究竟。**手册**是设备或系统自带的书，提供更详细的信息，让你了解设备是如何工作的。有些手册非常简单，而有些会给你提供丰富的信息，告诉你一切是如何工作的。复杂的设备和系统可能会有多个手册，涵盖了各种主题或特定的子系统。**变频器（VFD）**通常有一个专用的说明书，同样的，内部的**可编程逻辑控制器（PLC）**一般也有说明书。我们已经谈到了错误手册或说明书上关于错误的部分，以及有关输入/输出信息的说明书，但大多数手册有比这更多的信息。您可能会发现设备各部分的总图，组件爆炸视图，安装或删除设备的敏感部位所必需的技术指导，故障诊断测试，预防性维护的建议，以及其他必要信息。这值得我们花时间去探索手册中的细节情况。

> **手册**
> 设备或系统自带的书，提供更详细的信息，让你了解设备是如何工作的。

变频器（VFD）

使用交流电源并将之变为脉冲直流电源来控制电动机的转矩和速度。

可编程逻辑控制器（PLC）

一种特殊的工业计算机，基于输入、数据和输入的程序控制设备的操作。

参数是运行设备所需的特定的数据。通常，这些本质上是数值，或者一些细节信息，例如一个编码器有多少脉冲，为速度设置操作限制，让系统知道正在使用什么类型的电动机，限制轴移动，或者为设备设置其他数值数据。如果在设备安装过程中有需要进行的设置或操作过程中需要调整任何参数，你会在手册中发现这些信息。很多时候，你必须要经过一个非常具体的程序，才能输入或更改参数。如果是出现了问题的机器人，这个过程应该包含在相应手册的参数部分。

参数

指明设备类型的数据、信号，以及控制器用于通信和控制各种设备所需的信息。

零点复归是设置或定义为每个可移动轴原点 / 零点位置的过程。没有此信息，大多数现代系统就不可能移动到指定位置，或实现正常功能。由于这个原因，许多系统在自动模式根本不会移动，并且在手动模式下进行关节运动可能会给你报警消息。机器人的零点复归工序因制造商或机器人型号的不同，差别很大。很多时候，对机器人进行零点复归时，新定义的零点位置与以前设定的略微不同，因此要么需要分别调整每个程序点，或以某种方式补偿基本机器人定位。如果可能的话，优选的方法是，对机器人进行补偿，因为这比重新示教成百上千个点更快。

零点复归

设置或定义为每个可移动轴原点 / 零点位置的过程。

另一种有用的珍贵材料是手册的零件部分或零件手册，通常那些有足够多零件的系统都有这个主题的专用手册。手册的这一部分通常有零件爆炸视图（即零件分解视图），以显示系统装配的复杂性。**爆炸视图**是通过图案绘制来显示一个复杂系统的所有零部件，以及如何将它们组合装配在一起形成系统。这些图案常常按装配序列来展示零部件，或者有布线图说明它们如何装配在一起，让故障排除者深入了解零件如何拆卸并装配还原回去。如果运气好的话，会有技术提示来帮助你解决这一过程中的棘手问题，例如，具体的拧紧力矩，注明设备所需的专用工具，以及其他从图上不能明显看出的信息。如果公司还销售备件，你可以期望零部件代号也包含在本书的这一部分中，这样更容易从制造商那里订购备件。如果您需要从其他地方找替代品，你可能要花费更多精力寻找合适的零件；然而，在一些情况下，为了节约成本这也是值得的。

手册里还可能有一个高级故障排除程序，告诉你测试什么，在哪里测试，以及测试获得数据的解释和说明。一些手册在错误代码这一部分有这些内容，在有些手册中可能有零件爆炸图，而另一些可能独立成章，或整个手册都是对应机器人的这一特定部分。无论你第一次是在哪里找到这些信息的，请确保你知道在下一次需要时如何快速找到它。手册中可能还有编程数据告诉你如何编写具体的操作程序，或允许你使用本机的高级功能。如果你有机器人编程背景，这些可以说是相当有用的；如果你没有编程背景，这些内容对你来说更像是一种麻烦。另外，你还可能发现前任技术人员潦草的笔记，这些内容可能已经被证明是有用的。记得有几次，当我看爆炸视图时，发现了上一个使用该系统的技术员的一些注释，这为我的工作节省了大量时间，也避免了很多挫折。学习手册中的信息，其重要性不亚于学习机器人系统的基础操作以及局限性。

　　手册的缺点是，对于它应该包含哪些信息，或以什么样的方式呈现没有一套统一的标准。您可能会发现手册都彼此相类似，这往往是来自同一制造商的设备说明书，但是并不一定。一些公司提供了丰富的信息，但是内容组织方式或撰写的方式非常奇怪、复杂，难于使用。（我开玩笑称之为"立体声说明，"因为老的立体声系统的说明撰写得非常糟糕，过于技术，充满了术语和各种指令集。）有的可能包含资料太少，几乎没有任何用处。底线是，在你排除故障之前，你应该看一下通过访问手册可以获得什么信息。试图修复设备带来的压力可以让你全面认识所存在的信息，以及它们如何帮助你。在排除故障的情况下，时间往往是最重要的，所以你肯定不愿意花大量的时间来回翻手册，试图找到所需的内容或信息。

原理图和布线图

　　故障排除人员寻找信息和线索的另一个地方是设备的原理图和 / 或布线图。原理图和布线图是两种不同的方法，用来传授设备电气方面的相关信息。对于打算去一个技术故障排除现场的人来说，了解如何阅读和使用原理图和布线图是一个至关重要的技能。让我们对它们一探究竟。

　　原理图是只标明系统的电流走向或逻辑关系而完全不考虑元件布局或设计的图纸。原理图只单纯说明系统中发生了什么以及它是如何工作的，以简明的符号方式表示各组成部分，而不是使用零件图片。当你第一次开始看原理图时，这将需要一段时间才能熟悉常用的符号，从而搞清楚电路的工作原理；然而，随着时间的推移，你会发现它更容易理解系统运行的逻辑，并且查找故障更快、更容易。原理图的主要好处是，它们很容易阅读和理解，并展现出电气系统的逻辑。缺点是在示意图中使用的符号没有固定的标准。一个好的原理图会有一个**图例**，显示使用的符号的图形并介绍每个符号具体代表什么。如果您正在查看的原理图没有图例，你将不得不依赖于您对系统的了解和类似的原理图的经验，以确定那些无法识别的符号代表什么。请记住，你完全有理由自己来修改示意图的图例，如果没有的话干脆自己创建一个。这一信息对技术人员的日记来说也是很好的补充。图 10-9 显示了一些常见的原理图符号。请记住，这绝不是一个完整的清单。

　　当你阅读示意图时，只需要记住三个规则：

　　规则 1：就像你读一本书一样，从左至右阅读示意图。原理图讲述的设备是如何工作的故事。当从左至右阅读时，原理图指出系统必须发生哪些事情，并且指出发生的顺序。当你跟踪电流并试图弄清楚为什么电流在某个部件处丢失时，这是非常有帮助的。它也显示了系统中的零部件，哪些零部件必须共同作用才能使系统正常工作。例如，过载会让电动机停止运行，如果与电动机串联在一起的连接长时间承载过大的电流，就会出现故障并关闭电路。在原理图上，很容易地看到该连接和操作；在该领域中，可能难以将控制面板中触点电流损失等同于机器的另一侧的电动机不能正常工作。

　　规则 2：零组件绘制完全不考虑布局和设计。原理图的重点是显示电路的逻辑，而不是位于机器中哪个位置。原理图上靠在一起的组件可能位于设备的两端，甚至位于两栋不同的建筑物中。此外，许多符号显示的是系统的逻辑，而不是零部件的样子。例如，你会经常发现电动机起动器上的触点，这通常是方形或矩形的零件，但是在很多原理图中，以两条直线，中间是空白来表示，有的上面有一些符号。对于电动机起动器长什么样，符号能够提供的信息为零。

　　规则 3：所有组件都绘制在断电或关闭状态。如果你是在接通电源之前检查系统，那么电流的流动路径是和原理图匹配的。当您为系统供电后，电气路径将会发生改变，这其实是设备制作背后所需执行的原则。例如，当你使用一个继电器控制线圈，它控制的所有触点的状态都会发生改变。常闭（NC）触点打开并停止传导所有电流；同时常开（NO）触点将关闭并允许电流通过。另一个例子是起动和停止按钮。它们在原理图中是未工作状态，当你按下按钮时，状态将发生改变。

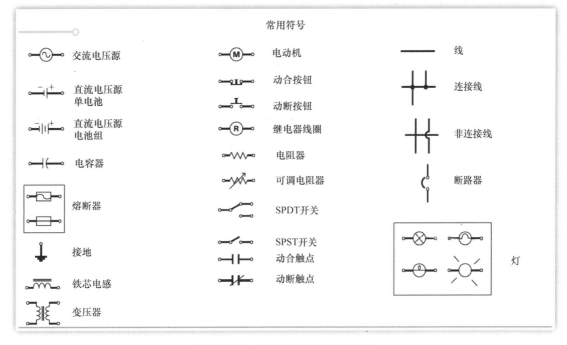

图 10-9　原理图常见的电气符号

　　请看图 10-10 一个简单的控制电路的原理图。请参考原理图学习电路是如何工作的。当开关打开时该系统向前运行，然后当限位开关遇到一些东西时发生改变。如果你看一下原理图，你可以看到，两侧的两条垂直运行的线标有 L1 + 和 L2 - 。这表示系统中的各个零部件如何获取电源，以及电路是如何完成的。您还可以看到水平的三条线，称为**梯级**，从整个页面水平穿过。主电源开关处于电源正极一侧，当它关闭时会中断整个系统的电流。第一行，梯级 1，具有限位开关常闭触点和继电器线圈。第二行，梯级 2，具有继电器常开触点，左轮电动机和右轮电动机。第三行，梯级 3，具有限位开关常开触点，两个继电器常闭触点，左轮电动机，右轮电动机。当开关接通时，电流流入到限位开关常闭触点，通过控制继电器的线圈，这引起继电器啮合并改变它所有触点的状态。这意味着在梯级 2 的继电器触点闭合，第 3 行继电器触点打开。当在梯级 2 触点闭合，使电流进入左右电动机并起动电动机转动。梯级 3 的触点打开确保我们不会对电动机进行两次供电，或为两侧的左电动机都提供负电压。系统会以这种方式运作直到限位开关被触发。这种情况发生时，在梯级 1 的限位开关触点断开，梯级 3 的限位开关触点闭合。反过来，继电器线圈不再有电流（梯级 1）和它的所有触点都返回到断电或正常状态。此外，现在梯级 3 的限位开关触点闭合形成了完整电力路径，并且继电器触点也是闭合的（由于返回到了它们的正常状态），使电流进入左右电动机。乍一看，就运行电动机而言梯级 2 和梯级 3 似乎没有什么区别；但是，如果你看一下在电动机附近圆圈中的数字，你会看到它们切换到了左电动机。这些圆圈中的数字代表了电动机的接线端子并指定如何连接电路。当我们反转通过左电动机的电流的方向，就会让电动机反转。这意味着，当梯级 3 通过电流时，左边的电动机向后转动，右电动机向前旋转，系统会改变方向。梯级 3 的两个常闭继电器触点的目的是确保在任何时候左电动机不会同时接收电力。第一常闭继电器触点确保在继电器已返回到断电状态之后，电源仅提供给电动机的触点 2，而梯级的第二常闭继电器触点是为了断开左电动机的触点 1 与右电动机的触点 1 之间的连接。如果我们从梯级 3 中移除第一常闭继电器触点，电路就会连通，但如果继电器缓慢返回至断开状态，左电动机可能会因双重供电并因此损坏。您可能也注意到，梯级 1 右侧的数字，这些梯级的触点受梯级 1 继电器的控制，通过快速定位相关的控制线路，使得系统故障排除更容易。并非所有的原理图都有编号的线路和可参考的继电器触点，但你可以添加这些内容。

梯级

水平穿过原理图页面的线。

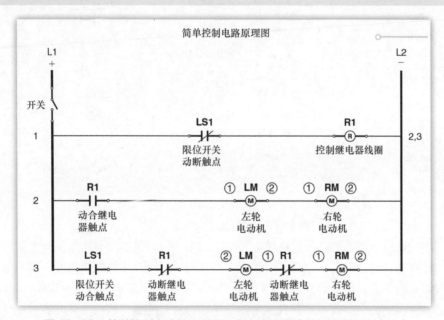

图 10-10 简单控制电路的原理图（在文中读到它的操作时可以参考）

布线图和原理图相似，它说明了电流如何在系统内移动；然而，它以不同的方式来给出该信息。布线图显示零部件，在一定程度上，以它们实际上的样貌出现。布线图不是从左至右的阅读，所以你要通过跟踪电线来确定功能；因此，当你第一次看图时，电路的逻辑可能不是很清楚。当涉及在系统中跟踪元件和检查连接时，布线图是非常有用的，特别是当它包含了电线颜色编码或数字编号。它还提供了在哪里可以找到你要测试的各个触点和组件。理想情况下，一个系统将会同时具有原理图和布线图，但很多时候，情况不是这么理想。你甚至可能在设备文档中发现两者的混合产物。如果是这样的话，你可能会遇到，原理图的逻辑线路元素与图形表示的继电器、电动机起动器等混合在一起。当读取这样一个混合图时，请记住，所有的组件均是显示断电状态；组件可能不会以图形的格式显示，因此要确保你了解所使用的任何符号；你开始必须尝试从左到右读取图表。如果这行不通，那么你将不得不进行进一步的追查。

布线图

说明了电流如何在系统内移动，零部件在一定程度上以它们实际上的样貌出现。

图 10-11 所示的布线图相当于如图 10-10 所示的简单控制电路。乍一看，布线图可能看起来像是一个完全不同的电路，但我向你保证该图显示的是同一个电路，使用了零件草图以及彩色线条表示连接。重新看一下这张布线图，我们覆盖了各种连接。红色线连接到我们的电池电源的正极，并从那里运行到开关的一侧。当开关断开的时候，我们可以关闭系统所有的电源。从开关上面，我们来看一看限位开关上常见的触点。设备上的**公共连接**用于创建到零件单元触点的电力或信号

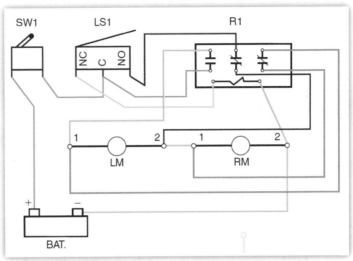

图 10-11　图 10-10 所示电路的布线图（和大多数人一样，当以这种方式表示时，要花一些时间弄清电路的操作）

路径。这是限位开关的常闭和常开触点如何连接系统的电源。接下来，红线从限位开关上的公用连接运行到继电器上常开触点的一侧。使用这种设置，无论何时打开开关，限位开关的公用连接和常开继电器触点一侧都会有电源。金线连接限位开关常闭触点和继电器线圈的一侧，为继电器提供电源，直到限位开关被触发。绿线通过连接返回到电池的负极，从而完成从继电器线圈到电动机的电路。蓝线连接继电器常开触点的另一侧到左电动机的终端 1，同时也连接了左电动机的终端 2 和右电动机的终端 1。这是为向前旋转供电的电路。黑线连接限位开关常开触点到继电器常闭触点中的一个，并连接同一个常闭触点的另一侧到左电动机的终端 2。这是在左电动机接收用于反向转向所需的动力。橙色线通过其他继电器常闭触点连接左电动机的终端 1 和右电动机的终端 1。这提供了必要的电气隔离，防止电流一起绕过左电动机，从而产生问题。如果有一条线路直接从左电动机终端 1 连接到右电动机的终端 1，这将会产生一条围绕左电动机的低电阻电力路径。如果我们离开这个连接，试图往前进方向走，右边发动机将最有可能转向正常，但左侧会转动勉强或根本不转动。从字面上讲建成了一个圆周运动的系统。

公共连接
　用来提供电源或信号到触点的连接，通过开关或继电器控制。

你可以从原理图创建一个布线图。要做到这一点，我们首先需要为原理图编号。为防止混淆，每个数字只使用一次；数字随着连线通过每一个零部件时都要改变。连接到同一根线所有的事物会得到相同的号码。一旦你有一个编号示意图，请立即将数字和零组件图进行匹配。然后，简单地连接这些点的问题。这一过程的一个例子请见图 10-12。

当收集有关系统的其他信息时，您可以使用刚才讲的部分或全部资源；但是，请记住，重点是要找到可以帮助您解决问题的信息。输入 / 输出、手册、原理图和布线图都是非常好的信息来源，但你要花好几个小时检查所有的这些信息。当您访问这些资源时，一定要时刻考虑需要解决的故障问题，注意寻找有用的信息。例如，知道如何掌握一个机械臂的轴是非常重要的，但对于解决机器人手爪的问题好像没有太大益处。另一个例子是，在解决控制器的问题时，寻找在机器

人手臂的布线图是没有太大意义的。你必须根据你对系统和需要解决的问题的了解，过滤你已经掌握的和寻找到的信息，解决故障问题是最终的目的。

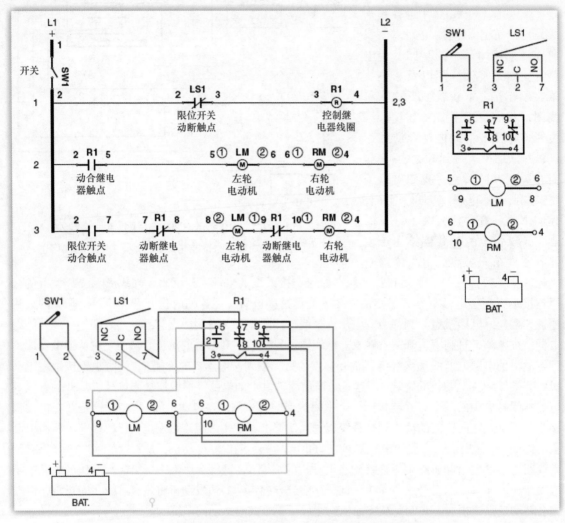

图 10-12   请务必注意零部件的编号，因为它是从原理图转换成零部件，
这将成为系统布线时把数字连接到一起的路线图

其他信息源

我们已经讨论了如何分析系统或设备出了什么样的问题，以及一些常用的资源，但如果还没能够收集到足够的信息，这时需要去哪里继续寻找？在本节中，将讨论常常忽略，但有可能提供很多帮助的一些信息来源。

三个臭皮匠胜过诸葛亮

排除故障时一个常见的错误是**视野狭窄**，当一个人过于专注于某个具体的问题或方法而忽略其他一切时，这往往是有问题的，特别是当故障排除者专注于故障的错误诊断或修复设备的错误路径时。有时，出现这种情况是因为，问题的表面症状成为故障排除过程的焦点，而忽略了根本性原因。

匆忙完成故障排除过程或没有牢牢地理解和掌握系统的所有组成部分也有可能导致视野狭窄。例如，机械手臂装载零件到夹具中时发出警报。故障排除人员过来，分析系统以确定错误原因，并确定是夹具导致的故障，因为零件的侧面撞击了夹具的边缘。他们花时间尝试不同的东西，如更换部分夹具，安装新的夹具，调整夹具的位置，等等，都没有解决问题。他们不回去看看还有什么可能会导致故障，如一个坏的程序位置，或重新评估数据，例如机器前一天发生了碰撞。

当故障排除人员想尽了办法也未能解决问题，这往往是因为视野狭窄，而周围其他具有该系统使用经验的人也是一个很好的资源。每个人看待世界的方式都有所不同，因为他们处理信息时往往会用自己的经历、认识、观念和独特的方式来进行信息过滤。正因为如此，其他人可以提供不同的角度，帮助故障排除人员以一种新的方式解决这个问题，打破狭隘视野的陷阱。他们可能具有你面对的问题的经验，并能提供建议或提示，可以节省大量的时间。即使他们不知道这个问题的解决方案，他们也可能会告诉你，他们过去尝试过的、没有成效的工作，这可以为您节省时间。

把其他技术人员都召集到一起的另一个技巧是头脑风暴，一组人就一个话题或问题尝试拿出各种解决方式和想法。对于没有人见过的新问题，或没有明确解决流程和办法的难题，以及一些症状很少随机出现的间歇性问题，或者已经让你感到江郎才尽的问题，头脑风暴是一个有效的方法。头脑风暴不一定是一个庞大的或正式的会议，它可以很简单，比如两个或三个其他人聚集在设备周围，或任何方便的地方，一起谈论这个问题。在集思广益的过程中，思想自由流动，避免任何嘲笑，因为这会扼杀共享的氛围，并且压制那些其实能够解决问题的重要的想法。最好是弄懂一个想法背后的逻辑，并检查其可行性，只要这个想法不是以谴责或攻击的方式进行的。例如，可以这样询问："关于伺服报警可能与夹具有关联，你是怎么认为的？"而不是"夹具不可能影响到伺服，你在想什么？！"第一种询问方式是邀请人分享他或她关于问题原因的看法；第二种攻击性的想法很可能难以让人愿意分享任何更多的想法。当要求有新的观点进来时，保持开放是非常重要的，而不仅仅是寻找符合自己意愿的想法。头脑风暴的重点是让新思想、新观点和新方式来尝试解决问题。

不管如何或为何你邀请别人分享看法，请记住，你是在寻求帮助。我看到过多次矛盾的产生，因为有的人向别人寻求帮助，然后不经考虑和调查就拒绝所有的建议。很多时候，当技术人员准备求助他人的时候，正是他们在整个故障排除过程中最沮丧的时候。要记住，你寻求帮助的人对发生故障的设备是没有任何责任的，所以不要把你的沮丧或愤怒施加给他人，这只会增加新的问题。如果他们的努力协助遭到反对、嘲讽或愤怒的话，很多人会只提供或尝试帮助一次或两次。当与他人合作时，最好的方式是，"己所不欲，勿施于人。"

寻求技术支持

一个重要的但常常被忽视的资源是设备的制造商。虽然在自己的工厂你可能有一台机器（甚至数台），但制造商可能已经生产了数千台设备，并收到了众多客户关于该设备的反馈。这意味着，即使这个问题对于你或你的工厂是一个新问题，但它可能以前已经发生过，而且制造商最有可能拥有此类问题的信息。试图找到解决办法时，与制造商的技术支持或修理技师交流几分钟可以节省你数小时或数天时间。制造商技术支持的缺点是有可能涉及成本。这往往取决于你有多少台他们的设备，从谁那里购买的，设备购买了多少长时间，是不是购买了任何形式的技术支持或设备保障方案。当你购买新的系统时，许多制造商将会提供一到两年的免费的技术支持，到期之后，提供的售后服务将有所缩减。

最好的办法是行动起来打电话给技术支持，询问是否有该服务的费用，如果是，如果你的公司有服务协议。如果公司能够提供打包方案，请确保你询问了需要多少服务成本。因为，购买一年的技术支持可能比在这里和那里按小时支付要强。虽然公司对技术支持收费，但他们也可能会愿意给你一些关于故障方面的信息，或者向你发送缺少的任何手册。所以最好是打电话寻求支持，这肯定没有坏处，如果不这样做，虽然不会花费金钱，但有可能错过了宝贵的资源。

这里有一个经验，我使用 FANUC 机器人（见图 10-13）时经历过一些问题。重装了系统附带的操作软件，设法纠正多个问题并重启。这个过程似乎行得通，但当我安装该软件后试图启动系统时它不停地发警报。我手动检查了报警器，但该警报实际上是不存在的。我试着重装软件，以确保它不只是一个小故障，结果还是一样。系统中有两个负载配置文件，所以我都尝试了。我做了我认为应该做的一切，所以我决定与我认识的 FANUC 技术人员交谈。我告诉他发生的一切事情，他问了我一些重要的问题，而且我们确定，不知何故我的系统软件文件已损坏，我需要一套新的核心软件。他还告诉我一旦我有了新的核心软件，如何做备份，这样这类问题就不会再次发生。这让我节省了很多时间，不用在故障手册中试图寻找不会提及的错误信息，以及一些有帮助的要点知识。最重要的是，此服务没有成本。

图 10-13　在我尝试了所有能想到的办法之后，最后寻求技术支持解决了这台机器人的问题

很多公司提供的另一项服务是技术服务。这是有人在受过专门训练后，进行设备修复。这可能是一个相当昂贵的方式，经常是按小时收费，并包括差旅费用和技师费用，更何况还要花费时间等待他们的到来（他们经常在外地）。有些公司还有最低收费，比如说，长达八个小时的援助将花费 1000 美元，再加上差旅费，随着时间的推移超过八个小时后每小时收费 125 美元。这就解释了为什么很多厂商都有一个内部维修部，因为成本是相当少。如果维护部门想尽一切办法让设备运行，但它仍然不能正常工作，那么公司就要面临是继续停机直到有人终于找到了解决方案（可能要更换很多零部件），还是购买新机器，或招来制造商的技术人员。由于所涉及的成本和时间，从公司招来技术人员通常是不得已的。

联系技术支持的另一个问题是可行性。如果公司只有几个专业技术人员负责帮助客户修复设备，可能难以安排时间与他们交谈。如果你需要一个技术人员来到您的工厂现场，可能是几天甚至几个星期以后才有人空闲。另一个问题可能是你的工厂的运营时间：如果设备故障出现时，制造商的技术支持热线刚好下班，管理层就极有可能要你尝试修复，而不是等待至第二天早上。当你碰到这类情况时，你只有使用您的最佳判断来解决问题。

不管你以哪条路线去接触技术支持，均需要有一些关键的现成信息。其中技术支持会问的第一个问题是设备的品牌和型号。技术支持可能也想知道诸如序列号、版本号、控制器类型、用户接口类型和示教器类型等，你可以在打电话之前收集设备有关的具体信息，越多越好。另一个常见的问题是设备显示的报警或错误消息。你应该已经有这个信息，因为这是我们之前讨论的关键分析步骤之一，但请记住当你打电话时有具体的副本。告诉技术支持"有一个伺服报警"是不够的；他们需要的是类似的东西"有一个 411 伺服报警：第 5 轴 - 过载错误"。你需要设备显示的所有信息条目，不只是列表中的一个或两个报警。请记住，在某些情况下，你必须去报警画面或页面找到所有报警。您还需要一个尝试纠正问题时你已经做过的事情的清单。通常对于技术支持的建议，你已经尝试过几种，所以有此信息将确保你得到你还没有尝试过的办法，这样会节省时间。请确保您记下每一个试图解决这个问题的尝试会如何影响机器。你有关于系统的问题、症状，并试图解决方案的越多的信息，得到帮助的可能性就越大。如果你只有模糊的信息来回答技术支持的问题，那么你很有可能会得到模糊的信息和建议。

你打电话求救之前，我建议你知道你的选择是什么：你需不需要技术支持人员来现场？这种方式会直接导致公司支付问题的出现。不要直接说，"我们可以向您支付 1000 美元，你能帮帮我吗？"相反，了解你的预算，这样你可以讨价还价。

互联网

另一个重要的资源是互联网。在互联网上有巨量的有价值的信息，它们往往由公司、专业人员、技术人员和其他人提供，你可以方便快捷地访问这些信息。你可以寻找错误代码，搜索原理图或布线图，寻找装配的爆炸视图，跟踪提示和技巧，以及其他许多有用的信息。许多公司已经开始上传所有他们设备的文档等信息，以供大量的消费者使用或免费下载。有时你可以找到讨论某一台设备特定问题与纠正措施的聊天室或博客。您可能会发现设备或系统的培训，以更好地理解它是如何工作的。关于互联网的最好的部分是，每天可用的信息量越来越多，这意味着今天搜索没有可用的帮助信息，而明天您所需要的信息就可能露面。

无论你在找什么，有几件事情要记住。首先，如果你做一个模糊搜索，结果很可能是模糊。例如，关于"错误代码 411"的搜索有超过 200 万个结果；"错误代码 411 伺服"搜索返回的结果是 359 000 个。虽然这两个数字太大了，超过了你所能逐一查看的限度；你可以想象，第一个搜索有很多结果是没有任何帮助的，而第二个提供了更多的相关结果。大多数人在查看了搜索结果的前两三页后，就会放弃了整个搜索。正因为如此，搜索引擎往往把最佳结果显示在前几页。但这并不意味着你要找的搜索结果就不会出现在第 10 页，但它确实意味着在前几页出现的结果可能是更有用的。缩小搜索范围的方法是细节越多越好。当你进行一个特定的搜索时，你可能会得到极少数的结果或"没有找到匹配"；但是，你可以随时扩大搜索范围以得到更多的结果。如果想得到正在研究中的错误代码的精确匹配，这种搜索方式获得的结果会比仅包含几个关键词的结果更有帮助。你也可以尝试做一个精确匹配或必须包含所有单词的搜索。通常情况下，这些选项都可以作为一种先进搜索方法的一部分，它可能需要你花费一些时间和精力使用这些过滤器。一个精确的短语匹配会发现包含有完全一致短语的网站。这往往会没有结果匹配，但是值得一试。必须包含所有单词的搜索将尽可能地过滤搜索结果，这些单词将可能分散出现在该网页的任何地方，而不是只是一个词组并排出现。一般来说，网页能够包含你提及的所有关键词，有很大的概率能够提供你正在寻找的有价值的信息，但你可能必须在搜寻大量数据后才能找到它。

不要害怕尝试不同的搜索方式和搜索引擎。有几种不同的主流搜索引擎，并非每个网站都会在搜索引擎上注册。这意味着，使用同样的关键词，Bing 搜索可能给你提供与谷歌搜索不同的结果。很多人习惯使用一个我们熟悉的搜索引擎，而不去看看其他的搜索引擎会给我们提供什么信息。如果搜索特定报警，但没有得到你需要的信息，请尝试搜索问题。而不是搜索"错误代码 411 伺服"，尝试一些比较笼统的关键词，如制造商、款式、型号和机器人等等，搜索结果可能会有所不同，你也会得到很多垃圾，但如果具体的搜索没有得到你需要的结果，那么此时就要扩大搜索参数。不要忘记，你可以指定搜索引擎查找什么类型的数据。一个购物搜索与图像搜索相比，会得到不同的结果。仔细思考，你需要寻找哪些信息，以便更好地在互联网上发现它们。我们要更聪明地工作，而不是更辛苦！

这里提到的额外资源，绝不是所有的可用的资源，但它们确实经常被忽视。与往常一样，你带着心中要纠正的问题去接近这些资源。这将帮助你处理和过滤提供的信息，找到您所需要的。安全保存从这些来源得到的信息，就像你的技术人员日记一样，以防再次需要。我也建议最好与您的同事共享各种信息。这样，如果问题稍后再发生，你不是唯一一个记住信息的人。

寻找一个解决方案

至此，你应该有足够的关于故障问题的信息，并准备好去解决问题。现在必须做的第一件事是找到某种方式把所有数据收集到一起，并对其进行处理，这样就可以解决问题的根本原因。故障排除过程的这一部分因为参与的人不同而有所不同，如果你要拿两个不同的故障排除人员来比较，他们的处理方法有可能是类似，也有可能像黑夜和白天一样完全不同。只要他们以一种准备的、及时地方式发现解决办法，技术人员之间的差异确实无关紧要。要记住的主要事情是，往往会有几种方法来解决一个问题：本质上讲，没有一个所谓的"正确"的方式。

拆分系统

有一种方法可以将收集到的数据进行排序，即通过信息所涉及的系统的零件进行分类。要做到这一点，故障排除人员必须决定如何对设备的零组件或系统各个方面进行分组。该分组可能是广泛的，像信号、电源、机械零件、电气部件和控制部分，或者更具体的事情，比如电动机、继电器、电动机起动器、熔丝、输入、输出等。复杂的系统可能会比简单的系统需要更多的分组。这一步的关键是将设备或系统进行对你有意义的划分，并且在分拣信息的进程中有所帮助。如果您无法决定如何划分不同的系统和部件，可能要向更有经验的其他人求助。

一旦你分好组，你必须弄清楚它们之间的关系。你可能想画出一张清晰的关系图或图表，显示不同部分之间的关系，形成一幅清晰图像，哪些系统是一起共同工作的，哪些是其他系统的一部分，哪些是独立操作的。这样你可以弄清楚应该将注意力集中在哪一部分，应该注意哪些特定的症状和信息。在图 10-14 中有 3 个部分，我们使用它们来确定系统出现了什么问题。故障表现是

图 10-14　注意划分图怎么将系统细分为几大类，如电源或控制设备，这是将设备不同部分进行排序或分组的好方法

机器人手臂不动了，当你查看报警信息后，会发现它是一个伺服驱动报警。从我们的例子中可以看到，伺服驱动器直接与伺服电动机相关。所以，除非我们解决了伺服驱动器的问题，电动机不会工作，手臂也不会移动。在这一点上，该数据会告诉我们来进一步观察伺服驱动器，弄明白为什么它们坏了。这将是我们行动的优先步骤。

如果您正在使用这个方法，而且发现行动的初始步骤范围太广，可能需要创建更复杂的架构图或对系统的某一区域进行更加具体的划分。让我们继续前面的例子。我们把搜索范围缩小到伺服驱动器，但按照简单划分的图表，对检查什么，怎么修复伺服驱动器，我们无法拿出明确的行动计划。在这一点上，我们可以创建一个更复杂的整体框架图或制作一个更详细的伺服驱动器

子图表。反正必须得创建一个框
架图，我们不妨创建一个**子图表**
或采用以前的框架图的一部分，
并把它拆分成更详细的图表。（见
图 10-15，伺服驱动器的一个潜在

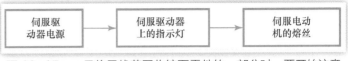

图 10-15　一旦将寻找范围收缩至零件的一部分时，要开始注意看一些诸如指示灯和熔丝等的细节了

的第二级或子图标）。现在，我们将参照这一细分图表，并再次过滤我们的信息以更贴近故障的根本原因。如果我们愿意，或者有需要的话，可以为"驱动电源盒"创建另一个框架图。我们可以一遍又一遍地重复这个过程，直到我们终于找到问题，或用这种方式将系统分类完毕。保留每一个图表以备将来使用，要牢记，最初的整体框架图实际上可能适用于其他设备或系统。这对于你的技术人员经历又是一个有益补充！

> **子图表**
> 更大一级图标的一部分，用于展示更多细节。

电源故障

我们发现故障根本原因的另一种方法是跟踪电源，并找到它在哪里消失。许多情况下，这种技术可以确定哪些部件出现了故障，给你修复设备所需的信息。要使用这种故障排除方法，你必须知道系统是如何工作的，以及各个部件的工作原理，并了解它们是如何相互关联的。这通常需要设备的原理图和接线图，这样就可以了解系统是如何运转的，何时以及在哪里应该有电。如果你没有足够的文件，还可以跟踪系统的物理线路。这样做的缺点在于很可能需要大量的时间来跟踪所有的连接，特别是对于复杂的控制系统，并且很有可能存在一些布线在管道内运行，使得该方法操作起来更加困难。在这些情况下，你可能需要另一个人来帮助进行过程跟踪，可能需要特殊的导线或测试设备来检查线路端点之间的连通性，以及确定每条线路通往哪里。

> **技术要点**　管道有可能是金属的或是柔性的软管，我们用它来保护在一段距离内运行的电线。导管可以通过控制面板线路，分布在机器的各部件周围，从机器人手臂中间穿过，或在任何其他能够容纳管道的间隙里。

这些指南可以帮助您使用电源跟踪方法进行信息分类。

准则 1：您可以在各个点检查电源。这意味着，如果打算检查一串应该有电的零部件，你就不必对每一个零件进行单独检查了。在许多复杂的系统中，有些难以到达，或需要拆卸相当数量的零件后才能到达。在这些情况下，从容易到达的区域开始检查然后从这里开始推断。例如，如果你知道熔丝带电，则可以推断出有电流进入零件并为熔丝供电。如果有电流通向电动机起动器，则可以推断出一切通向电动机起动器的零件都工作正常。只要确保你正在检查的元件都是相互连通的，而不是两个不同的电流路径！

准则 2：一旦找到了故障区域，立刻逐个检查元器件。电源检查进行完毕，确定故障区域之后，需要开始检查每个元器件。这些检查要经过两个条件过滤：是否有电流进入，是否有电流流出？如果是没有电流进入的元器件，找出零件的电流应该来自于哪里，移动至此处。考虑到这一点，在电流的输入端或流向不同零件的一侧检查，要比输出端或电流流出的一侧要快。一旦你发现电流从哪里输入，但是不回流，你就找到了准则 3 的关注点。

准则 3：确定元器件为什么不工作。即使症状并不总是明显的，元器件或组件总有不能正常工作的原因。有时是因为各种不同的连接，有时是因为外侧输入，有时是因为物理损伤。并且有时，对于为什么会失败，没有明确的原因。一些技术人员喜欢在这时更换零部件，看看会发生什么情况，但如果不知道为什么会产生故障，你就有可能损坏新的零件。要确保已经尽你所能弄清楚为什么零件会出现故障，然后再尝试新的零件，看看会发生什么。

准则 4：熔丝熔断，断路器跳闸的原因。我认识许多技术员，都将熔丝熔断认为是故障，而不是症状。熔丝熔断，断路器跳闸，这是由于过量的电流通过熔丝或断路器所保护的电路，产生了过多的热量或磁场。这些装置的重点是为了保护短路等危险情况对电路产生损害，所以当出现故障时，熔丝熔断和断路器跳闸是一种症状，而不是故障产生的原因。烧断的熔丝或断路器跳闸告诉你，电路的某一点有短路或电流过大，需要维修。**电路短路**（或"短路"）是指带电导线 /组件和接地或中性点之间，或两个电源之间产生直接连接路径。因为没有电阻或组件来减慢电流的流动，系统允许几乎最大电流的流过形成并导致电流飙升。如果只是复位电路断路器或更换熔丝而没有寻找原因，则很有可能电路会再次出故障，并对受影响的组件产生更多的伤害。

当更换熔丝或断路器时，始终使用与原始器件相同的尺寸和类型。熔丝和断路器经常有针对特定操作系统的特性，因此，使用错误的熔丝或断路器可能会造成更多的麻烦，和掩盖系统真正的问题。这方面有一个很好的例子，在电动机电路中用快速熔丝更换慢熔熔丝。慢熔熔丝能够承受起动电动机所需的电流尖峰而不断开，但仍然保护系统不会出现过载和短路。当在这种类型的电路中使用快速熔丝时，任何尖峰电流都会造成开路，当电动机起动时会经常发生熔断。这可能发生在第一次或数次起动电动机之后，导致间歇性故障，而与你试图解决的核心问题无关。不管你做什么，不要使用额定量过大的熔丝和断路器！多年来，技术人员经常使用额定量过大的熔丝、断路器，或以某种方式强制电路保持通路，以便查找问题或者只是简单地保持电路的运行。这是非常危险的，因为这种情况下，零部件损坏、线路损坏、起火的可能性很大，这些事件会对技术人员和操作人员产生危险，例如电弧闪光。**电弧闪光**是电气灾难，其中系统的两个主要**电路发生短路**并产生足够的电流，发生电弧爆炸并产生压力波、弹片、金属蒸发和足够的热量，直接导致二、三度烧伤！

当执行电压检查时，记住，你正在操作带电电路。需要采取一切必要的预防措施，以保护自己不会成为电路的一部分，以及保证使用工具和其他金属制品时不会造成任何物品发生短路。一般熟悉电器电路或了解所使用的设备的具体细节的人比较适合执行这种类型的故障排除。如果你是新来的故障排除人员，与更加有经验的人一起工作，这样别人可以指导你，帮助你获得所需要的经验。欲了解更多带电电路的操作，请阅读 NFPA 的指导 70E：工作场所电气安全标准。这个操作指南会给你关于电弧闪光危险性的信息，以及带电电路操作的要求和限制。这是 OSHA 规定的一部分。

信号故障

信号故障解决方法与电源故障类似，不同之处在于，你查看的是输入、输出和数据路径，而不是仅有电压流动。这方面的一个很好的例子是传输光线的光缆，不通电，远距离传送数据。电力往往是信号系统的一部分，通常比运行系统的电压和电流低得多。一些常见的电压是 5V、12V 和 24V，电流处于毫安范围内。一般地，信号系统检测一个条件的存在或不存在，而不是直接运行系统或输出。至于使用电源故障检测的方法，信号故障跟踪需要对系统是如何工作的、哪些信号应该出现、信号成分的作用都有一个坚定的认识。

请记住，有两种基本类型的信号：数字和模拟。数字信号要么存在，要么不存在，没有中间状态。这对于那些需要判定是或不是状态的应用来说非常合适，但对于变化的条件来说是一个糟糕的选择。这些变量条件需要引入模拟信号，因为这是一个范围，而不是简单的打开或关闭。使用模拟信号，我们从源头得到了一系列的信号，然后在程序或控制器中按比例使用。例如，我们可能有 4 ～ 20mA 的热电偶，监视机器人的伺服电动机，按照比例，4mA 等于 0°F，20mA 等于 500°F。有了这个比例尺度，10.4mA 将等同于 200°F 的温度。反过来，控制器可以监视此值，而如果它超过设定值，触发报警让操作者知道系统中有伺服电动机过热。

 为了得到每度的值，取 20mA，减去 4mA，除以由它代表的总数（500°F）：结果是每度产生 0.032mA 的变化。0.032 乘以系统的 200°F，再加上开始点的 4mA，我们可以确定由该温度产生的电流强度。

下面是信号故障检测方法的一些准则。

准则 1：检查输入和输出表。您可能会在问题分析阶段就已经这样做了。如果你还没有，需要现在立刻就做。您还需要了解哪些输入和输出应该存在或打开，哪些应该关闭或不存在。此处，也需要了解系统正常的工作方式。如果您不确定特定情况下输入和输出的正常状态，可以参考一下现有设备的文档、程序或其他工作设备。

准则 2：将输入或输出与它代表的组件 / 功能进行匹配。一旦发现了哪个信号丢失或在不应该出现的时候反而存在，必须将这种情况与系统中的一些参数匹配起来。这可能比想象的要困难，因为一些输入和输出都只是用于数据目的，没有与物理组件的直接联系。机器人程序可以打开一个特定的输出码让它装填的机床知道装卸周期已结束，或有可能是一个输入码和机器人捆绑在一起，让它知道机床已经完成零件加工。运气好的话，会有一个不错的文档，以帮助处理这一过程；否则，你将不得不想出一些方法来找到你所需要的信息。

准则 3：查找病因。一旦你完成该过程的前两个步骤，就必须确定为什么信号是错误的。如果该信号是来自像 prox 开关或某种探针这样的物理组件，则应直接检查组件。在该组件工作正常的情况下，检查线路或系统传送信号到控制器的路径。当检查数据传输线时，寻找接触不良、损坏和腐蚀可能导致的问题。如果是从一个系统向另一个系统传送信息，要确认系统实际上是否确实在发送数据，传输线路是否正常工作。

准则 4：如果一切是好的，请检查信号解释设备。很多时候输入和输出信号要通过控制器上的专门用来管理数据的卡。如果一切似乎都正常工作（组件、发射源以及传输线），则很有可能是系统解释或发送信号的部分出现了问题。你可以经常取出存储卡，并在短短的几分钟内再插进去，无须断开和重新连接系统。如果你必须断开一切连接，确保知道一切是如何连接的。这时最好拍摄照片（使用手机即可）来帮助你记住电线走向或记录快速接线图。这也可以放入技术人员的日志以供将来参考。

即使信号系统通常是低电压和低电流，你还是应该谨慎对待。这些系统通常紧邻高压系统，能够造成人身伤害。此外，永远不要故意接受任何的电击，有人这么做甚至只是为了看看是否存在电压！你可能会觉得正在处理的是低电压系统，但是，不尊重电就是不尊重自己的生命。

许多技术人员喜欢双管齐下追踪故障，同时使用电力和信号以便发现问题。如果合并这两个方法作为你的选择，确保要记住，你应该在每个点做什么。例如，你可能会检测到 1V 或 2V 从系统的其他部分泄漏出的电压，并认为这是信号，其实你需要 120V 的电源。电源和信号方法相结合是我个人最喜欢的，但我过去因为匆忙而没有仔细思考那里应该出现什么，只是看看我能从测量点发现什么，这曾经造成过一些问题。请记住，排除故障的目的是为了解决问题，让设备再一次正常运行,而不是创造新的吉尼斯纪录!

流程图

在组织和处理数据以确定行动方案方面,流程图是一个行之有效的方式。传统的**流程图**用方块来表示任何疑问或需要解决的任务,用箭头表示下一步的行进方向。对于问题,答案决定了方向,任务一旦完成,通常又指向另一个问题循环。这个过程一直持续,直到你要么做了流程图指示的所有任务,要么找到了你需要的东西。这个过程可以帮助您通过数据找出行动流程。图10-16 提供的流程图是基于我们前面章节中使用的简单的控制电路。

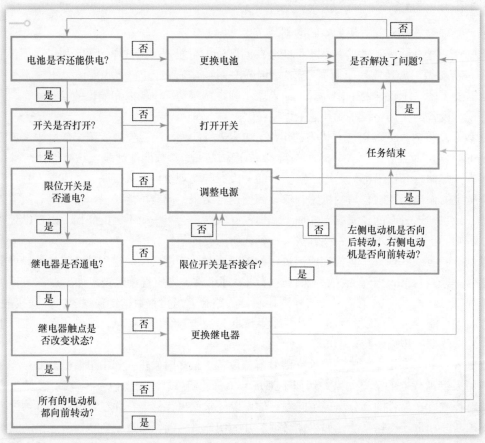

图 10-16 使用图示所示的大的或复杂的流程图,在你解决问题之前要梳理该图表好几遍

根据图10-16 的流程图,我们来看一下整个处理过程。阅读流程图的方式和图书一样,第一次阅读从左上角开始。你可以看到图表问的第一件事就是"电池是否还能供电?"。如果答案是肯定的,去换另一个问题,如果答案是否定的,则下一步指向更换电池。如果你看一下写有"更换电池"的方框,你会发现,没有"是"或"否"的选项:它只是指向另一个方框。对于这种格式,你可以更换电池,然后指向下一个方框,询问是否修复了这个故障。从那里,你又开始有"是"或"否"选项;"是"会指向任务完成的方框,"否"会把你带回到整个流程的最开始。有了这样的循环,流程一直进行,直到你解决所有的问题或发现不能由流程图解决的问题。左侧的第二个方框是开关选项:"是"通向下方的一个框,"否"告诉你要打开开关,紧随其后的是我们的循环语句。左侧第三个方框询问限位开关是否通电:"是"导致中继问题,而"否"指向一个将被多次

使用的另一个方框。"调整电源"方框在流程图中被几个盒引用，从而使其成为一种常见的纠正措施。因为这是一个通用的说法，它不会告诉你该怎么做，而是给你一个该如何进行的想法。根据该指令，你可能最终更换了零件，更换电线，或检查连接，取决于你在评估阶段发现了什么。左侧的最后一个方框是唯一的一个具有不同颜色的箭头线。这是为了避免混淆，当从方框"所有的电动机都向前转动？"开始的线与在结束时与其他线路有交叉，并可能导致难以正确追查。

就像图 10-16 一样，你可以为尝试修复的系统或正在使用的系统部分创建自己的流程图。如果你可以按照电路的逻辑和过滤的信息前进，你就不必在纸上把图表画出来。不过，写下来的信息将有助于防止跳过步骤，并为以后保存流程（另外，对于你的技术人员的日记也是一个补充）。用流程图方法的重点是帮助你处理掌握的信息，以便找到纠正措施，解决故障。您可以通过一些主题进行过滤或真正深入到细节。在这一过程中，你可以写一个简单的单页图表，或创建一个很多页的、引用其他图表的复杂流程图。只要你能有效地使用它，流程图就是有益的，本身没有任何限制。

寻找你的路径

我们处理信息的方式都不相同。正因为如此，没有一个组织信息的方法适合所有人。你可能会发现你从各种方法中选择喜欢使用的点点滴滴，通过探讨建立一个适合自己的故障排除技术。您可能发现会根据努力解决的问题类型来量身打造解决办法。也有可能会发现一条我们从来没有见过的、完全不同的道路。如何找到答案不重要，只要在排除故障时记住以下因素：

效率：当要解决一个问题时，一般不会有大量的时间。正因为如此，你需要一种方法能够经过最初的几次尝试就能奏效，而不是最后或经过大量时间以后奏效。如果每次需要几个小时拿出一个解决方案，你需要修改方法或尝试一些完全不同的东西。请记住，对于工业和商业来说，"时间就是金钱。"雇主需要故障排除人员能够迅速而准确地解决问题，而过程中无须浪费时间和资源。在这些方面做得最好的将得到顶薪和最高的地位。有一个浪费时间的例子，比如花费几个小时来解决由于三年连续使用而烧坏了的指示灯的问题。

精度：无论最终采用哪种方式，必须找到问题的根源。您可能一次次地选择了错误的路径，或尝试几次来试图找出问题，但如果一种方法很少让你得到正确的答案，那么它几乎没有价值。故障排除的重点是解决核心问题，让一切重回正轨。而不是花费所有的时间排除故障。故障排除唯一关心的是结果。考虑到这一点，你需要使用让你得到想要的结果的方法，而不是只让你忙碌起来的方法。例如，花费半小时通过观看原理图和布线图了解所使用的系统，要比花费一整个工作日去手工检查所有的连接更好。

可以理解的：当您形成了一种排除故障的风格，那你一定是悟出了一些易于使用的东西。有时我们碰到过于复杂的系统，或陷入一种困境，甚至几乎不可能进行数据分析，找到解决方案。这种情况经常发生，特别是当故障排除人员第一次开始着手并仿效周围人的风格，或尝试以一种新的风格排除故障时。当你试图筛选信息时如果遭到挫败，或者在这一过程中完全迷失，需要立刻调整你的信息过滤方法。可能会发现，随着你不断获得经验和信心，你的风格也在改变和成长。大多数人必须学会基本知识，并以这些为基础做好掌握难度较高、复杂方法的准备。这和学开车很类似。有多少人在开始开车时技术水平就能与赛车手相当？对于大多数人来说，答案是零。这同样适用于故障排除人员；在掌握所有的故障处理的基础知识之后，才能考虑掌握更加复杂的方法。

从简单的开始：有时，简单的答案就是最好的答案。对于有经验的技术人员，一个常见的错误是问题挖掘得太深入，而没有先检查简单的解决方案。许多技术人员花了一个小时排除故障，却发现他们忽略了一直在眼前的简单的答案。随着你的知识和技能的增加，深度分析问题的能力也在增长。这样做的缺点是，许多技术人员一开始就进行复杂的分析，而忽略了周围的简单步骤。为了防止这种情况的发生，你可以把它放到你的方法里，提醒您检查简单解决问题的步骤；例如，机器是不是有电或开关是不是打开了？

在这一节中，我们已经讨论了过滤信息找到的核心问题解决方案的几种方法。但是，不要害怕使用或创造这里没有提到的方法。请记住，过滤与故障有关的信息的主要目的是为了找到问题的根源，并及时、准确地纠正。你会经常发现，在故障排除中只有结果才能证明手段是否是正确的。这意味着，在大多数情况下，只要你的方法符合我们在本节规定的所有参数，没有人会质疑你是如何解决这个问题的。通常只有在花费了大量的时间和 / 或金钱解决问题，没有取得积极成果时，才有人质疑你是如何解决这个问题的。如果你在定义自己的风格，或者使用我们刚才讲的风格之一时遇到了麻烦，不要害怕从那些拥有更多故障排除经验的人那里寻求帮助。此外，不要害怕尝试处理信息的新方法，无论是自己想出的或看到别人使用过的。我最喜欢的名言是"不入虎穴，焉得虎子"（这可以追溯到 Chaucer，c.1374）（Titelman 2000）；在这种情况下，这意味着，如果你不尝试任何新的风险，你就得不到以更好的办法排除故障的好处。

如果一开始你没有成功

喜剧演员史蒂芬·怀特有这样一句名言："如果一开始你不能取得成功，那么跳伞绝对不是为你准备的"（Goodreads 2013 年）。幸运的是，我们处理的大多数实例不是关于生与死的（如跳伞）。大多数故障排除的情况中，你会根据需要让自己不断尝试。当你在第一次尝试故障排除而没有成功时，有几件事情要记住。

准则 1：不要沮丧。如果你第一次尝试失败让自己变得心情沉重或心烦意乱，当你再次尝试的时候可能会丧失清醒的头脑。这可能会导致错过一些步骤措施，忽视信息和不合逻辑的思维过程，这些只会对故障排除造成阻碍。如果你发现自己感到沮丧，抛开故障短暂休息一下，或尝试寻求一些帮助。另一次失望和愤怒可能是因为你在修复设备时让自己受伤了。大多数人在最终完成故障修复的过程中受到了伤害。可能是砸到了手指，割伤，肌肉拉伤，工具掉在了脚上，脑袋碰到了坚硬的东西，或其他一些痛苦的事件。不管是什么原因造成了伤害，我们很多人用愤怒应对这些伤害。这可能导致会在修复的过程中错过了一个或多个步骤，要么带来更多的问题，或至少是阻止你解决这个问题。如果你发现自己陷入了这种消极的循环，一定要做些什么来打破枷锁。

准则 2：重新评估信息，并在其中添加你所学到的东西。当你尝试一下，不管结果如何，肯定能提供新的信息。在本章的前面，我们提出一种想法，只要你能影响到故障，无论是好的还是坏的影响，就是处在正确的轨道上。有了这样的思路，必须先确认制造的新问题没有掩盖原始问题。只要不是这种情况，在你下次尝试故障排除时就会有新的、有价值的信息使用。如果问题加重，那么你是在正确的轨道上，但可能需要做一些与刚才相反的事情。如果问题好转，但并没有完全解决，有两个主要的可能性。一，你在正确的轨道上，但根本没有做足够的改正；第二，核心问题是由多重故障引起的。当故障的核心是不止一个组件出现了问题时，就会产生**多重故障**。在一些情况下，当一个零件损坏并且造成了其他与之连接的零件也发生损坏。最后但也是最重要的，如果你的努力对这个问题没有任何影响，那么你很可能处在错误的轨道上。不管结果怎样，只要尝试就能获得一些新的信息。以下是所提到的以上各种情况的例子。

- 确定需要进行一个软停止，以允许机器人在工作行程内适当地移动。在做出这次调整后，机器人移动距离不如以前那么远了。这就是一个因为进行了错误的调整，而使问题变得更糟的例子。

- 我们面临的情况同上。在我们做出调整后，机器人可以在工作行程内移动得更远，但仍远远不足以解决问题。这说明正在正确的方向上前进，但还远远不够。

- 机器人发出伺服报警。在收集数据的过程中，你发现，电动机引线之一已经松动并且损坏了电动机。您更换了电动机，并再次得到一个新的伺服报警。这会让你发现系统的伺服驱动器损坏了。这是一个多重故障的例子，告诉你在故障排除过程中取得进展是有可能的。

- 机器人在加载过程中停止，你会发现一个零件没有被正确地捡起，而且零件略有缺陷。你移除坏的零件，并重新启动系统，认为这能纠正问题。然而，机器人在下一循环中的相同点出现报警。当你检查系统时，可以看到新的零件还是不能够被正确捡起，尽管它似乎是一个不错的零件。在这个例子中，校正动作对核心问题没有产生影响。

准则 3：尝试，再尝试。如果第一次尝试解决这个问题不起作用，那么你仍然有一个需要解决的问题。一个好的故障排除人员会意识到，有时毅力是找到核心问题并纠正它的唯一途径。特别是在，第一次尝试时你就选择了错误的路径或错过了处理过程中的一个步骤。您可能会发现，当你面对的是一些新东西时，不管是不是出了故障，一台你没有什么使用经验的设备或系统，它可能需要比平常更多的尝试来找到问题的根源。通常情况下，无论你对系统的使用经验处于哪个水平，你都需要通过多次尝试，消除引起复杂问题的所有可能的变量。这将我们引向准则 4。

准则 4："一旦无法消除，无论留下来什么，无论多么不可思议，也一定是真相"（Doyle 2012）。这句名言，来自于柯南道尔塑造的角色福尔摩斯，每一个故障排除人员都应该记住。当一个问题有几种可能的原因时，这种方法是特别有效的。经常有简单的事情，我们可以先尝试一下，然后再花大量的时间和金钱寻找更复杂的解决方案。如何验证各种选项？最好的办法是利用可行性、时间和成本进行筛选。为简单起见，我们先从可行性开始。如果你有三个不同的方向可以进行选择尝试，其中之一要求一个零件，但你没办法得到，那么你显然会想尝试其他两个方法。我们还要用可行性来确保，在用尽所有的可用选项之前，我们订购零件不能付出太大的代价或需要很长的时间才能到货。一旦我们决定什么是可行的，接下来我们来看看所需要的时间。如果检查一个可能的解决方案将需要半小时，同时另一个将花费一天，我们先选择两者中更快的那个。我们筛选的最后一个方法是成本。有时，我们可能不得不考虑成本这一因素，尤其是有可能会造成高价项目损坏的风险；但是，我们一般在没有清晰路径的时候，才用这个作为决胜局。我们将继续使用这种方法筛选各种可能的选项，并再次尝试，直到我们发现了故障，直到没有别的选择留下。

准则 5：回到绘图板。有时你会尝试你能想到的一切，似乎没有任何事情会对问题产生影响。在这种情况下，你很可能遵循一个有缺陷的故障排除路径。不要担心；每个故障排除人员都会遇到这种情况，无论他们是怎么说的。当你发现自己在这种情况下时，收集一切必需的数据，并以新的方式进行过滤。看看其他系统或部件有没有可能会对故障产生影响。看看是否在分析和收集阶段错失了一些数据。以一种全新的眼光来看待这个问题，并得出一些新思路。看看你还能得到哪些额外的资源。一个简单的事实是，一旦你尝试了你能想到的一切，你需要找出解决问题的新途径。爱因斯坦说得好，"一遍又一遍地做同样的事情，并期待不同的结果是愚蠢的"（爱因斯坦 2012）。如果作为故障排除人员我们继续努力尝试那些我们明知道行不通的方法，在三番五次的尝试之后，我们突然发现这是很疯狂的。

　　故障诊断可以是一个非常复杂的过程，特别是当我们使用多个系统时，故障可能具有多个不同的原因，或多个系统和/或多个组件产生故障。当使用这些系统时，总是有这种可能性，即第一次尝试解决没有成功。故障排除人员和其他人的区别就在于下一步要做什么。故障排除人员持之以恒，根据需要获得帮助，并解决问题。就是这么简单。这需要时间和努力成为一个经验丰富的故障排除人员，但它可以是一个非常有回报的和赚钱的职业发展道路。大多数技术人员因为他们参与维修和解决问题而自豪，使之成为一个有价值的职业选择。这些人不断提高他们的技能，工业和商业企业从他们的知识中获益，即使是在经济衰退时期。只要我们在生活中需要复杂的系统和设备，对故障排除人员就有需求。

回顾

　　在本章中，我们讨论了各种各样的关于故障排除的主题。在这一点上，你应该能很好地了解故障排除人员应该是什么样的，如何去解决各种问题。你很有可能会用到本章的一些原则，随时欢迎再次查看这些材料，在你有了新的参照系后可能导致对这些知识有更深的理解。请记住，每个人都从一个新手开始自己的故障排除生涯，只有不断通过积累经验才能成为一个专家。本章涉及的主要议题包括：

- 故障排除是什么？本节讨论了故障排除和故障排除人员之间的差异，并给了一个参考框架，开始了我们关于故障排除的讨论。
- 分析问题。在这里我们讨论了通过操作者、设备/系统、个人观察和诊断工具等不同方式获得故障信息。

- 收集信息。本节讨论了如何使用输入/输出、手动、原理图和布线图，以获取有关设备和故障的更深层次的信息。
- 其他信息源。本节涵盖了我们如何能够利用别人的技术支持，以及互联网来查找关于故障的更多信息。
- 寻找一个解决方案。在这里，我们讨论了通过使用诸如拆分系统、追踪电源/信号、流程图的方法，以便找到一个解决方案。
- 如果一开始你没有成功 ... 在这里，我们讨论了坚忍，给出一般准则，以帮助故障排除者应对第一个解决方案不起作用的状况。

关键术语

字母数字格式	数字	零点复归	子流程图
模拟	爆炸图	多重故障	跟踪电源
电弧闪光	熔丝盒	八进制	故障排除人员
二进制	流程图	参数	故障排除
位	十六进制	可编程逻辑	视野狭窄
头脑风暴	间歇性	控制器（PLC）	变频驱动器（VFD）
共同连接	图例	梯级	布线图
连通性	控制	原理图	
十进制数	手册	短路	

复习题

1. 什么是故障排除的逻辑过程步骤，以及通常按照什么顺序进行？

2. 如何知道一个设备或系统的正常运行会对故障排除过程有所帮助？

3. 维修日记应该记录什么，并且其目的是什么？

4. 与操作者或在产生故障之前最后一个运行系统／设备的人交流，会有哪些好处？

5. 为什么检查与故障相关联的错误代码和报警信息是很重要的？

6. 在故障排除期间的个人观察阶段，你应该寻找哪些事情或信息？

7. 忽略品牌因素，选择万用表应该遵循哪些原则？

8. 当获取 DC 读数时，哪根导线应该连接到负极一侧，哪一根应该连接到正极一侧？如果我们将两者接反会发生什么？

9. 你通常将导线放置到哪里来获取 120V AC 的读数，如果将两者进行切换，会发生什么？

10. 当获得连续性读数时，在这之前首先要保证什么？如果你不这样做会发生什么？

11. 输入和输出信号之间的区别是什么？

12. 数字输入和模拟输入之间的区别是什么？

13. 你可以在机器人的手册中发现什么？

14. 零点复归如何影响程序的位置，什么是处理这个的最好方法？

15. 阅读原理图中的三个规则是什么？

16. 布线图会显示什么？它们是如何传达这些信息的？

17. 画出一个 SPST 开关点亮一盏灯的原理图，使用本章原理图和布线图部分的元件符号表示出继电器线圈。

18. 哪些事情会导致视野狭窄？以及如何避免这种情况？

19. 头脑风暴的时候你想避免什么？为什么？

20. 当请求技术支持时，你有什么信息可用？

21. 你可以在互联网上找到什么样的信息？

22. 将一个系统的零件进行分组，有哪些方法？

23. 跟踪电源的准则是什么？

24. 跟踪信号的准则是什么？

25. 无论您选择使用哪种方法排除故障，你应该考虑什么因素，它们为何如此重要？

26. 如果你第一次尝试故障排除但是没有成效，你要记住哪些准则？

27. 我们尝试一些东西，使问题变得更好或者更差，这时我们该如何筛选信息？

28. 如果你在故障排除过程中受挫，会发生什么，而且你能做些什么来解决这个问题？

故障排除问题

阅读下面的内容。使用本章学到的知识回答这些问题。

故障排除情景模拟，机器人伺服故障

你使用的机器人出现了伺服驱动器警报。在驱动器上发现了熔断的熔丝。在收集信息的过程中，你发现电动机的连接松脱了，造成了过热，损坏了内置的线圈和电动机编码器。一旦你更换了电动机和编码器，你会得到另外一条伺服驱动器警报，并显示驱动器里的一张卡是坏的。

1. 这应该是哪一种故障？

2. 在你更换伺服驱动器卡之后，你发现系统不能运转并且发出警报，显示没有这种类型的电动机和编码器的信息，这个问题的正确纠正措施是什么？

3. 一旦系统认出电动机和编码器，你得到一条警报，显示一个轴的零点和初始位置不知道位于哪里。这个问题的正确纠正措施是什么？

4. 对于上述信息，你认为所有问题的根本原因是什么？为什么？

5. 对于这个场景，哪一种信息收集技巧最好，为什么？

第 11 章

机器人修理

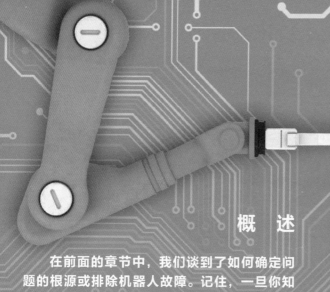

概 述

　　在前面的章节中，我们谈到了如何确定问题的根源或排除机器人故障。记住，一旦你知道哪里有问题，你必须要尽快解决这个问题。在本章中，将分享我的一些知识和有关设备维修的技巧和窍门，以帮助你处理相关维修工作。而修复的细节取决于该问题和所涉及的设备的细节，我发现某些原则和措施适用于多种情况，本章会提供这些信息。在本章的学习过程中，我们将介绍以下内容：

　　预防性维护（PM）。
　　开始修理前需要采取的预防措施。
　　维修技巧。
　　更换零件解决问题。
　　启动机器人之前的注意事项。
　　如果机器人仍然是坏的应该怎么做？
　　机器人正常运行，现在该做什么？

知识要点

- 预防性维护的定义。
- 电气、液压、气动和机械系统的一些常见预防性维护任务。
- 上锁／挂牌（LOTO）是什么，如何执行，为什么 LOTO 很重要？
- 一些对修复过程有益的建议。
- 为什么更换部件不一定能修复机器人。
- 维修后启动机器人之前的注意事项。
- 如何判断你是不是已经固定住了系统。
- 如果机器人维修后仍然有问题，需要询问一系列的问题以探明根本原因。
- 维修后完成三项重点工作，一切运行正常。

预防性维护（PM）

　　《论法律》（DE Legibus）（c.1240）也许说得好，"预防为主，治疗为辅"（Titelman 2000）。当涉及维修，适当的预防性维护可以同时节省零部件和时间这两项成本。**预防性维护（PM）**是指在设备发生故障或退出工作之前，按照计划进行零部件更换和维修。这和在医生的办公室进行年度检查或给车辆换机油是一个道理。重点是要在早期阶段发现问题或在第一时间防止问题的发生。另外，由于是在机器发生故障之前安排好预防性维修，可以非常顺利地一次完成这项工作，而不是等到设备坏了，从而造成生产损失或机器人功能的损坏。

预防性维护（PM）

　　在设备发生故障或退出工作之前，按照计划（根据之前设备和零部件的表现制定）进行零部件更换和维修。

　　许多商业机器人，特别是工业类机器人的相关文件中都有预防性维护的时间表。这些时间表告诉你多长时间检查一次或更换各种零部件，每天、每月、每季度、每半年、每年，或在几年的时间跨度内需要做哪些事情。例如，检查液压箱的液位是每天的任务；在大多数情况下，拧紧所有的电气连接是每年的任务。润滑轴承这种性质的任务通常需要每三个月或半年做一次，而更换布线归入 3 ~ 5 年这一类别（见图 11-1）。按照这种方式，我们将预防性维护任务进行分配，有时你可能只执行一些简单任务，需要占据一小块时间，而在其他时候你可能

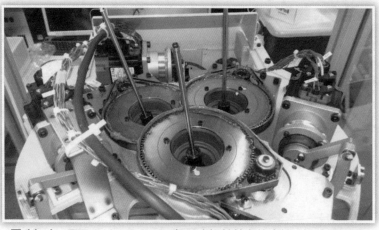

图 11-1 用于 FANUC Delta 机器人短轴转向的齿轮（如果仔细看，你可以看到用于减少系统摩擦的油脂；油脂需要不时地添加或更换）

需要停机几天完成一个长长的清单。例如，你可能在同一时间有月度、季度、半年度及年度的任务安排，需要完成一长串清单。如果一个 3 ~ 5 年的任务也恰好处于同一时间，你可能还会在一个已经很繁忙的日程再加入一两天。好的方面是，当作预防性维护工作时我们可以自己安排时间表！

在这时，你可能会想，"他们如何确定何时任务到期？"预防性维护时间表基于之前设备的性能表现。在某些时候，设备的正常操作条件下运行，有人负责仔细记录零件故障。每次如果有零件损坏、磨损、松动，或者停止正常工作，就记录下来。经过数周、数月和几年，这会积累成一个数据库，能够据此分析趋势或失效模式。例如，如果 10 台机器人中有 5 台需要在正常使用五年后更换线束，然后制造商将建议所有机器人每五年更换一次布线。如果轴承润滑脂在三个月之后溢出或被污染，那么建议是每三个月对所有轴承进行润滑。这些建议成为制造商出具的预防性维护计划。这些基础的信息有时来自以类似的方式使用相同部件的设备。例如，如果用于机器人某个轴的电动机同样使用在数控机床上，在经过 10 000h 的使用后失效，那么相同的电动机应用在机器人 10000h 后更换使用是合理的假设。

机器人的系统确定了所需要的预防性维护的类型。电气系统每年都需要将所有的连接拧紧；如果线路穿过任何移动的部件，比如，从一个机器人手臂的中间或外面穿过，那么你将不得不在一些时间点来更换它们（见图 11-2）。电动机会磨损，一般都有固定运行时长的使用寿命。另外，您可能要在了解编码器在哪里使用以及如何使用的基础上，清洗或更换它们。另一个常见的任务是检查冷却风扇功能是否正常和是否有灰尘堆积。您可能需要从控制器拉出电子卡，并把它们放回或**重新安装**它们以确保正确连接。另外还需要经常在各个点进行一系列的电压和电流检查。电气安全系统和其他传感器的检查是用电区域中的另一常见任务。如果你正在使用的机器人有备用电池，那么要记得每年或在更长期限内更换电池（见图 11-3）。不遵守更换电池等预防性维护措施，会很容易丢失机器人数据，并造成工时浪费。电气任务的完整列表取决于您正在使用的机器人及其装备。

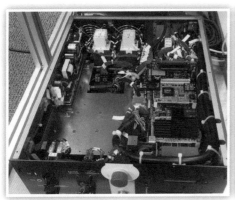

图 11-2　FANUC R-30iA Mate 控制器内部零部件的特写（通常的操作是紧固所有的电气连接，就像控制器里的这些，每年都要防止接头松脱以及由此引起的损坏）

图 11-3　图中黑色盖子后面可以找到供教学用的 Delta 机器人的备用电池（确保你知道机器人用的电池在哪里，以及多长时间更换一次）

　　液压系统需要定期监测液体污染物，如灰尘、水和金属碎片等，以及更换液压油（通常是以一年为期限）。另一项与液压油有关的 PM 任务是对其进行一致性和化学成分定期检测。对泄漏进行粗略的检查是每天都要进行的任务，打开所有的封盖，深入查验系统可能需要半年一次或一年一次。当偶尔或周期性地出现堵塞状况时，需要为系统更换过滤器，这通常也是一年期的（见图 11-4）。如果系统使用**蓄能器**（这是用来储存液压力，然后根据需要释放到系统中的设备），根据不同的类型，可能需要检查一下充气状态（见思想食粮 11-1，有更多关于蓄能器的信息）。一些阀门可能需要拆卸和清洗，这涉及将阀门分离，清洁内部组件。检查液压系统软管的泄漏和磨损是另一个常见的 PM 任务。对于大多数液压系统来说这些检查都是共通的，而不仅仅是那些机器人使用的液压系统。所以，如果在其他行业中遇到的设备也有像这样的列表，也不要觉得惊讶。

　　气动（或空气）系统同样具有自己的检查方式。当然，任何流体动力都需要进行泄漏检查，以及软管 / 管道损坏检查，还有过滤器的更换，所以需要定期（见图 11-5）进行。另外，许多气动系统具有注油器，向压缩空气中添加润滑油对系统中的移动部件进行润滑。随着时间的推移，系统中的润滑油耗尽，必须更换。因为由于空气释放产生的噪声，消声器往往也是必需的；你要检查这些以防出现损坏或堵塞。空气分离出的水和污垢进入气动系统的贮气箱，所以需要定期清洗和排液，以确保正确的操作，并防止系统中的组件损坏。你绝不会想让潮湿、肮脏的空气压入并通过阀门和系统的零部件，因为这会快速地造成系统故障。

 思想食粮

11-1　液压蓄能器

　　某些蓄能器将填充有氮气的橡胶囊放进金属外壳内部来存储压力。系统迫使液压油进入蓄能器，气体胶囊被压缩并在蓄能器内部对液压油施加压力。如果系统的压力下降，胶囊中的压力迫使液压油返回系统，减轻系统的压力。这种类型的系统，胶囊压力的任何损失相当于系统存储的压力的损失。因为当系统负担过重时蓄能器产生流动，胶囊压力较低可能意味着液压马达或液压缸操作缓慢，这会影响机器人的运动或工具性能。

　　另一种常见的蓄能器采用带有密封的固态、重物，以迫使流体返回系统。对于这种类型的蓄能器，PM 是检查密封，确保排水，液压油能够通过密封，工作正常。无论蓄能器是何种类型，都有某种形式的预防性检查以保证正确的操作。

图 11-4　各种流体动力实验室使用的独立的电源装置（图中左侧白色的罐子是过滤器，你可以看到泵电动机顶部的冷却单元，这两个装置都需要每年进行预防性维护）

图 11-5　此气动调节器没有注油器，但它确实有一个过滤器碗需要不时地排干和清洁，以及还有一个消声器也需要留意

对于机械系统，重要的 PM 任务是涂油和润滑。除非轴承是密封的，否则它们需要在某些时候用正确的润滑剂补充油脂。因为系统的高速性能和紧密公差，许多机器人系统的轴承和齿轮用白色锂基润滑脂。说到齿轮，常见的检查以确保一切正确啮合，没有过度磨损或损坏的齿轮齿。对传动带和链传动，PM 包括确保任何拉伸应在给定的公差范围内，该系统仍然传送动力不打滑，并且一切都在校准范围内。这也是一个很好的机会，用来检查确保没有什么摩擦机器人的金属外表，或碰到电线和流体软管。在这种接触的初期发现问题能够容易处理，并最大限度地减少任何损害，而让问题继续，几乎可以肯定会导致必须要修理机器人的重大问题。

这些常见的任务绝对不是一张完整的 PM 列表。PM 的具体情况取决于机器人做什么，它是怎么做的，以及在哪里做的。恶劣的环境和负重使用会缩短检查或更换部件的时间周期。不常使用或在最佳条件下使用可以延长各种零部件的使用时间，但要注意不要把你的运气用在这种情况下。如果你发现有些东西比推荐的时间表磨损得更快，要继续探查，看是否需要继续缩短更换零部件的时间间隔。如果你发现某些问题不在列表里，可随时将其添加到你的预防性维护计划中。作为最终用户，妥善保养机器人的责任落在你的肩膀上。这就是说，做任何你认为必需的改变，以提高系统的整体性能。

不幸的是，一些公司不承认预防性维护的价值或根本就不想从生产中拿出足够的时间来进行所需的机器人预防性维护工作。在这种情况下，你必须尽可能做好；无论如何，也要为预防性维护据理力争。

1）我们可以安排预防性维护。一些行业会将机器故障安排到他们的生产计划中去，但没有人有水晶球告诉他们何时设备会发生故障失败 …… 但这是可以做到的！这是一个预防性维护计划的关键所在。这意味着，他们可以安排时间在故障发生之前解决这些问题。虽然预防性维护计划可能不会阻止所有的故障，但一定会有助于减少维修事件的数量。

2）预防性维护节省资金。我相信你已经听说过这样一句话"时间就是金钱"。在业内，经理们会日复一日被这种观念敲打，每当机器停止工作时，他们会更加深刻地认识到这一点。现在预防性维护几个小时，可以在以后节省更多的停机时长。最重要的是，一个不合格零件可能会产生多米诺效应，导致其他一系列零部件的损害。在这些情况下，任何由原始故障造成的损坏都会增加零件、时间和劳动成本。

3）保修失效。许多机器人在出厂时都有在规定时间内的更换发生故障零部件的保证。未能及时进行预防性维护，这是用户的责任，很可能使保修无效。

4）运费和手续费。当涉及修理时另一个成本因素是，在正确的时间能否有正确的零部件。维持大量更换零件的库存需要花费成本，所以很多企业尝试仅保留必需备件。当机器故障而需要订购部件时，这可能导致延长停机时间，以及高昂的运输成本。执行预防性维修计划，有时间以更便宜的运费、较慢速度地订购零部件。此外，如果公司知道，他们将需要大量的某些零部件，也可以一次订购全部的零件，也许会得到零件成本或航运花费方面的折扣，或两者都有可能。

这些只是执行预防性维护的一小部分理由。有些公司根本没有检查利弊，而其他人，他们只能在已经花费大量的时间和金钱进行被动维修后，才看到你的论证过程。在这种情况下，只有尽可能地做好，并指出预防性维护计划的好处。如果你的公司是预防性维护计划的信徒，你要确保正确执行这项计划，承担应尽的义务。分享你的想法和意见，因为我们经常会受习惯所限制，忘记花时间重新评估形势。如果你负责机器人的维护，那么你就是在为自己预防这些挫败！

开始修理前需要采取的预防措施

正如在前面的章节中指出的，在修复系统之前，你必须知道哪儿有问题。故障排除阶段的重点是确定问题的所在，但你应该做的准备工作不仅于此。开始修复前的一个重要的考虑是确保工作区域对你来说是安全的。LOTO 就是一个重要组成部分。

上锁/挂牌（LOTO）是指系统移除设备所有的电源，这样没有任何现有的和潜在的电源；这也被称为**零能量状态**，使你能够安全地在设备上及其周边工作。有时，在故障排除阶段，你必须要带电进行检查，因为根本就没有其他办法排除机器故障；只要你有一个行动计划，现在是时候关闭一切电源了，这样就可以安全地工作。为了得到一个零能量状态，关闭所有电气、液压和气动动力，放掉任何残余压力，放空任何电容，放低可能坠落的设备或将它们固定在原地。作为 LOTO 过程的一部分，我们使用一种叫作**封锁**的专用设备用来阻断和切断电源。不管你如何将电源关闭，都需要有一个设计用来保持电源关闭的封锁，每一个封锁都有一个区域可以容纳一个或多个锁定。每个在设备上工作的人都必须把他或她自己的唯一的钥匙锁在上面以彻底锁定机器。这是为了确保别人在你工作时不会接通设备电源的唯一途径。只有两个人可以合法地解锁：上锁的人和他或她的上司。主管必须与他或她交谈、验证，在确保他或她不在危险区之后才能删除锁定。

> **上锁/挂牌（LOTO）**
> 是指系统移除和中断设备所有的电源，达到零能量状态，并保证设备在使用封锁装置和个人锁定装置时肯定不会被再次激活。

> **零能量状态**
> 一台设备没有激活的或潜伏的电源。

> **封锁**
> 用来保持电源处于锁定和断开状态的设备。

一旦你确认，请把所有的电源切断，并锁定账户，尝试打开系统。这有助于在开始维修前确保机器处于零能量状态，进入危险区之前验证所做的一切是否正确。确保检查系统上的任何流体动力压力仪表，用万用表验证是否存在电流。一旦你已经执行了所有这些检查，证明系统没有留下电源，既没有激活的也没有潜在的，那么你可以放心地开始修理了。为了安全，对机器人进行操作时，每个人都必须在设备上锁定自身的锁。请确保你在某一个地方放置好警告牌。常见的警告包括了"不要开机"或"机器维护中"。请确保你的锁上标注了你的名字，让大家知道你正在机器上工作。当锁没有名字时，很难确认主人是否处于危险区。

以下的清单一步一步地给出了 LOTO 过程的步骤：

- 通知受影响的个人，你要关闭机器。这包括操作员、附近的员工和管理层。
- 如果需要的话停止机器循环。
- 关闭或删除所有外部电源，使用带有你的姓名的锁定设备将电源锁定在关闭位置。
- 将适当的信息标牌如"不要开机——维护中"放在设备上。
- 验证一个零能量状态。请务必考虑到电容器、压缩弹簧、可能会坠落的物品，存储的流体压力，或其他潜在能量源。
- 进行维修。
- 一旦完成后，移除所有工具和任何阻拦装置，或你添加到机器上的出于安全考虑的其他物品。
- 一旦一切都清楚了，每个在机器人上工作的人删除他或她自己的锁；最后一个人可以为设备恢复供电。

不按照此程序进行操作，将会置你的生命，还有你的同事的生命于危险之中（见图 11-6）。历史上很多因不当的锁定而造成伤害或死亡的案例，千万不能掉以轻心。事实上，虽然你执行 LOTO 的所有步骤，但仍有可能处于生死边缘（阅读思想食粮 11-2，正巧是我最好的朋友的有惊无险的故事）。在设备上工作时，你应该总是了解你周围的环境，要特别注意任何迹象表明有人打开了系统电源。LOTO 保护你不受伤害，但并不意味着你可以在危险门口检查你的大脑对状态的感知能力。

图 11-6 当使用大型机器人移动大的负载时，你的安全是非常重要的，在上锁 / 挂牌（LOTO）期间任何东西不会落在你身上

一旦你完成 LOTO，还有一些其他准备的东西，你可以做些对维护过程有益的事情。一个重要的步骤是收集所有必要的完成修理所需的技术手册、图表等信息。手头上具有这些，当需要确定修复的下一个步骤或确认电路的一部分的布线时，能够节省时间。很可能你已经收集了在故障排除阶段所需的材料，所以只要确保这些材料在你手边即可。一定要放在安全不会受到损害的地方，否则，则可能会损坏的部分材料是难以替代的。对于这样的材料，一个常见的放置区域是滚动工具箱或一个工作站，它可以位于系统附近，但离流体飞溅或零件跌落的地方要足够远。在处理这些问题前，确保手上的油脂和污垢被擦拭干净。我可以向你保证，油腻的指纹已经不止一次阻碍过维修。

思想食粮

11-2 LOTO 意识

这件 LOTO 事件发生在我最好的朋友詹姆斯 E. 斯通(下面简称吉姆)身上,他在经历了与癌症的战斗之后,于 2012 年去世。事发时,他是一名维修技师,当时在注塑公司工作。如果有谁熟悉注模工艺的话就知道,机器将两半的模具按压一起,注入熔化的塑料或金属,然后在两半模具分开之前快速冷却,新的成型的零件便出世了。这些机器又大又笨重,这个故事中是一台巨大的生产金属零件的机器。事实上,它是如此之大,当机器开着的时候,我的朋友吉姆很容易站在两半模具之间。

现在,有了故事背景,我就可以开始描述当天的细节。吉姆有一些模具需要做维护工作,所以他锁定了这台装备,验证了零能量状态,带着工具爬进了模具区域去操作。他在机器上工作了一会,而这时操作员出现了,并决定启动机器。在按下启动按钮,并没有得到响应后,操作员注意到,主电动机被关闭,并且有人挂出了铝制警告标签,吉姆进行了锁定,通过一个孔,并在上面加了锁。操作者长时间的研究设备后,决定撬开它,他显然没有领会"机器正在维护中"的意思。大多数锁定装置用的是厚厚的塑料或薄铝板,所以它们不是坚不可摧的。除去它们只是麻烦一些,并不是不可能的。

所以,一阵折腾之后,操作者不得不以强制掰弯这样的方式,将锁移除,并扔在旁边的盒子里,为注塑机供电。吉姆开始真的有麻烦了。在这几分钟的时间里,操作者正在执行一项"邪恶"的任务,我的朋友在模具里工作,不知道发生了什么事情。吉姆察觉的第一个线索是,他听到了机器的液压系统开始运转。吉姆非常了解这台设备,他知道这部分的加电过程,是为了闭合这台机器的两半模具,然后再次打开,以确保一切都正常工作。这台机器每一半模具的闭合压力有数吨,而吉姆正处于危险地带中!

快速的反应、恐慌和奇怪的运气,这些因素合在一起救了吉姆的性命。当他匆忙地想爬出这台设备,从模具一侧跑到另一侧时,恰好碰到并抓住了一个巨大的母线。他抓住的母线是为两半模具供电的主电源总线,提供 480V 三相电源。抓住母线是惊慌失措的反射,事实上也是一种古怪的运气。吉姆一抓到母线,就遭到了电击,并造成如此剧烈的肌肉腾缩,把吉姆扔出了正在闭合中的机器。事实上,当时危险是如此的接近,他的裤腿的一部分被夹在模具的两半之间。从字面意义上理解,大部分的维修技师在整个职业生涯中竭力避免的意外事件却挽救了吉姆的生命!

因此,吉姆躺在地上,感受到了严重电击带来的影响,耳朵和鼻子出血,肾上腺素狂飙。一旦他意识到自己还活着,功能正常,他和操作者进行了身体上的"讨论"……然后告知管理层,如果要继续聘请这种水平的员工,他就不干了。他的上司曾尝试说服他留下来,但吉姆已经受够了那个地方。

这表明,即使你做了一切应该做的,仍然会发现自己会处于生死边缘的状态。从吉姆的经历中看到,在工作或维修设备时,必须始终保持你的机智!我可以向你保证,在我多年的设备和机器人维修生涯里,这个建议已经从伤病中不止一次挽救了我,幸运逃脱和改变生活的事故之间是有本质的区别的!

在维修开始之前收集你需要的工具。很多人试图凑合着使用他们手头上的工具,而不是去什么地方以获得正确的工具。这可能会导致零部件的损坏、螺栓滑脱和转向节破碎。如果你将工具放置在滚动工具箱上,然后在维修开始之前应转到合适的位置。如果你有一个工具袋或手提工具箱,要确保你需要的修复工具就在手头上。很多时候,你可以找到需要维修的零件的分解图手册,这能提示你需要哪些工具。如果你需要专业的工具,如齿轮拆卸器、扭力扳手或铲车,请同样备齐它们。如果碰巧发现你需要的一个工具手边没有,最好是花时间去得到它,而不是凑合使用,这会让你的工作产生风险。

如果你知道需要更换某些零部件,例如轴承或电动机,确保在你开始之前它们能够到位。我记得好几次,当我维修到一半才发现,我们没有所需的所有部件。这可能需要数天或数周的时间才能到达,这取决于是什么零件以及从何而来。这种延迟演变成其他技术人员从这台机器抢零件来修复其他机器,螺母和螺栓似乎会自己漫游,当零件终于到了,其他人可能已经完成了修复。所有的这些相当于增加了修复时间和维修中的挫败感。根据我的经验,等到零件到手后再进行修复,要好过中途停止修复去等零件。

你可能想知道,为什么我们在收集到所有工具和零件前要执行 LOTO。其原因是,这给机器有更多的时间来耗散任何存储的能量。许多驱动系统使用的电容器设置的方式是所存储的能量随时间慢慢消散。根据我的经验，这平均需要 5 ~ 10min，才可以安全地在系统上工作，这是一段理想的时间，来获取工具和收集其他必要的材料。记住，你开始维修前要用仪器仔细再次检查。离开机器以允许能量消耗意味着它还未达到确认的零能量状态，你必须确认开始修理前所有的能量都释放了。

维修技巧

现在你已经收集了所有部件，找到了必要的信息，并使设备处于零能量状态，你就可以开始进行维修和预防性维护了。还有几件事情，你可以在此过程中完成，使之运行更平稳。虽然你可能并不需要或能够使用所有的提示，但这一环节做的功课越多，你将收获越多的好处。

弗雷德 R. 巴纳德说过，"一图胜千言"（Titelman 2000）。当涉及维护时，我发现这是一个非常真实的陈述。在卸下零件或拆卸系统时，用你的手机或其他设备用摄像头抓拍几张照片。这会给你一个可视化的路线图回到原来的系统配置，并帮助解决任何可能遇到的问题。我已经很多次使用这个方法帮我记住系统是如何连接的，每样东西位于何处，在拆开之前这些东西看起来是什么样的，软管或电缆是如何排布的，等等。这项技术已经替我节省了很多时间，尤其是在维修开始几天、几周或几个月后，才能完成整个维修过程的情况。这些照片还可以帮助其他人完成你开始的维修任务，还可以帮你解释整个系统是怎么回事（见图 11-7）。

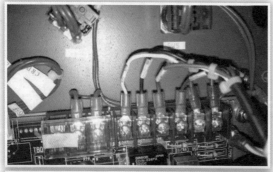

图 11-7 在卸下这台 FANUC R-J2 控制器把机器人从老的建筑移到新校园之前，我拍下一系列的照片（在将近一年之后，在我有机会重新装回系统时，这些照片让我轻松完成任务，就像我前一两天才刚刚卸下它们）

把所有零件都放在一起。要修好大部分的设备，你需要打开盖子，取下支架，拆卸零部件，一旦你已经完成了修理，需要将一堆东西装回机器上。把所有东西放置在一起，使装配过程变得更加容易。当决定把零件放置在何处后，应注意人们仍在工作的区域，以及任何零件落入的地方，零件可能会滚到机器的下面，零件可能坠落到你或其他人的身上，以及其他任何可能引起的问题。对于小零件，如螺母、螺栓、螺钉和垫圈，你可能希望有一个小容器，将它们放进去使它们不会滚远。另一个技巧是按照零件从机器人上拆卸下来的顺序铺在地上。通过零件线性摆放方式，为你打造一个易于反向装配的时间表。

在需要之前获取帮助，而不是在造成了紧急状况之后。很多时候，我会看到维修技师由于贪多，认为他们自己可以处理，从而让自己陷入危险的情况，因为他们不会寻求帮助。只是为了证明自己都可以完成工作而冒风险是非常愚蠢的，不值得鼓励。如果你需要帮助举起什么东西，那么就开口问（见图 11-8）。如果你不知道如何开始一项任务，看看和你一起工作的人是否有经验，能不能提供帮助。如果你需要有人用叉车或起重机拆卸或安装设备的沉重部分，要确保操作人知道如何运行设备。当两个人一起会更好时，却努力一个人来"表演"，唯一的"奖品"可能是受伤，甚至死亡。

当你争取帮助时，确保所有人的意见

图 11-8　图片中的这台机器人从任何意义上说都不算小，花时间研究一下它在操作期间使用的工具，想象一下在举起工具的同时，卸下固定工具的螺栓，类似这种情形你应该向同事求助

都是统一的。《致命武器》系列我最喜欢的一个部分是丹尼·格洛弗和梅尔·吉布森的争论，到底是"一，二，三，走"还是"一，二，走"。虽然这是电影的笑话之一，但它说明了当人们一起工作时会出现哪些状况。如果两个人一起举起了沉重的电动机，但他们行动不一致，很有可能会造成伤害和事故。如果一个人即将失去他或她的抓持力，但并没有告诉对方，那么灾难可能随之而来。如果两个人抬着重物想的是要去不同的地方，或者对不同的手势含义有不同的想法，那么混乱几乎肯定会发生。团队精神的重点是作为一个团队工作，而不是一群人都在努力做自己的事情。考虑到身体差异也是如此。如果是两个人举东西，一人身高超过 6ft，它可以举起 300lb，而另一人不到 5ft 高，只能举起 100lb，他们一起举起某件东西很可能会失败。抬起任何物体时，都要以一种角度将更多的重量分配给处于下方的人。如果较矮的人不管是因为肌肉过度疲劳或重量超出了他或她的能力而扔下物体，那么较高的人如果试图抓住物体或在它之下结束动作，可能会伤害到自己。这些都是团队工作时需要考虑的因素。

做好笔记。维修期间，通常情况下，我们学会以更好的方法来做事，追查没来的装备，或发现其他有帮助的信息。半年或一年后，当你遇到类似的问题，但忘了你是怎么解决的时候，这些信息是非常有用的。这是技术人员记日记的主要目的之一，把工艺技术表放在互联网上或放在零件盒里，这些都是完美的存放位置，还有先前拍摄的照片，以及任何你在故障排除过程中发现的有用的经验教训。今天保存得越多，明天你需要寻找的东西就越少。

我记得第一次开始工业维护工作时，我曾经复印过导师的活页夹。我花了几个小时，包括那些对我来说没有任何意义的材料，但我复印了所有的东西。多年以后，我的导师已经去了另一家公司后，我仍然使用这本书，结果时不时地发现一些知识的"金块"，在我复印这些东西时它们对我来说毫无意义，但当我终于明白了这是什么的时候，它们是无价的。当然，我把自己多年的经验加入到这本书中。当我离开那家公司追求一条不同的道路时，我把活页夹传给了新来的技术人员，希望这对他有帮助，就像它曾经帮过我那样。

打破思维定式。我们往往会卡在车辙里，一遍又一遍以同样的方式做事情，因为那是我们学会了的工作方式。但是，一直在做的方式并不意味着它是最好的方式！有时候，一双新鲜眼睛可以看到不同的道路，可以节省时间、金钱，减少挫折。你可能需要打造自己的特殊工具来做你想做的事情，但不要让这些阻止你。你可能会再次陷入那些车辙；再说一次，不要让这些阻止你。有时候，你的想法会失败。有时你的念头会让事情变得更糟。但更重要的是，有时一个新的方式会使所付出的一切都变得值得。当与你的同行聊到尝试新事物时，"这是我们一直做这件事情的方式"，这样的说法不是一个有效不尝试新的东西的理由。什么样的争论才是有益的？一般会遵循以下路线：有一些事情会阻止你的计划生效，它可能会导致部件或设备造成不必要的损坏，你将不得不对设备做出重大变更。

当你开始维修时，这些都是我宝贵的经验技巧，它们可以带来帮助，我强烈建议你去寻找其他的提示和技巧，以获得更多帮助：与那些拥有设备操作经验的人聊天，看看他们有什么建议。看看你能不能找个有多年经验的人来指导你维护的精细艺术。在互联网上搜索信誉良好的信息来源。在这个数字时代，所有的社交媒体资源都在那里，信息很容易收集，只要愿意付出一点点的努力。当你发现知识的宝石，收集了新的见解，或创建一个新的方法，请务必将其记录在技术人员日记里，不管它现在用不用得着，保存以备将来使用。

更换零件解决问题

当涉及修理时，更换损坏的零件是修复过程的重要组成部分，但它不是该过程的结束。在我们的现代世界中，很多事情都是一次性的，更换掉整个组件，而不是试图修复导致的问题零件，这种情况很普遍。几年前，维护人员拔出机器人控制器的控制卡，找到具体的损坏部件或组件，并更换它们。如今，技术人员拔出损坏的卡，然后插入一个崭新的卡。有时候，他们将旧卡送回生产厂家进行维修，但很多时候我们只是简单地扔掉或将坏卡回收利用。这种行为缺乏必要的更深入的故障排除，导致这样一种趋势，技术人员只是简单地将坏的零件换成好的，然后解决其故障，然后当作他们已经修好了机器人。是的，机器人可以正常运行了，但他们真正解决了这个问题了吗？

事情的真相是，一切故障都是事出有因的，只是更换零件可能不足以排除问题的根本原因。如果电动机烧坏了，是因为机器人举起了过重的零件，那么更换电动机无助于解决问题（见图 11-9）。如果一条线松脱产生火花造成了当前的问题，损坏

图 11-9　有些时候你可能要更换伺服电动机（要确保做出这个决定时电动机已经到达生命周期末端或有些原因导致它过早磨损）

了控制卡上的组件，那么更换该卡无助于解决松线问题。有时更换零件只是解决问题的表象，而不能找出问题的根本原因。要真正解决这个机器人或其他设备，我们要弄清楚为什么最初会出现故障。有时确实是因为零件损坏导致故障，在这些情况下，更换零件是正确的道路。对于其他的情况，试着回答这个问题："为什么会出现？"如果不这样做可能会导致某些零件的重复损失和可能的连带效应，有可能发生第二次或第三次，还会造成其他的零件和系统损坏。

如果你没能找到一个更大的原因，请确保你执行了所有的合理功能检查，并记录结果。如果可能的话，与另一个相同类型机器人比较这些结果，看看系统是否正常运行。如果你没有找到任何确凿的证据或显而易见的原因，一定要把你发现的问题告诉要在机器上工作的其他人，让涉及的人了解背景信息，因为问题应该会再次发生。有时需要 2 ~ 3 次故障后才能确定根本原因，类似于其中一个医生可能需要进行一系列检查并尝试几种药品，才能真正诊断出问题。这种更深入的分析问题的能力是经验丰富的维修人员与新手技术人员的重要区别。

启动机器人之前的注意事项

一旦修复完成，在开机前，系统具有动力供应后，并且处于最初的循环期间，需要完成几件事情以确保一切准备就绪。这些简单的步骤确保系统已经准备就绪，防止你重新返回到你刚刚宣称的已经功能完好的机器人。我可以根据经验告诉你，在一开始做这些事情，比重新返回修理更容易，并能解释为什么你修好的机器人又出现了问题。

在盖上盖子之前，检查工具、零件，以及是否有异物进入系统。一个被遗忘的扳手或螺钉旋具（俗称螺丝刀）在重新开机后会造成数量惊人的伤害。一旦盖子合上了，这些异物会被忽视，直到它们损坏了系统需要维修。

确保每个人都清楚，所有的盖子都到位。这是 LOTO 进程的一部分；然而，再重申一下是非常重要的，因为你真地不想成为那个启动机器人从而伤害其他人的罪魁祸首。在启动之前盖上所有的盖子是为了你的安全。保护你免受电弧、飞行的零件、旋转设备，以及维修后可能发生的伤害，特别是那些你无法找到问题的根本原因的危险事件的伤害。即使所有的锁都处于关闭的锁定状态，在重新打开电源之前确保每个人都了解工作规程，机器人可能会出乎意料地启动，我们已经讨论了会发生什么弊病。确保机器人周围的操作者或其他人知道你在打开系统。这样防止他们受到惊吓，并可能伤害到自己。

供电后，检查系统的任何警报或非正常的动作。报警会让你知道，如果系统的诊断功能检测到任何问题。此外，机器人的不规则动作可以指出更深层的问题或系统的不当修复。一旦你验证系统已准备就绪，将其放置在手动模式下移动各轴，以确保正常运行。如果你有一个简单的程序，如自导程序或校准检查程序，尝试运行其中的一个，看看机器人如何响应。如果机器人停在修理之前在程序中的特定点，加载该程序，并通过手动步骤，看看其是否能够正确运行。此外，验证所有的安全设备和机器人的传感器是否工作正常。有时传感器在机器人的故障或维修过程中被损坏。

最后，也许是最重要的检查是加载适当的程序和启动机器人返回到正常操作（见图 11-10）。虽然它在运行，但仍要保持你的手处于 E- 停止或停止按钮上方，这样就可以在发现问题的迹象时及时停止系统。维护的"墨菲定律"说，那些不检查自动装置是否正常运行的人，注定要重新返回维修机器人。我多年的维护生涯从这种痛苦的滋味中学会了很多；很多时候，启动时一切似乎都正常，所有的检查也很正常，但在正常的工作期间问题又回来了。在我声称修好一些东西之前，我总是花一些时间看它是否真地正常运行了。经过一些周期循环之后，没有明显的问题，我才会打开机器交给操作者，并告诉他或她，如果有什么差错一定让我知道。

图 11-10　当检查设备和程序时，不要忘记穿戴正确的防护装置

这些步骤的另一大好处是，你可以很明显地找到出现的问题。有些时候，系统没有足够的数据，或操作者的描述都不能替代维修者自己的经验。作为一名技术人员，与那些只进行操作或编程的人相比，要以不同的方式查看系统，这就是为什么目睹事件可以对根本原因有更深入的了解，而不是仅仅依靠道听途说。不要怕花时间启动设备，观察细节寻找特殊的对你有意义的线索。在开始时花费一些时间，这可以节省你以后的时间。

如果机器人仍然是坏的应该怎么做

这时，将有两种可能。最好的情形是，机器人再一次正常运行，你可以着手整理几个即将完成的细节。最坏的情形是，机器人仍然是有故障的，你必须决定下一步做什么。很显然，如果系统运行不正常，我们又回到了事物的故障排除阶段，但我们有了一些新的数据要素，你需要问自己这 4 个问题：

- 是不是变得更好了？
- 是不是变得更差了？
- 有没有明显的变化呢？
- 是否有新的问题？

根据以上问题的回答，来进行下一步行动，并能在故障排除过程中提供帮助。

如果系统变得更好了，你是在正确的轨道上，但需要做更多的工作。这可能是因为你只更换了一部分损坏的零件。在补偿和调整方面，最后，你可能会需要以相同的方式做出更大的改变。检查系统是否有损坏或错位，继续按照你的方式，应该能让系统恢复正常运行。

如果系统变得更差，有两个可能的原因。一，你是在正确的轨道上，但在错误的方向前进。也许你做出的偏移量是积极的而不是消极，或在错误的位置上重新调整了工具。在这种情况下，你有正确的系统，只是修复操作是错误的。在大多数的情况下，至少是一个积极的结果，因为你知道你所做的工作是与故障相关的。

在极少数情况，我们误诊问题如此严重，我们实际上在维修过程中制造了新问题！在这种情况下，尽你所能撤销你刚才所做的，看看系统如何响应。如果你回到原来的问题，那么你知道你做的那些是不相关的。如果没有返回原来的问题，那么你有一个最糟糕的情况，其中误诊创造了新的问题，有可能掩盖了原来的问题。这种情况可能需要大量的时间、精力和耐心来解决问题。我能提供的最好的建议是一次解决一个问题，先从最严重的问题开始，或是先从警报开始。我记得有几次在行业里我曾陷入过这种状况；在我之前在机床上工作的人走上了歧途，创造新的问题掩盖了原来的问题，屋漏又逢连夜雨。大多数时候，我必须找出这个人做了哪些事情，更正或者取消他或她的行为，只是为了回到原来的问题点。不管具体情况如何，这都是一种有效的故障排除方案；你通过自己的方式工作，要知道，你已经完成了一项所有专业的故障排除者最终会经历的仪式。

如果没有明显变化，那么无论你做过什么，可能都不是问题的一部分。当这个问题有几种可能的正确答案，并且你选择了当时看起来最有竞争力的选项时，通常会发生这种情况。这种情况下，只需重新评估其他选项，然后选择下一个最有可能的选项。如果你心中只有一个校正动作，回到故障排除阶段，考虑新的信息（即无论你刚刚试过什么都没取得效果）。这往往会帮助你缩小问题的范围，让你回到正轨。如果你依然觉得棘手，要求那些与你一起工作的人提供帮助，或者看你是否能找到关于问题的新的信息来源。

另一种可能性是，你新更换或重新装配的机器人零件也很糟糕。这不经常发生，但确实发生过。大多数制造商保证 95% 的优良率；然而，这意味着 100 份中有 5 个是具有某种缺陷的。这些缺陷往往是次要的，而不是一个真正的问题，但有时坏的零件也会溜出工厂并到达客户那儿。发生这种情况时，当你已经有了合适的解决方案，你可以花大量时间试图决定什么是问题背后真正的原因。再一次强调，这是一种罕见的事件，而不是你的现有问题的首要回答。如果你验证完了其他选择，要知道还有这一种可能。我之前使用了一个正常工作零件来测试这个理论，但我冒着损坏正常工作的零件的风险，如果我错了，这就有两台有故障的机器人了，而不只是一个。小心尝试这种类型的测试：不必告诉老板或投资人，你现在有两个系统出现了问题，而不是一个。或不必解释为什么你一次需要三个零件，原来的机器需要两个，第二台需要一个，这不会是一次愉快的交谈。

一个新问题，在维修后我个人讨厌出现这种情况。这一点有几种解释，没有一种让人觉得特别愉快。最好的情形是，该系统有多个故障，你修复了一些，系统显露出其他尚未得到解决的问题。如果这看起来逻辑上是有可能的，解决它就像解决一个新的问题，但请记住，有可能问题背后有其他原因，你可能需要原路返回。这里有一个很好的逻辑测试是考虑问题是不是由同样的故障造成。这方面有一个例子，当一个电源浪涌烧坏了一个驱动器中的熔丝，并损坏了控制卡。当你修复完第一张卡，你可能会发现第二个损坏的卡。另一种常见的多重故障是机器人的轴失去了中心位置伴随着机器人电源关闭，其他事情中断了备用电源。

罪恶链条的下一步是你损坏了机器人的一部分，而修复了另一部分。没有人愿意相信他或她在试图修复机器人时破坏了它，但这确实发生了。这里的测试逻辑是，你在修理时损坏的系统是否和产生的新的错误有关。例如，如果你改变了机器人的工具，所涉及的唯一动力源是气动的，造成主控制器电路板短路的概率会很小。另一方面，在安装电动机时很容易损坏信号电缆或其他电力电缆，特别是当信号电缆光纤（基本上由玻璃制成）就在电动机附近运行时。

在我看来，最糟糕的情况是，当你误诊断了机器人，并在解决你认为的问题时，制造了一个全新的问题。是的，我们已经在"使病情加重"的讨论中提到过这种情况，但它还蕴藏着更深的一面。这里的问题对于多故障情况的误诊断，可导致纠正错误逻辑有很长的路要走。为了避免这种情况，要警惕的是仍然存在原来的问题元素。错误的修复可能掩盖了一些，但通常不是所有的核心问题。如果新的错误看起来与原来的问题风马牛不相及，但您还会遇到一些本质的原始问题，这可能是你正在寻找的线索。这是一个很好的时机来引入第二双眼睛审视这个问题，或与熟悉修理和系统故障的人讨论。如果你有一个挥之不去的感觉，觉得自己是在错误的轨道上，追溯你的行动，看看你是否会再次做同样的事情。如果一切都失败了，将机器人恢复到你第一次启动它时的状态，看看会发生什么。

例如，让我们开始解决一个原生问题，即机器人因为一种少见的报警不能到达工作行程中的一个特定点。你知道同一品牌和型号的其他机器人没有这个问题，能够到达工作行程内的这个点。要解决此问题，我们重新设置软限制，使机器人的工作行程进一步扩大。当我们走向新的点这段时间，仍然得到了奇异报警以及触碰到了系统的硬性限制。我们现在有了一个新的问题，以及同样的老问题，表明重置软限制不是正确的道路。我们希望重置软限制回到原来的设置，并尝试新的东西。这种精确的故障排除方案

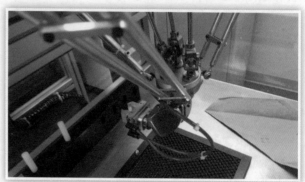

图 11-11 这张图片显示了操作夹爪的 3 个短轴（这是那个小尺寸的轴由机器人顶部的电动机带动旋转，它们轮流操作传动装置移动工具）

发生在我的机器人课堂上，那时我的学生们试图通过重新设置软限制来纠正这个问题。最后，我们重新掌握了机器人的短轴，奇点问题就解决了，同学们完成了他们的尝试，在旧问题上制造了新问题（见图 11-11）。

对这些不同的困境，经验是最好的老师。如果你觉得自己解决不了，向那些和你一起工作的人寻求帮助，或拨打制造商的技术服务热线。我在大学用过的 FANUC 培训机器人曾出现过问题，之前花了大约 6 个星期，3 个不同的技术人员，直到我们找到了问题的根源并解决了问题。有些问题只是难于解决，因为所有的东西都有可能是问题的根源，牵扯到各种系统，并且，在这种情况下，我们不得根据交货期安排可以投入到维修的时间。当你遇到这种困难的情况，一定要记录你发现的事情，在未来帮助自己和他人。

机器人正常运行，现在该做什么

一旦我们已经证实，机器人运行了，所有系统都正常，我们准备甩手应对下一个挑战，对吧？如果有迫切需要或问题，那么，我们就可以在这个时候解决这个问题，但最终我们将需要解决一些事情。如果你把下面的任务往后推迟一下，要确保你把东西放回原处，这样下次使用时你就不会忘记它们在哪里。要记住的主要任务如下：

- 把一切放回原处。
- 完成文书工作。
- 处理使用过的零部件。

这些任务的细节都取决于所涉及的系统，以及在哪里进行维护。如果你正在修理别人的网真系统，与在工业环境中工作的技术人员相比，你可能有一组不同的要求，所以一定要确保你知道后续任务的详情。

把一切放回原处。多年来您可能许多次听说过"从哪儿拿的就放回哪儿去"，因为这是老板和家长使用的常见的词组。很多时候，用于特定作业的专用设备是所有维护人员共享的，因此这些工具要存储在需要时就能找到它们的地方，这一点很重要。如果你使用了一个专业的工具，但

没能放回去，你可以准备承受下一个需要使用它的人的怒火了。把工具和设备放回它们的位置，下一次你需要它们完成工作时可以节省时间。如果你曾经花了半个小时找螺钉旋具，而完成工作只需要 30s，你就明白我的意思了。每一样东西都在自己的指定地点，这也是近来很多企业遵循的精益制造模式的重要组成部分。

完成文书工作。很多时候，当你完成一项修复工作，需要填写一些相关的手续。这可能会简单到只写下在这台设备上花了多长时间，也可以复杂到详细地写清楚哪里错了，你是如何修复的。您可能需要上交给老板一份完整的清单，或添加数据至计算机程序以跟踪设备情况。这也是更新你的技术人员的日记，以供将来参考的好时机。要在一切记忆都新鲜的时候完成这一步，而不是等到一两个星期以后，新的问题和压力可以抹去你对所作所为的记忆。如果你是为自己工作，可能需要为客户生成账单，以及其他会计账单，以确保获得报酬和保证企业平稳运行。如果你更换的任何部件都是在保修期内，那么你还要完成一些相关的文件。这确实是真实的，作业从来没有真正完成，直到所有的文书工作已经完成。

处理使用过的零部件。维修过程中使用的所有零部件都需要你的关注。有些你可能要返回制造商进行保修或退回索赔。如果零件无法修复，而且不是要求回报率的核心成本，这时确保你已经妥善处置它。如果可以，回收零件以减少浪费，或抵消一些新零件的成本。如果你报废了旧零件，你需要订购一个替代品。在完成修复后做这些工作是为了确保你手头上有合适的零件，能够用于下一次维修。有些公司有零件库房或其他类似的地方；在这些情况下，只要你按照正确的内部程序，就不会出现问题。

一旦机器人开始正常运行，你可能有其他事情要完成，这取决于你在哪里工作或你所使用的机器人。请确保您了解完成维护时，接下来的责任是什么。我也建议让机器人来回摆动，检查操作，确保一切运行正常。这是为了避免对系统造成损害，如果你不小心没能解决根本问题，或者当问题破坏其他系统时，但没有造成致命的问题。与操作机器人的人交谈，看他或她注意到有什么异常的操作或行为。与那些偶尔与系统一起工作的人相比，那些日复一日与系统一起工作的人能更快发现一些奇怪的现象。这些简单的步骤，会在你重新回来工作时，带来很大的好处。

回顾

我们还可以深入到许多其他领域，但这一章应该给你一个完整的概述，让你了解维修的要点和应该注意的问题。在现场没有什么比时间更重要，但在开始之前，你必须有一个基本的了解。我鼓励那些对维修和生产机器人有兴趣的人深入钻研维修领域，以及所有所需的学科。当我们探讨机器人修理问题时，我们接触到以下主题：

- 预防性维修。这是我们执行的所有维护任务的总称，以防止机器人损坏，并增加运行时间。
- 开始修理前需要采取的预防措施。这里我们介绍了 LOTO 和修复机器人前需要做的其他重要的准备。
- 维修技巧。在这里我分享了一些提示和技巧，我已经捡起了多年来各种维护工作的角色。
- 更换零件解决问题。本节中讨论了更换零件与真正解决机器人故障之间的差别。
- 启动机器人之前的注意事项。这包括启动机器人前后做什么。
- 如果机器人仍然是坏的应该怎么做？问题依然存在时，这些提示帮助确定应该做什么，以及过滤获得信息的方法。
- 机器人正常运行，现在该做什么？这是完成修复后扫尾工作需要注意的细节。

关键术语

蓄能器	上锁／挂牌（LOTO）	重置
锁定	预防性维护（PM）	零能量状态

复习题

1. 什么是预防性维护任务的时间框架？

2. 我们如何确定零件何时需要预防性维护？

3. 列出一些电气系统中普遍采用的预防性维护任务。

4. 列出一些液压系统中常见的预防性维护任务。

5. 列出一些常见的气动系统 PM 任务。

6. 赞成做预防性维护工作的 4 个理由是什么？

7. 我们怎样使一台设备处于零能量状态？

8. 列出一步一步的锁定过程。

9. 中断维修等待零部件的危险是什么？

10. 一旦你已经准备好开始预防性维护，你能做些什么来帮助修理工作顺利进行？

11. 与故障排除相比，更换零件的主要问题是什么？

12. 如果你找不到问题的根本原因，你应该做什么？

13. 一旦你完成修理，接下来的任务的清单是什么？

14. 一旦你完成修复，后为系统供电，应该执行哪些简单的测试，来确认操作正常？

15. 如果系统没有维修成功，需要询问哪 4 个问题？

16. 如果因为误诊引起新的问题，这种情况下最好的情形是什么？如果情况最糟糕你应该怎么办？

17. 维修后系统没有明显变化，常见的和罕见原因分别是什么？

18. 维修后出现新问题，这背后可能的原因是什么？

19. 一旦我们修复了系统，并确认了正确的操作，此时要记住 3 件事？每件事给出一个例子。

第12章

机器人的合理使用

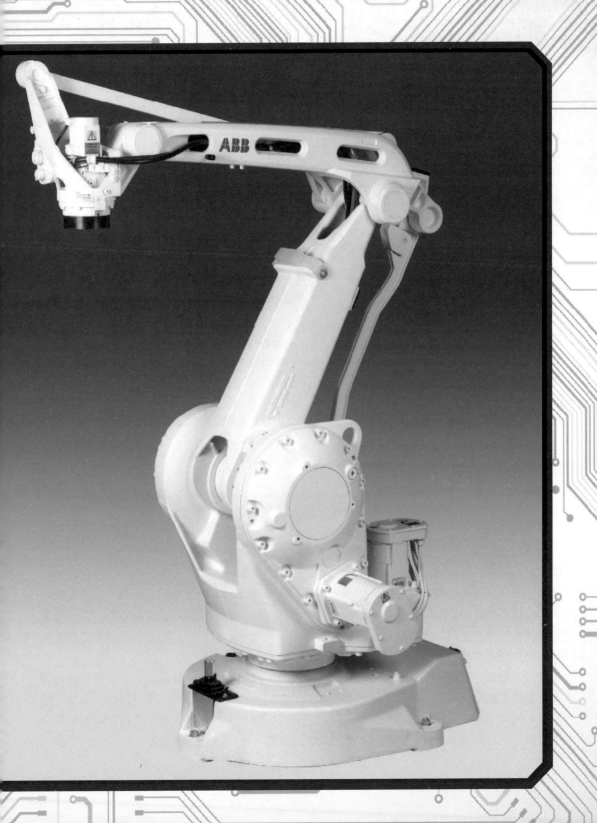

知识要点

- 为什么我们用机器人代替人类？
- "机器抢走人类"工作问题的答案。
- 如何计算机器人系统的投资回报率？
- 精度和质量如何被列入使用机器人的理由？
- 为什么消费品行业最好使用机器人？
- 如何判定什么地方应该使用机器人什么地方不能使用？
- 在工业世界之外我们如何判定使用机器人？

概　述

我们已经研究了现代机器人的历史事件，我们使用机器人的一些原因，如何与他们安全工作，构成现代机器人的零部件和系统，编程与操作，以及如何排除故障和修理机器人的基础知识。为了完成我们的探索，将研究使用机器人的依据，或合理的理由。因为可用的机器人类型以及使用领域各不相同，理由也是多样化的。考虑到这一点，我们将着眼于一些多年来经过验证的使用机器人的广泛依据。在我们的探索过程中，我们将讨论以下主题：

机器人与人类劳动力对比。
投资回报率（ROI）。
精度和质量。
耗材使用。
危险环境。
非工业依据。

机器人与人类劳动力对比

在第 1 章中，我们谈到了机器人的 4 个 D。这为判定是否合理使用机器人提供了一个良好的开端。对于许多需要人类每天从事的枯燥、肮脏、困难或危险任务来说，机器人是完美的解决方案。如果机器人损坏了，我们可以更换零件，而受到伤害的人，则需要医疗护理。机器人不会感到疼痛，只知道感应器反馈了什么，这些信息只是纯粹的数据。当一个人受到伤害，痛苦和苦难随之而来，更何况还有可能造成惊吓、手术、康复，以及行动能力的永久性丧失等。机器人没有情感，所以也不担心做危险的工作，它们不会觉得沉闷无聊，也不会因困难的任务而受挫。机器人只需继续执行任务，直到被告知停止或出现故障，而对于人类劳动力，随着时间的推移还要供给人们食物并停止劳动。

由于缺乏情感，这在 4D 中已经助机器人一臂之力了，同样，这一点还有助于证明在其他情况下使用机器人也是合理的。机器人是有条不紊的、恒定不变的，而普通人不是这样。机器人以同样的方式执行任务，直到出现一些机械变化，或者我们修改了程序；这种一致性意味着更高的生产效率以及更好的质量（见图 12-1）。另一方面，人类有情感，就像我们想否认这一点，我们的情绪会影响我们的行动。周一早晨，我们宁愿待在任何地方，但就是不愿工作。星期五下午，所有我们能想到的都是即将到来的周末。我们生病很严重，以至于不能工作，但还没有严重到必须待在家里。如果我们不开心，可能是老板严厉责骂了我们，或者个人生活出现了状况，我们的心只是不在工作上。如果我们因为某些事情而兴奋，我们往往会让思绪自由飘荡，或找借口离开岗位，并告诉别人我们的大新闻。换句话说，我们自己的感情经常会对着干，制造干扰，影响我们工作的质量和数量。当我们脱离工作状态的时候，机器人正在稳步做自己的工作，而且富有成效。

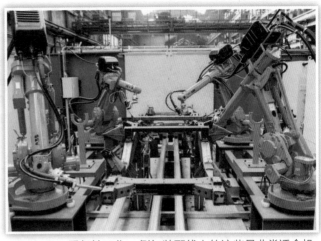

图 12-1　重复性工作，例如装配线上的这些是非常适合机器人系统完成的工作

当我们谈论使用机器人而不是一个人，工资也会发挥作用。我所看到的统计数据显示，一台中型机器人运行一个小时花费约 72 美分，电费、维修、编程等都考虑在内（见图 12-2）。在写这本书的时候，美国的最低工资为 7.25 美元一小时。换句话说，对雇主而言，运行机器人 10 小时的成本只能支付工人工作 1小时。在大多数工厂，支付成本远远超过最低工资标准，还要加上员工获得的各种福利成本，你可以看到机器人可以节约多少成本。请记住，上述一个小时 72美分的运营成本，不包括系统的初始成本或损坏的零部件成本。在这一章我们深入讨论初始成本的投资回报率（ROI）。

谈到人类劳动力与机器人运行成本的比较，我想花一点时间来探讨一下对人类工作者失业问题的关注。多年来，我听到工人、学生、雇主以及工业界其他关于机器人的使用如何导致就业机会减少的辩论和讨论。有时，当工作很难找到，如 2007 ~ 2009 年经济衰退，以及随后的经济恢复过程，关于自动化使用的讨论经常发生，有时相当激烈。当我们在课堂上谈论这个话题时，我提出了以下几点：

图 12-2　机器人的稳定性比最快的人类工人做得还要好，因为机器人能够以相同的节拍24 小时工作，一周七天不停歇

- 首先，如果企业不盈利，企业就不会有就业岗位。是的，使用机器人可能会消减公司的一些职位，并导致就业总人数减少，但是这比企业关闭了大门，一个人都不雇佣要好。此外，使用自动化设备和机器人，这意味着在美国生产的公司与将生产迁移到其他国家的公司之间是有差异的。

- 第二，每一台机器人都需要一个支持人员。最起码，工业中的每台机器人都需要有人来操作，有人负责编程，有人负责维护。通常有 3 类不同的人完成这 3 项工作。如果一家公司有大量的机器人，出于安全考虑，他们将需要更多的工作人员来完成这 3 类工作（见图 12-3）。
- 第三，许多任务机器人比人更适合。机器人能够胜任"黑白分明"的任务，但仍然很难胜任需要决策

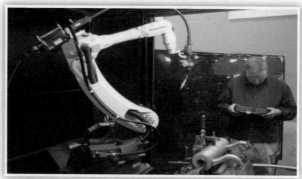

图 12-3 人类仍然是机器人方程式的重要一部分，完成机器人不能完成的事情

的"灰色区域"的任务。在这些"灰色区域"，人们追求精益求精，这就是为什么在自动化工厂我们仍然需要员工。机器人可以将工件加载到机床上，操作人员调整程序，检查质量，复核订单数量，或在现代工业中的其他任何需要思考的任务。总有一天我们会想出办法来编写应对"灰色区域"任务的程序，但在那之前，我们需要人的决策能力。

随着不断推动机器人进步，我们会发现新的、令人兴奋的方式来让它执行人们不能或不愿完成的任务。当我们将操作人员从工业中的日常任务中解放出来，可以让他或她执行其他任务，如质量监控，调整程序，并找出更好的方法来完成各项目标。此外，在工业中我们越多地使用机器人，报酬更高的技术岗位需求就越多，对于那些对机器人感兴趣的人来说，比如你，这绝对是好消息！

投资回报率（ROI）

投资回报（ROI）是指一台设备支付自身成本所需要时间的量度。计算方法是，该设备节省的费用减去设备的操作成本。一旦我们知道了利润额，或使用设备产生多少利润，我们把这个数字除以设备的总成本，以确定需要多长时间来收回成本。如果我们的计算是建立在"逐个零件"基础上，我们将首先确定设备需要生产多少零件才能支付自身的成本，然后根据零部件生产与生产它们所需要的时间之间的相关性，把它转换成一个时间尺度。如果我们将计算建立在节省成本与人力劳动相比较的基础上，那么我们只需要根据每小时节省的成本，用它来计算支付机器人成本的总小时数。一旦我们有了这个数字，只需将其除以每年或每周运行小时数，计算出投资回报的时间。以下以实例说明如何计算投资回报率。

例 1 在这个例子中，将计算一台新的价值 107500 美元的机器人的投资回报率，其中包括运输和安装成本。为节省成本，在减去机器人的操作成本后，我们将使用每个零件 0.50 美元、每小时 50 个零件的比率。最后，每年运行时间按 2040 小时计算，因为这是标准的每周 40 小时乘以 51 周。记住，机器人没有病假、带薪休假，或节假日，但是我们因为假期因素计算了一周的设备停机时间。

第一： 用总成本除以每个零件节省的 0.50 美元：

$$107500 / 0.50 = 215000 \text{ 件}$$

接下来： 用支付机器人成本所需的零件数目除以 50 件 / 小时的生产速率，计算所需的总小时数

$$215000/50 = 4300 \text{ 小时}$$

最后：用 4300 小时除以我们刚才计算的 2040 小时 / 年：

$$4300/2040=2.11 \text{ 年，或者约 2 年多}$$

例 2　让我们看看另一个例子。这一次，我们将使用相同的数据，但不是按照节省每个零件的成本，我们将纯粹以人员工资计算。还是那台花费了 107500 美元的新机器人，其中包括运输和安装的成本。对于节约成本，我们将使用上文的 0.72 美分 / 小时，与此相对应的，在把工资和福利都加载一起以后，我们虚构的工人的小时工资为 19.75 美元。最后，我们将按每年 2000 小时计算，因为这是标准的每周 40 小时乘以 50 周（因为我们的工人每年因为假期和节日而获得一周的休息时间）。在这个例子我希望是直接比较，而不是相对于人类，给机器人额外的一周。虽然这一周机器人将依然生产零件，而产生一礼拜额外的利润，而工人停止生产，但公司还要给工人支付薪水。

第一：我们以工人的小时工资 19.75 美元，减去机器人每小时的生产成本

$$19.75-0.72 = 19.03(\text{美元 / 时})$$

下一个：按总成本 107500 美元计，除以 19.03 美元 / 时，看机器人必须运行多少小时以收回成本

$$107500/19.03 = 5648.975(\text{小时})$$

因为我们采取整小时工作，这约等于 5649 小时。

最后：我们以 5649 小时除以 2000 小时 / 年，这是员工在公司工作的一年时长

$$5649/2000=2.82(\text{年})\text{，或近三年}$$

请记住，这些都是粗略的数字，没有计算在实际工作中的事件，如预防性维护产生的机床停机时间，意外的工厂关闭，编程或故障。任何用于维护或维修机器人的零件都将延长回报所需的时间量，因为这将增加成本。如果这期间有什么改变，如电力成本或购买新工具的成本，这些因素也将计算在内，在现实中，如果加入所有这些因素，这两个例子可能会花费比数学计算更长的时间，但总的来说，对于直到机器人赚钱所需要的时间量来说，这些数字是足够的。图 12-4 ~ 图 12-7 列出了适用于各种机器人的上市初始成本例子。

图 12-4　NAO 机器人：原始成本约 8000 美元，要比 15000 美元的早期版本便宜得多

图 12-5　FANUC M-1iA 训练系统，原始成本约 33000 美元

图 12-6 松下 - 米勒焊接机器人 PA55：
初始成本约 55000 美元

图 12-7 松下 - 米勒 PA 102S，初始成本
超过 100000 美元

投资回报率的另一个因素是当机器人支付了自己的成本后还能运行多长时间。有些系统有制造商指定的使用寿命，告诉你机器人在被替换之前还能运行多长时间。这仅仅是一个建议。有许多案例（如 ABB 机器人，我们在第 1 章提到已经开始运行了近 40 年）机器人运行时间远远超过制造商规定的时间。在支付成本之后，系统运行的时间越长，就能为公司赚更多的钱。正因为如此，大多数公司都希望他们的设备投资回报率为两年或更少的的时间。通过这种方式，他们在必须更换或在维修和预防性维护方面进行大量投资之前，能够充分利用设备。

在一些情况下，系统的成本远远大于投资回报。在这些情况下，我们有几个选择。一，我们忘掉机器人，继续以现有的方式做。二，我们可以尝试寻找便宜的机器人执行该任务。三，我们找出使用机器人的新途径。请记住，机器人在投入很少的人力情况下，可以以同样的方式一遍又一遍地工作。这意味着经过一些思考和准备，我们可以将系统设置成工人整夜运行，即使工人离开了。还有一种方法，该机器人可以做几项工作，而不只是一项或两项，从而增加系统创造的价值。在接下来的两节中，我们将介绍一些其他内容，能够节约机器人成本，以及更多帮助提高投资回报率的方式。

下面是一个简单的事实：如果我们没有找到一个方法来证明机器人的成本是合理的，那么在工业中使用它的机会是很小的。公司的业务是需要赚钱的，很少会投资没有切实汇报的项目。你可以为某件事的价值争执到面红耳赤，但除非拿出数字证明，否则你往往只是浪费时间。如果投资回报率关系到减少人身伤害，在冷酷的货币事实面前，确保想出一个办法用数字证明你是在做正确的事情。这是证明你购买机器人具有正当理由的最佳机会。

精度和质量

正如第 1 章所讨论的，机器人有重复到达一个精确的点的能力，最小误差为 0.0003 ～ 0.005in。这种精确程度对人来说完成一次都是很困难，更不用说每次都要达到这个精度。对于需要这种精度级别的岗位，如放置微型尺寸元件到集成电路板上，或用于航空航天精密激光制造，我们需要一个能够胜任工作的专用机器或机器人。当您添加的机器人的精度能够达到这个水平，大家就会明白为什么有些任务机器人比人更能胜任。

机器人具有很高级别的重复性精度，这也能转换为工作中的高质量。因为它能够以最小量的误差反复运转，所以你只需要编辑程序直到获得你想要的零件质量。然后，你可以让机器人运行

（见图 12-8）。人们可以一直生产高质量的零部件，更大的风险在于，他们不时地会做一些不同的事情，这可能会影响零件质量。当我们在设备里发现坏的零件，这等同于浪费了时间和材料。当坏的零件到达客户的手中，这还会影响未来的销售，因为客户会分享他们的体验。想象一下，如果你买了一台新的电视或手机，第一次打开它时，发现是坏的，你会如何评价这家制造商？并不需要太多客户传播这种类型的故事，产品的销售就会减少。这就是为什么在工业中，机器人的高质量工作是具有如此大的吸引力。

图 12-8　焊接厚的金属或工业中所说的厚板金属，手工焊接时需要丰富的技术经验。当我们编辑程序使用机器人执行焊接时，可以让厚板焊接方面的新人生产出焊缝合格的零件，焊接质量不亚于学会所有此类焊接技巧的人

　　按照这个思路走，机器人让技能水平低或缺少经验的操作者也能够生产合格的零件，这在以往需要高的生产精度和熟练的技巧。例如，如果有人在焊接领域有超过 20 年的经验，创建一个程序以同样的方式焊接零件，那么任何知道如何运行机器人的人都可以合格地焊接出这些零件。这造成企业只需要几个具有适当的经验和培训经历的工人来为机器人编程就可以了。当那些具有多年经验的员工退休以后，这已经成为越来越多公司的经营理念。他们可以在一两个星期内训练操作人员运行机器人，掌握质量检验的基础知识，这样流水线就会源源不断地生产合格零件。这会让经验丰富的工人解放出来去写程序，更改需要的程序，并执行其他任务，以提高产品的整体质量。

　　精度和质量计入机器人的整体投资回报率中。每次公司产生了废弃零部件，这都会耗费成本。每次不良产品出厂，这都会导致客户满意度下降，影响潜在的销售。缺乏精确度需要加大各种零部件的裕量，这提高了产品的整体成本。因此，通过提高工艺过程和零件布局的精度，确保这些动作每次都以相同的方式发生，公司节约的成本也会计入机器人节约的总的单个零件成本。随着机器人的改进和精度水平的提高，一些公司采用精密机器人系统更换破旧机器，以此来节约成本，因为机器人比新的专用机器更便宜。只要服务年限能够相媲美，实在是没有必要担心这种情况下的投资回报率。

耗材使用

　　除了质量和精度，机器人还经常节省生产过程中的原材料使用量（见图 12-9）。机器人在生产过程中提高质量和精度，这一因素本身也会优化材料的使用，从而减少浪费。在许多应用中，生产速度的细微变化也会转换成材料节约或成本节约。例如，当一个人为一辆汽车喷漆时，他或她通常使用某种形式的喷射装置来回运动，以确保车辆整体被覆盖。如果操作人员移动喷雾器太快，在某些区域油漆可能太薄，经不起时间的考验。如果他或她的动作太慢，最终的结果是挂漆太厚，浪费油漆，并可能导致漆层破裂或其他问题。如果我们在应用中使用机器人，可以编程使机器人以恒定的速度运动，获得最佳的油漆厚度，节省了油漆使用量，同时提高了整体质量。

　　除了调整的程序，并从而优化使用生产过程中所需的任何材料，机器人还可以与那些对人体有害的物质一起工作。许多化学品和材料有助于节约制造过程中的成本，但会造成人身伤害或死亡。接触使用这些材料的工人往往需要**个人防护装备（PPE）**，在身上穿戴各种物品，以减轻工作任务或区域的危害。防护用品包括护目镜、耐化学腐蚀的手套、特别的服装，以及其他安全设备。PPE 保护工人远离任务的危害，但会牺牲穿着的舒适度，并增加额外的制造成本。此外，如果在 PPE 出现故障，工人将暴露于某种危险中。这就增加了额外的风险，以及超出所使用材料成本的费用。由于机器人是一台机器，而不是一个人，这些材料往往不会给机器人增加额外的危险。在某些情况下，化学物质或材料可能会损坏机器人，往往机器人结构上的一个简单变化就会消除这些危险。这是机器人能为我们做的另一种危险任务，但这也为公司节省了成本。

图 12-9　一台 FANUC 机器人在努力喷涂传动带上经过的零件（请注意零件是如何获得均匀的外表的，而下方的传动带系统却没有被喷到并造成浪费）

如何精确地使用耗材，这是第一台工业机器人诞生背后的驱动力，由 DeVilbiss 公司于 1941 年建成（见第 1 章）。为了这一天，产业不断寻求新的方式以便少用一盎司材料，或少用一片布，通过减少材料用量来降低总成本。每一项成本的节约都提高了投资回报率。

个人防护装备（PPE）
　穿戴在身体上用于消除工作任务或区域带来的危险的各种物品。

危险环境

机器人超过人类的最大好处是，他们是机器，而不是有机系统。这使机器人不仅有能力生存下来，而且可以继续从事对人类来说繁重的、危险或致命的工作。有时候，这是我们需要使用机器人的正当理由，特别是在投资回报率也合乎情理的情况下。即使我们忽略了道德义务，也还有与员工的人身伤害或死亡相关的费用。对在职员工的伤害可以花费公司数千至数百万美元，能否避免这类事件发生，可能意味着公司是获利还是破产。即使在医疗费用不高的情况下，在受伤雇员恢复之前，雇主仍然需要找人做工作。此外，伤病可以使企业职工赔偿保险保费上浮。这一切都等同于增加费用。虽然这不是影响投资回报率的常见因素，某些情况下，这些成本也会被计算在内（见图 12-10）。

在工人极有可能死亡的情况下，不应该有辩论。在可以购买机器人替换人类员工的情况下，公司是否要雇人去做很有可能导致死亡的工作？答案显然是买一台机器人！即使公司管理层对人的生命漠不关心，关于成本的冷酷事实也会让他们做出明确决定。由于工作条件导致的因公死亡，意味着立即由职业安全与健康管理局（OSHA）进行检查。OSHA 的工作是确保每个人都有一个安全和健康的工作环境。如果有人因工作有关的因素而死亡，OSHA 立即检查设施，调查以弄清楚为什么会发生这种情况，并防止他人也受到伤害或死亡。如果 OSHA 关闭工厂直到纠正行动已经完成，单罚款就可能花费公司数千美元，更何况生产时间的损失。然后受害人的家庭还可以发起非正常死亡诉讼，这是另一个可能的很大一笔开支。公司的保险费率也有可能增加，这会从公司的口袋掏出更多的钱。此外，这样的事件会打击工人的士气，这也会产生成本。士气低下通常会降低工人的生产效率，降低了零部件的生产质量，并导致**人员流动**增加（员工离开公司），这需要雇佣和培训新员工。所有这些因素甚至会说服最铁石心肠的公司，没有工作是值得花费工人的生命，尤其是当机器人可以代替承担这些风险。

机器人可以进入一些人们根本无法进入的危险环境中。以我们现在的技术和设备，也不能派一个人到一定深度以下的海洋中，因为压力会粉碎他或她。为了收集信息，或在这些深度做研究，我们需要一台机器。如果没有防护设备和氧气，人类无法在太空中居住，所以深入太空任务需要机器人。目前的技术只能屏蔽人免受一定水平的辐射，即使这样，仅仅在有限的时间量内有用。我们有长达数英里管道需要定期检查，因为太小，成年人不能通过，在所有这些或更多的情况下，唯一可行的选择是使用机器人来执行任务，人类不行。

不管为什么它是对人体有害的，但是要有良好的商业意识去使用机器人。随着过去十年

图 12-10　铸造操作通常有多种需要人类操作
的场所，即使不致命也是有危险的
（在这些区域使用机器人感觉非常好）

中机器人技术的不断成熟，以及传感器取得的进步，老论据"机器人不能像人一样完成工作"，在大多数应用中已经过时了。虽然机器人需要维修和更换零件的成本，但与人类执行相同的任务所承受的痛苦相比，简直是小巫见大巫。正是基于这种原因，我们已经把机器人送入太空、海底，清理切尔诺贝利核废物，摧毁建筑物，检查管道和执行工业中的各种任务。

非工业依据

在工厂之外，以及工业级机器人技术的应用范围之外，我们发现许多相同的理由也是成立的。具体情况取决于机器人的应用，以及人或公司是否愿意投资机器人。有时候，没有比"我们只是想要一个机器人"更好的理由。这已经是许多玩具以及基于爱好而生产机器人背后的动力。有时候我们只是想看看可以用机器人来做什么，因此用它来做实验。这是许多大学以及自由爱好者在世界各地创造机器人、开发系统的理由。有时机器人适应工业之外的特定需求，因此，这提供了他们在世界上存在的理由。让我们来看看一些工业之外的机器人使用分类，以及其合理依据。

娱乐

当用于娱乐，机器人唯一存在的理由是带给用户欢乐。Robosapiens、LEGO NXT 等机器人系统，都旨在激发想象力，同时提供乐趣（见图 12-11），对于这些系统，判断它们是不是合理存

在的唯一的理由是，买方希望得到它们并有足够的现金来做到这一点。投资回报率（ROI）来自于用户娱乐、鼓弄、搭建、编程，和其他任何满足用户心情的时间。最好的一点是，如果用户厌倦了，他或她可以尝试把它卖给那些对机器人感兴趣的人。如果你不相信我，那么就在 eBay 上快速搜索一下 WowWee 机器人。

如果我们看看好莱坞和美国各地的各种主题公园，我们会发现机器人用来娱乐群众，带来超越现实生活的体验。好莱坞已经使用机器人很多年，在电影中，以及在实际拍摄的过程中扮演角色（见图 12-12）。过去由直升机进行的昂贵的镜头拍摄工作现在由四轴飞行器完成，使用陀螺仪以保持相机稳定。栩栩如生的机器人恐龙以及各种怪物用来吓唬娱乐观众，营造出的逼真的外观和"感觉"是很难用计算机图形技术复制的。机器人也在集会和博览会上吸引人群，使企业能够将他们的信息传达给群众，努力促进销售。这里的投资回报率是指人们为这些系统所提供的娱乐支付的金钱，或在机器人推销后购买产品的钱。只要人们有兴趣，机器人将继续在娱乐界拥有一席之地。

图 12-11　作者个人的 WowWee 机器人
收藏品。有一些将会变成我未来的试验品，
不过大多数将会保持用于个人娱乐操作

图 12-12　一个很好的例子是在好莱坞电影中使用
工业机器人来创造真实感

服务

当涉及服务机器人，有三大类：一般任务、个人护理和降低风险。**服务机器人**执行人们不能或自己不愿意做的任务。在这些情况下，机器人代替他们的人类主人，承担所有产生的责任。十年前，在工业应用之外，这些应用领域几乎不存在，但今天它正在增长，以早年工业机器人应用的方式蓬勃发展。

一般任务服务机器人涵盖了从 iRobot 的清洁机器人，用来清扫地面，到 Lawnbot，用来监控检查草坪。这些机器人执行特定任务或苦差事，他们可以节省人类主人的时间，这往往是人们使用它们的理由。许多人会高兴地付出相当于真空吸尘器的价格购买一个可以自动执行任务的机器人。由于这些机器人价格的下降，机器人开始进入越来越多的家庭。有一天，房主可以购买机器人，利用它执行家庭中大多数的日常护理任务。然而，现在他们只能购买一次处理一项任务的机器人。

现在个人护理机器人是一个正在爆发的领域，机器人专家发现使用机器人和机器人外骨骼，可以提高身体衰弱病人的生活质量，这是一条令人激动的新途径。我们前面讨论过的机器人假肢也属于这一类。其中一些机器人为他们的主人寻找取回物品；有些人可以在禁止的位置区域创造一个自己的虚拟存在。有一个流行的个人护理机器人的例子：一个孩子有严重的坚果过敏，使用远程监控机器人与他的高中同学进行互动。而不是孤立地在家上学，这孩子可同时体验教室的图像和声音，与同龄人说话，向他的老师提问。

外骨骼穿在身上可以增强佩戴者的体力，或在许多情况下，使失去了双腿的人恢复运动能力。ReWalk 在这一领域取得了长足的进步，可以让坐轮椅的人们再一次直立行走。也有机器人轮椅，当遇到楼梯或其他有高度的障碍物时，让现在机械轮椅蒙羞。这些机器人可改善用户的生活质量，这确实是一个人需要它们的唯一理由。当然，如果保险公司或类似的组织覆盖一部分的成本，它并不会伤害我们。

顾名思义，降低风险正是：我们派机器人去执行任务，使人们不必再冒险。这些机器人帮助引爆炸弹，进行执法和军事侦察，巡视海洋和陆上的矿山，并开展对人体有害的许多其他任务。在工业中，机器人存在的理由是为了防止人类受伤或死亡。有一点需要注意的是，许多这些机器人是移动的，需要人类控制，克服视线问题，这些系统有车载摄像机和其他传感器，使操作者知道机器人周围正在发生的事情，即使它是看不见的。虽然这些额外的设备容易让人认为增加了成本，但对于机器人使用者来说，这些信息常常被证明是非常宝贵的，也是使用这种类型机器人的另一理由。

研究

没有研究，我们不会有今天的机器人，也不会在未来取得机器人的进步。机器人类型和需要研发哪些机器人取决于研究人员希望把机器人知识用在哪里（见图 12-13）。为了研究 BEAM 机器人，就必须建造许多简单的机器人，然后观察他们的行为。要研究群体机器人技术，首先必须要有足够的机器人，以满足群体实验对数量的要求。要了解人形机器人如何在工业或家庭中提供帮助，研究者必须要有一个人形机器人。这是学校、学院和大学证明为什么他们要在乐高 NXT 套件、NAO 或巴克斯特机器人上面花费资金的原因（见图 12-14）。另外一个好处是，机器人和设备的一次性购买可以让数百名有兴趣的学生学习，获得探索和拓展机器人领域的机会。

有时，研究的重点是创建一个世界从未见过的系统。这种机器人的应用是非常昂贵的。有人购买零部件来装配机器人，机器人的转矩或精度越高，零部件成本越贵。如果组装还需要专业的零件，这可能意味着零件在原型和设计上也要让他们付出成本。由于这些研究人员正在创建一

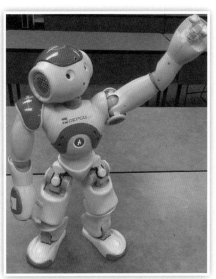

图 12-13 NAO 机器人是专门设计用于教学的设备，用于复杂的人形机器人实验，看看可以把这些技术用到何处

个机器人，他们必须找到控制器，以用于他们的应用程序工作，或者自己做一个，这些费用也要计算在内。更换任何装配和测试中损坏的零部件其费用也要计算进入总账单。从白手起家到建成一个先进的机器人可能要付出巨大的代价。这意味着，必须有一个明确的目标，让掌控资金的人认为项目是值得的，这样才能获得批准。机器人研究系统的存在理由往往是为了机器人领域的进

步，如学生在他们的课堂上创造出前沿的机器人系统。学生凭借自己的双手获得实际的经验，这种情况能够让先进的机器人技术获得声望。

有时候，行业投资在研究领域中，期望在这条道路收获回报。两个伟大的例子是本田公司的 ASIMO（见图 12-15）以及美国国家航空航天局和通用汽车公司合作开发的 Robonaut（见图 12-16）。这两个类人机器人系统扩展了机器人的设计和运行的边界，以创建像你我一样的仿人形机器人系统。当他们继续改进这项技术，我们很可能看到有那么一天，仿人形机器人是工业中和我们的日常生活中常见的普通机器人。很难预测这项技术什么时候会结束，但我个人觉得在这些系统花费的资金及其所代表的研究将为明天的机器人带来很大的益处。

图 12-14　信不信由你，你可以使用常见的乐高 Mindstorms NXT 系统的零部件做大量的工程及机械实验。建造这两个机器人需要很多齿轮等机械原理。幸运的是，对于使用 NXT 系统的人来说，在互联网上有丰富的建造说明来开启你的学习过程

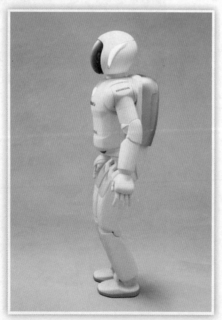

图 12-15　本田在阿西莫机器人的研发方面投入很大，在机器人运动进展和机器人与周围世界交互方面扮演重要角色

图 12-16　人类第一次和机器人在太空中握手是一个创纪录的事件，也很可能是人类与机器人合作的美好未来的第一印象

回顾

使用机器人的合理依据，无论是工业或其他应用，取决于用在哪里，是什么机器人，以及起初为什么要使用机器人。在一个理想的世界里，我们使用机器人是因为他们是一个不错的选择，而不必看预算和成本。但我们生活在一个并不完美的世界，有很多地方我们可以使用一个机器人，但因为成本并没有这样做。如果你发现自己正处于这些情况之一，我真诚地希望，从这个章节中获取的信息将帮助为自己的观点辩护，并获得购买机器人所需的资金。本章没有涵盖所有使用机器人的理由，但你现在应该明白，证明购买机器人的理由以及你在这个证明过程中可以使用的一些方法。在我们证明使用机器人的理由过程中，研究了以下主题：

- 机器人与人类劳动力对比。从寻找机器人使用依据的角度，我们介绍了使用机器人和使用人来执行任务这两者之间的差异。
- 投资回报率（ROI）。投资回报率是关于机器人支付自己成本的问题，以及随之而来的数学计算。
- 精度和质量。本节在寻找机器人使用理由的工具箱增加了一些其他内容。
- 耗材使用。在这里，我们谈到了机器人如何在生产中通过使用较少的材料来节约成本。
- 危险环境。本节覆盖与工作有关的危险如何帮助证明使用机器人的合理性。
- 非工业依据。在这里，看到了一些使用工业机器人之外的理由，我们如何证明这些系统的费用是值得的。

关键术语

外骨骼	个人防护装备（PPE）	服务机器人
依据	投资回报率（ROI）	人员流动

复习题

1. 什么是机器人的 4D？
2. 如何比较机器人与人类工人受到的伤害？
3. 人与机器人相比，当涉及工作表现和情绪时有何区别？
4. 如何比较机器人的运行成本与人力劳动成本？
5. 谈论机器人使人类失去工作时，要记住哪三个要点？
6. 我们如何计算投资回报率？
7. 如果机器人成本超过了回报，我们该如何选择？
8. 如何使用机器人来节省耗材，如油漆或焊丝？

9. 人类工人使用 PPE 的缺点是什么？
10. 工人在工作中受伤，产生的相关费用有哪些？
11. 对公司来说，工人死亡潜在的成本和影响有哪些？
12. 列出一些机器人可以去而人类不能去的地方。
13. 商业娱乐系统的投资回报率是什么？
14. 服务机器人的三大类型是什么？每种类型分别是做什么的呢？
15. 创建一个从未见过的机器人的相关成本有哪些？

Adept Technology. *About the Company*. 1996. http://www.adept
.com/company/about (accessed May 27, 2012).

Ament, Phil. "Fascinating Facts About the Invention of the Abacus
by the Chinese in 3000 BC." *The Great Idea Finder*. March 6,
2006. http://www.ideafinder.com/history/inventions/abacus
.htm (accessed May 12, 2012).

Angle, Colin. "Gengis, a Six Legged Autonomous Walking Robot."
DSpace@MIT. March 1989. http://dspace.mit.edu/bitstream
/handle/1721.1/14531/20978065.pdf?sequence=1 (accessed
May 26, 2012).

"Animation Notes #1 What Is Animation?" *Center for Animation &
Interactive Media*. February 16, 2010. http://sec1aep.wiki.hci
.edu.sg/file/view/01+Introduction+to+Animation.pdf (accessed
May 12, 2012).

Babbit, Seward S., and Henry Aiken Crane. United States Patent
484870. June 13, 1892.

Baik, Seung Hyuk. "Robotic Colorectal Surgery." *Yonsei Medical
Journal*. December 31, 2008. http://www.ncbi.nlm.nih.gov
/pmc/articles/PMC2628019/ (accessed July 24, 2014).

Bares, John. "Dante II." *Carnegie Mellon, the Robotics Institute*. n.d.
http://www.ri.cmu.edu/research_project_detail.html?project
_id=163&menu_id=261 (accessed May 26, 2012).

BBC News. "Fish-Brained Robot at Science Museum." *BBC News*.
November 27, 2000. http://news.bbc.co.uk/2/hi/science
/nature/1043001.stm (accessed May 26, 2012).

—. "World's First 'Bionic Arm' for Scot." *BBC News*. August 25, 1998.
http://news.bbc.co.uk/2/hi/health/154545.stm (accessed May 26,
2012).

Berkeley, Edmund C. "Small Robots—Report." *Blinkenlights Archae-
ological Institute*. April 1956. http://www.blinkenlights.com
/classiccmp/berkeley/report.html (accessed May 26, 2012).

"Blaise Pascal (1623–1662)." *Educalc.net*. 2002–2012. http://www
.educalc.net/196488.page (accessed May 12, 2012).

Bonev, Ilian. "The True Origins of Parallel Robots." *ParalleMIC*.
January 24, 2003. http://www.parallemic.org/Reviews
/Review007.html (accessed May 12, 2012).

Boyle, Alan. "The Human Behind This Year's Hot Robot." *Science on
msnbc.com*. November 23, 2004. http://www.msnbc.msn.com
/id/6567169/ns/technology_and_science-science/t/human
-behind-years-hot-robot/#.T8O8xMWuWHQ (accessed
May 28, 2012).

Buckley, David. "1868 - Zadoc P. Dederick - Steam Man." *davidbuckley
.net*. August 21, 2007. http://davidbuckley.net/DB/
HistoryMakers/1868DederickSteamMan.htm (accessed
May 20, 2012).

—. "History Making Robots." *davidbuckley.net*. August 22, 2007.
http://davidbuckley.net/DB/HistoryMakers/1890EdisonTalking
Doll.htm (accessed May 20, 2012).

Canright, Shelley. "What Is Robonaut?" *NASA*. February 1, 2012.
http://www.nasa.gov/audience/forstudents/5-8/features
/what-is-robonaut-58.html (accessed May 28, 2012).

Capek, Karel. *R. U. R.* New York: Doubleday, 1890–1938.

CBSNews.com staff. "For the Person Who Has Everything… A
Personal Robot." December 10, 1992. http://www.cbsnews.com
/news/for-the-person-who-has-everything-a-personal-robot/
(accessed July 24, 2014).

"Charles Babbage." *Charlesbabbage.net*. n.d. http://www
.charlesbabbage.net/ (accessed May 12, 2012).

Chemical Heritage Foundation. "Joseph John Thomson." Chemical
Heritage Foundation. 2010. http://www.chemheritage.org
/discover/online-resources/chemistry-in-history/themes/atomic
-and-nuclear-structure/thomson.aspx (accessed May 26, 2012).

Ciampichini, Lauren. *Robotics Insights Newsletter*. May 2012.

COGNEX. *Company History*. 2012. http://www.cognex.com
/company-history.aspx (accessed May 27, 2012).

Computer History Museum. "Timeline of Computer History." *Com-
puter History Museum*. 2006. http://www.computerhistory.org
/timeline/?category=rai (accessed May 26, 2012).

Control Engineering. "Cincinnati Milacron T3 Robot Arm."
WordPress. July 26, 2009. http://lakshmimenon.wordpress
.com/2009/07/26/cincinnati-milacron-t3-robot-arm/ (accessed
May 26, 2012).

Copeland, Jack. *Colossus: The First Electronic Computer*. Oxford
University Press, 2006.

Cruz, Frank da. "Herman Hollerith." *Columbia University
Computing History*. March 28, 2011. http://www.columbia
.edu/cu/computinghistory/hollerith.html (accessed May 12,
2012).

Dalakov, Georgi. "Friedrich von Knauss." *History-Computer.com*.
May 4, 2012. http://history-computer.com/Dreamers/Knauss
.html (accessed May 12, 2012).

—. "Juanelo Torrian." *History-Computer.com*. May 4, 2012. http:
//history-computer.com/Dreamers/Torriano.html (accessed
May 12, 2012).

—. "Jacques de Vaucanson." *History-Computer.com*. May 4, 2012.
http://history-computer.com/Dreamers/Vaucanson.html
(accessed May 12, 2012).

—. "Joseph-Marie Jacquard." *History-Computer.com*. May 4, 2012.
http://history-computer.com/Dreamers/Jacquard.html
(accessed May 12, 2012).

—. "Pierre Jaquet-Droz." *History-Computer.com*. May 12, 2012.
http://history-computer.com/Dreamers/Jaquet-Droz.html
(accessed May 12, 2012).

—. "The Robots of Westinghouse." *History-Computer.com*. May 15,
2012. http://history-computer.com/Dreamers/Elektro.html
(accessed May 20, 2012).

Doyle, Arthur Conan. *BrainyQuote.com, Xplore Inc*. 2012.
http://www.brainyquote.com/quotes/quotes/a/arthurcona134512
.html (accessed February 18, 2012).

Edsinger-Gonzales, Aaron, and Jeff Weber. "Domo: A Force Sensing
Humanoid Robot for Manipulation Research." *International
Journal of Humanoid Robotics*, 2004.

Einstein, Albert. *BrainyQuote.com, Xplore Inc.* 2012. http://www
.brainyquote.com/quotes/quotes/a/alberteins133991.html
(accessed February 18, 2012).

FamousPeople. "Isaac Asimov." *TheFamousPeople.com.* n.d. http:
//www.thefamouspeople.com/profiles/isaac-asimov-158.php
(accessed May 20, 2012).

Fanuc. *FANUC's History.* 2011. http://www.fanuc.co.jp/en/profile
/history/index.html (accessed May 27, 2012).

Fell-Smith, Charlotte. *John Dee (1527–1608).* London: Constable &
Company LTD, 1909.

Fundazioa, Elhuyar. "Humanoid Robot Works Side by Side with
People." *ScienceDaily.* May 22, 2012. http://www.sciencedaily
.com/releases/2012/05/120522084322.htm (accessed May 28,
2012).

"George Boole." *Encyclopedia Britannica.* 2012. http://www.britannica
.com/EBchecked/topic/73612/George-Boole (accessed May 12,
2012).

Goodreads. *Steven Wright > Quotes > Quotable Quote.* 2013. http://
www.goodreads.com/quotes/141045-if-at-first-you-don-t
-succeed-then-skydiving-definitely-isn-t (accessed November 9,
2013).

Guizzo, Erico, and Evan Ackerman. *How Rethink Robotics Built Its
New Baxter Robot Worker.* October 2012. http://spectrum.ieee
.org/robotics/industrial-robots/rethink-robotics-baxter-robot
-factory-worker (accessed January 13, 2013).

Hapgood, Fred. "Living Off the Land." *Smithsonian.com.* July 2001.
http://www.smithsonianmag.com/science-nature/phenom
_jul01.html?c=y&page=1 (accessed May 27, 2012).

Harper, Chris. *Current Activities in International Robotics Standardi-
sation.* 2012. http://europeanrobotics12.eu/media/15090
/2_Harper_Current_Activities_in_International_
Robotics_Standardisation.pdf (accessed July 14, 2012).

Hollis, Ralph. "BALLBOTS." *Scientific American,* 2006: 72–77.

Honda Motor Co. Ltd. "Asimo Technical Information." *Asimo, the
World's Most Advanced Humanoid Robot.* September 2007.
http://asimo.honda.com/downloads/pdf/asimo-technical
-information.pdf (accessed May 27, 2012).

Hornyak, Tim. "The Face That Launched a Thousand Robots." *The
Japan Times.* August 20, 2008. http://www.japantimes.co.jp
/text/nc20080820a1.html (accessed May 12, 2012).

Hrynkiw, Dave, and Mark W. Tilden. *Junkbots, Bugbots & Bots on
Wheels.* Osborne: McGraw-Hill, 2002.

Humanoid Robotics Institute. *WABOT - WAseda roBOT-.* n.d.
www.humanoid.waseda.ac.jp/booklet/kato_2.html (accessed
May 26, 2012).

Independence Hall Association. "The Electric Ben Franklin."
UShistory.org. July 4, 1995. http://www.ushistory.org/franklin
/info/kite.htm (accessed May 26, 2012).

Intuitive Surgical, Inc. *History.* http://www.intuitivesurgical.com
/company/history/ (accessed May 27, 2012).

Kanade, Takeo, and Haruhiko Asada. Robotic Manipulator. United
States of America Patent 4,425,818. January 17, 1984.

Kauderer, Amiko. "Historic Handshake for Robonaut 2." *NASA.*
February 15, 2012. http://www.nasa.gov/mission_pages
/station/main/r2_handshake.html (accessed May 28, 2012).

Kawasaki Robotics (USA). *Company History.* 2012. http://www
.kawasakirobotics.com/Kawasaki-Robotics-History (accessed
May 27, 2012).

Klobucar, Jack. "ReconRobotics Introduces Throwable, Mobile
Reconnaissance Robot with Night Vision Capabilities."
ReconRobotics. September 30, 2008. http://www.reconrobotics.
com/contact/press_news_9-30-08.cfm (accessed June 12, 2012).

Kotler, Steve. "Man's Best Friend." *Discover Magazine.* December 1,
2005. http://discovermagazine.com/2005/dec/robot-robot
(accessed May 28, 2012).

KUKA. "KUKA History." *KUKA.* December 14, 1998. http://www
.kuka-robotics.com/en/pressevents/news/NN_981214_KUKA-
History.htm (accessed May 28, 2012).

Lahanas, Michael. "Ctesibius of Alexandria." *Wordpress.com.*
October 3, 2010. http://hydraman7.files.wordpress.com/2010/03
/ctesibiusorktesibiosofalexandria.pdf (accessed May 12, 2012).

—. "Heron of Alexandria." *Mlahanas.de.* n.d. http://www.mlahanas
.de/Greeks/HeronAlexandria.htm (accessed May 12, 2012).

LeBouthillier, Arthur Ed. "The Robotu Builder." *Robotics Society of
Southern California,* Volume 11, Number 5. May 1999. http://
www.rssc.org/sites/default/files/newsletter/may99.pdf
(accessed May 20, 2012).

Ledford, Heidi. "Injured Robots Learn to Limp." *Nature.* November 16,
2006. http://www.nature.com/news/2006/061113/full/
news061113-16.html#B1 (accessed May 28, 2012).

Lerner, Evan. "Penn Researchers Build First Physical 'Metatronic'
Circuit." *Penn News.* February 22, 2012. http://www.upenn.
edu/pennnews/news/penn-researchers-build-first-physical-
metatronic-circuit (accessed May 28, 2012).

Levy, Steven B. "No Battle Plan Survives Contact with the Enemy."
Lexician. November 1, 2010. http://lexician.com/lexblog
/2010/11/no-battle-plan-survives-contact-with-the-enemy/
(accessed August 11, 2013).

Lowensohn, Josh. "Timeline: A Look Back at Kinect's History."
CNET. February 23, 2011. http://news.cnet.com/8301-
10805_3-20035039-75.html (accessed June 21, 2012).

Malone, Bob. "George Devol: A Life Devoted to Invention, and
Robots." *ieee Spectrum.* September 26, 2011. http://spectrum
.ieee.org/automaton/robotics/industrial-robots/george-
devol-a-life-devoted-to-invention-and-robots (accessed
May 20, 2012).

Marsalli, Michael. "McCullogh-Pitts Neurons." *The MIND Project.*
n.d. http://www.mind.ilstu.edu/curriculum/modOverview
.php?modGUI=212 (accessed May 20, 2012).

Merriam-Webster, Incorporated. "robot." *Merriam-Webster.* 2012.
http://www.merriam-webster.com/dictionary/robot (accessed
July 27, 2012).

Metropolis. Directed by Fritz Lang. Performed by Brigitte Helm,
Gustav Frohlich, Alfred Abel, and Rudolf Klein-Rogge. 1927.

MIT news. "MIT Team Building Social Robot." *MIT News.* February 14,
2001. http://web.mit.edu/newsoffice/2001/kismet.html (accessed
May 26, 2012).

Mo. "16th-Century Mechanical Artificial Hand." *Scienceblogs.com.*
July 14, 2007. http://scienceblogs.com/neurophilosophy
/2007/07/16th_century_mechanical_artifi.php (accessed
May 12, 2012).

Mortensen, Tine F. "Timeline 1990–1999." *LEGO.* January 9, 2012.
http://aboutus.lego.com/en/lego-group/the_lego_history/1990/
(accessed May 27, 2012).

Munson, George E. "The Rise and Fall of Unimation, Inc." *Robot.*
December 2, 2010. http://www.botmag.com/the-rise-and-fall
-of-unimation-inc-story-of-robotics-innovation-triumph-that
-changed-the-world/ (accessed May 26, 2012).

Nadarajan, Gunalan. "Islamic Automation: A Reading of al-Jazari's
The Book of Knowledge of Ingenious Mechanical Devices."
MediaArtHistories.org. 2007. http://www.mediaarthistory.org
/wp-content/uploads/2011/04/Gunalan_Nadarajan.pdf
(accessed May 12, 2012).

NASA. "The Continuing Adventures of Deep Space 1." *NASA
Science News.* September 19, 2001. http://science.nasa.gov
/science-news/science-at-nasa/2001/ast19sep_1/ (accessed
May 26, 2012).

Needham, Joseph, and Colin A. Ronan. *The Shorter Science and
Civilisation in China: An Abridgement of Josep Needham's
Original Text, Volume 4.* Cambridge University Press, 1994.

Nilsson, Nils J. "Shakey the Robot." *SRI International*. April 1984. http://www.ai.sri.com/pubs/files/629.pdf (accessed May 20, 2012).

Nocks, Lisa. *The Robot: The Life Story of a Technology*. Westport: Greenwood Publishing Group, 2007.

O'Connor, J. J., and E. F. Roberston. "William Oughtred." *School of Mathematics and Statistics University of St. Andrews, Scotland*. December 1996. http://www-history.mcs.st-andrews.ac.uk /Biographies/Oughtred.html (accessed July 1, 2012).

O'Connor, J. J., and E. F. Roberston. "Gottfried Wilhelm von Leibniz." *School of Mathematics and Statistics University of St. Andrews, Scotland*. October 1998. http://www-history.mcs.st-and .ac.uk/Biographies/Leibniz.html (accessed May 12, 2012).

O'Connor, J. J., and E. F. Robertson. "Alan Mathison Turing." *School of Mathematics and Statistics University of St. Andrews, Scotland*. October 2003. http://www-groups.dcs.st-and.ac.uk /history/Biographies/Turing.html (accessed May 12, 2012).

—. "Augusta Ada King, Countess of Lovelace." *School of Mathematics and Statistics University of St. Andrews, Scotland*. August 2002. http://www.gap-system.org/~history/Biographies/Lovelace .html (accessed May 12, 2012).

—. "Wilhelm Schickard." *School of Mathematics and Statistics University of St. Andrews, Scotland*. April 2009. http://www-history .mcs.st-andrews.ac.uk/Biographies/Schickard.html (accessed May 12, 2012).

Oxford University Press. "robot." *Oxford Dictionaries*. 2012. http:// oxforddictionaries.com/definition/english/robot (accessed July 27, 2012).

ReWalk. *UCPN Offering Gait Training for Ground-Breaking ReWalk Device*. 2012. http://bionicsresearch.com/ucpn-offering-gait -training-for-ground-breaking-rewalk-device/ (accessed September 8, 2012).

Roberge, Pierre R. "Sir William Grove (1811–1896)." *Corrosion Doctors*. August 1999. http://www.corrosion-doctors.org /Biographies/GroveBio.htm (accessed May 12, 2012).

Robotic Industries Association. "Robot Terms and Definitions." *Robotics Online*. 2012. http://www.robotics.org/product -catalog-detail.cfm?productid=2953 (accessed July 27, 2012).

Robotics Trends. "Robot to Robot: Dragon and Space Station Meet Up." *Robotics Trends*. May 25, 2012. http://www.roboticstrends .com/security_defense_robotics/article/robot_to_robot_ dragon_and_space_station_meet_up/ (accessed June 21, 2012).

Rosheim, Mark Elling. *Leonardo's Lost* Heidelberg: Springer Berlin, 2006.

Saenz, Aaron. "Dairy Farms Go Robotic, Cows Have Never Been Happier (video)." *Singularity Hub*. November 16, 2010. http:// singularityhub.com/2010/11/16/dairy-farms-go-robotic- cows-have-never-been-happier-video/ (accessed June 21, 2012).

Salton, Jeff. "Nao — A Robot That Sees, Speaks, Reacts to Touch and Surfs the Web." *gizmag*. December 6, 2009. http://www.gizmag .com/nao-all-rounder-robot/13445/ (accessed May 28, 2012).

Scassellati, Brian, and Ganghua Sun. "A Fast and Efficient Model for Learning to Reach." *International Journal of Humanoid Robotics*, 2005: 391–413.

Seiko Epson Corp. "Monsieur." *Epson*. 2012. http://global.epson.com /company/corporate_history/milestone_products/23_monsieur .html (accessed May 27, 2012).

Sharlin, Harlod I. "William Thomson, Baron Kelvin." *Encyclopedia Britannica*. n.d. http://www.britannica.com/EBchecked/topic /314541/William-Thomson-Baron-Kelvin/13896/Later-life (accessed May 12, 2012).

Simkin, John. "Richard Arkwright." *Spartacus Educational*. September 1997. http://www.spartacus.schoolnet.co.uk /IRarkwright.htm (accessed May 12, 2012).

Steele, Bill. "Researchers Build a Robot That Can Reproduce." *Cornell Chronicle*. May 11, 2005. http://www.news.cornell.edu /stories/may05/selfrep.ws.html (accessed May 27, 2012).

Takanishi Laboratory. *History of Waseda Talker Series (from WT-1 to WT-7R)*. February 2, 2012. http://www.takanishi.mech.waseda .ac.jp/top/research/voice/wt_series.htm (accessed May 28, 2012).

Tate, A. "Edinburgh Freddy Robot (Mid 1960s to 1981)." *The University of Edinburgh*. May 16, 2011. http://www.aiai.ed.ac.uk /project/freddy/ (accessed May 26, 2012).

Texas Instruments. "Jack Kilby." *Texas Instruments*. 1995. http:// www.ti.com/corp/docs/kilbyctr/jackstclair.shtml (accessed May 26, 2012).

"Timeline of Flight." *The Library of Congress*. July 29, 2010. http:// www.loc.gov/exhibits/treasures/wb-timeline.html (accessed May 12, 2012).

"Timeline of Robotics 1 of 2." *The History of Computing Project*. November 19, 2007. http://www.thocp.net/reference/robotics /robotics.html (accessed May 12, 2012).

Titelman, Gregory. *America's Popular Proverbs and Sayings*. New York: Random House Reference, 2000.

—. "*America's Popular Proverbs and Sayings*." New York: Random House Reference and Seaside Press, 2001.

Toshiba-Cho, Komukai. "Hisashige Tanaka." *Toshiba*. 1995. http://toshiba-mirai-kagakukan.jp/en/learn/history/toshiba _history/spirit/hisashige_tanaka/index.htm (accessed May 12, 2012).

Virk, Gurvinder S. "Robot Standardization." February 4, 2013. http://www.clawar.org/downloads/Medical_Workshop /1.%20GSVirk-Robot%20standardization.pdf (accessed July 14, 2012).

Vojovic, Ljubo. "Nikola Tesla: Father of Robotics." *Tesla Memorial Society of New York*. July 10, 1998. http://www.teslasociety.com /robotics.htm (accessed May 12, 2012).

Vujovic, Ljubo. "Tesla Biography." *Tesla Memorial Society of New York*. July 10, 1998. http://www.teslasociety.com/biography.htm (accessed May 12, 2012).

Wiederhold, Gio. "Robots and Their Arms." *Stanford University Info-lab*. 2000. http://infolab.stanford.edu/pub/voy/museum /pictures/display/1-Robot.htm (accessed May 26, 2012).

Wilson, Jim. *Robonaut2, the Next Generation Dexterous Robot*. April 28, 2010.

Yamafuji, Kazuo. "Celebrating JRM Volume 20 and Three Epoch-Making Robots from Japan." *Journals of Robotics and Mecha-tronics*. 2008: 3.

Yaskawa Motoman. *YASKAWA MOTOMAN, Our History*. 2010. http://www.motoman.eu/company/about-yaskawa/our-history/ (accessed May 28, 2012).